Copenhague

Sérgio Abranches

Copenhague
Antes e depois

CIVILIZAÇÃO BRASILEIRA

Rio de Janeiro
2010

Copyright © 2010, Sérgio Abranches

DIAGRAMAÇÃO DE MIOLO
Editoriarte

CIP-BRASIL. CATALOGAÇÃO-NA-FONTE
SINDICATO NACIONAL DOS EDITORES DE LIVROS, RJ

A141c   Abranches, Sérgio
　　　　 Copenhague : antes e depois / Sérgio
　　　　 Abranches — Rio de Janeiro : Civilização Brasileira, 2010.

ISBN 978-85-200-1002-0

1. Conferência das Nações Unidas sobre o Meio Ambiente e Desenvolvimento (2009 : Copenhague).
2. Mudanças climáticas — Aspectos econômicos.
3. Mudanças climáticas — Política governamental.
4. Desenvolvimento sustentável. I. Título.

10-2928
　　　　　　　　　　　CDD: 363.738746
　　　　　　　　　　　CDU: 504.06

EDITORA AFILIADA

Todos os direitos reservados. Proibida a reprodução, armazenamento ou transmissão de partes deste livro, através de quaisquer meios, sem prévia autorização por escrito.

Texto revisado segundo o novo Acordo Ortográfico da Língua Portuguesa.

Direitos desta edição adquiridos pela
EDITORA CIVILIZAÇÃO BRASILEIRA
Um selo da
EDITORA JOSÉ OLYMPIO LTDA.
Rua Argentina 171 — 20921-380 — Rio de Janeiro, RJ — Tel.: 2585-2000

Seja um leitor preferencial Record.
Cadastre-se e receba informações sobre nossos lançamentos e nossas promoções.

Atendimento e venda direta ao leitor:
mdireto@record.com.br ou (21) 2585-2002

Impresso no Brasil
2010

Hécate
Ele desprezará o destino, desafiará a morte e terá esperanças acima da sabedoria, da piedade e do temor. Vós bem sabeis: a confiança é o maior inimigo dos mortais.

Shakespeare, *Macbeth*

Sumário

PREFÁCIO *11*
INTRODUÇÃO *15*

CAPÍTULO 1
O CLIMA DA CIÊNCIA *23*
Invasão de privacidade *25*
Taco de hóquei *32*
O truque *35*
Ciência e interesse *39*
Ciência e política *43*

CAPÍTULO 2
A AVENTURA DA CIÊNCIA *49*
A ciência do clima vem de longe *51*
Clima mutante *54*
Aquecimento global *57*
A respiração da Terra *61*
As crônicas do gelo *64*
O fim de Acádia escrito no mar *69*
O desafio da COP *71*
O quanto sabemos *76*

CAPÍTULO 3
COPENHAGUE COMEÇOU EM CINGAPURA *81*
Agora ou nunca *83*

Copenhague via Nova York *90*
Parada inútil em Pittsburgh *94*
Expectativas em choque *95*
A escala de Bancoc *97*
Breve desvio para Londres *98*
Última escala: Barcelona *100*
Copenhague, via Cingapura *104*
Da COP à Cúpula *113*

CAPÍTULO 4
GUERRA DE PAPÉIS *121*
O efeito Cingapura *123*
O documento chinês *127*
Rachas e confrontos *130*
Vazamentos programados *134*
Tuvalu paralisa a COP *137*
Divórcios à dinamarquesa *144*
Um texto suspenso no ar *151*
O destino entre colchetes *156*
Marcando posição *161*
O Dia da Floresta *165*

CAPÍTULO 5
A CÚPULA PARTIDA *169*
Refazendo tudo *171*
Começo aflito *174*
De olho na campanha *178*
Baixo astral *183*
Recomeço *187*
No córner *189*
Cúpula em suspenso *193*
Noite de encontros e desencontros *195*
Proposta concreta *197*
Hora de consolidar *200*
Os presidentes *204*

O incidente *208*
Obama *211*
Quem ousará? *212*

CAPÍTULO 6
UM PROCESSO À BEIRA DA EXAUSTÃO *223*
Sem anjos *225*
Face a face *229*
Processo bipolar *238*
Encontro decisivo *242*
Fim do impasse *251*
O acordo possível *255*
Saída à francesa *257*
Abandono *262*
O presidente sumiu *266*

CAPÍTULO 7
DEPOIS DE COPENHAGUE *275*
A travessia *277*
O futuro do Acordo *281*
Clima cosmopolita *284*
O poder das redes *291*
O Protocolo de Kyoto *297*
A assembleia do veto *301*
O valor institucional da palavra *304*
Fracasso ou começo? *307*
Decisão confusa *310*
Os avanços *313*
O tempo e o consenso *316*
Agenda realista *320*

Prefácio

Você pode se perder numa COP. Pode se perder na multidão, nas notícias, nas siglas, nos vários lados da mais instigante e definitiva discussão que o planeta tem sobre ele mesmo. Tudo é perigoso. O tempo é curto e intenso; os acontecimentos, vários; os códigos, hostis aos recém-chegados de outros territórios. Você pode se perder irremediavelmente após uma Conferência como a de Copenhague. Nela, tudo foi denso e radical. As graníticas certezas de sucesso prévio foram soterradas pela devastadora notícia do fracasso.

Você pode se perder antes de uma COP, como foi a de Copenhague, precedida de uma inquietante história de mistério que envolvia conspiração entre cientistas, e-mails roubados, lutas fatais entre tribos que negam e sustentam teses das mudanças climáticas. Ou pode se perder depois, na confusa fuga final de chefes de Estado, que saíam à francesa, deixando papéis sobre as mesas, ordens contraditórias e versões conflitantes. O que de fato aconteceu na mais aguardada das Conferências das Partes; na mais emocionante Conferência do Clima que o planeta Terra já teve?

Copenhague é um mistério que ainda nos consome. Jornalista que esteve lá desembarcou com uma certeza: não havia lugar melhor para estar do que em Copenhague naquelas duas semanas dramáticas de dezembro de 2009. A reunião não se assemelhou a nenhuma outra conferência mundial sobre qualquer tema. Nunca houve uma COP como a de número 15. Chefes de Estado, caneta em punho, registravam eles mesmos, em reuniões face a face, as razões de suas discordâncias, ou as esperanças de avanço. Mistérios cercavam documentos que surgiam inesperadamente, provocando revoltas de países. Coalizões diplomáticas tradicionais se rompiam, no meio de um debate em plenário, paralisavam a conferência e reformavam a geopolítica do clima. Organizações não governamentais atingiram maturidade e expertise decisivas. Manifestantes cercavam a capital do mundo, que se transferira provisoriamente para um local chamado Bella Center, que a cada instante ameaçava sucumbir ao colapso logístico, tão grande a avalanche de pessoas e esperanças. Uma nova mídia foi compartilhada por anônimos repórteres e por presidentes e primeiros-ministros para expor suas ansiedades, notícias e sortilégios. Tudo foi demasiado. Jornalista que foi a Copenhague voltou com a sensação de não ter tido espaço para relatar tudo, de não ter tido sequer tempo para entender tudo o que aconteceu naquele curto tempo em que a humanidade olhou dramaticamente os olhos do seu futuro.

Sérgio Abranches embarcou para Copenhague de caso pensado e cabeça feita. Estudou muito antes de ir, em leituras atentas e extensas. Queria olhar por várias janelas aquele acontecimento ímpar: da ciência política, que tem sido a trilha central do seu pensamento; de pesquisador, que foi seu exaustivo treino na vida; de especialista em mudança climática, tema no qual se aprofundou nos últimos anos; de jornalista, ofício que exerceu brevemente no começo da sua vida profissional e retoma agora como comentarista e blogueiro. Com o computador, o iPhone, a webcam e as câmeras ele se instalou no Media Center. Do lado, a inseparável Moleskine na qual tomava notas miúdas para o livro.

No avião, no caminho de volta, ao deixar uma Copenhague gelada e devastada pela sensação de fracasso, Sérgio começou a escrever este livro, para o qual recuperou discussões, bastidores, documentos, registros de tuítes e conversas entre chefes de Estado para contar a história da Conferência que ficou parada no ar. Ele cruzou suas várias janelas para produzir o livro que o leitor tem em mãos. Recria a dramaticidade da reunião desde seu inesperado início antes do começo: a explosão dos escândalos dos e-mails que estourou semanas antes e o encontro imprevisto entre China e Estados Unidos em Cingapura. Leva o leitor para dentro do Bella Center, onde tanto espanto surgiu naqueles dias tão longos que pareceu, em determinado momento, que não havia mais noites na Dinamarca. Informa e organiza o que foi surgindo lenta e imperceptivelmente após Copenhague.

Este livro é registro histórico, informação jornalística, instrução sobre como se dão e o que discutem as reuniões do clima, notícia sobre o estágio atual da ciência do clima, análise das mudanças políticas globais que o novo mundo de atores emergentes e urgências climáticas estão impondo a todos nós. Pode ser lido também como uma história de mistério e suspense que persiste até a última linha. Afinal, Copenhague foi o maior fracasso das negociações do clima ou um maduro recomeço para todas as nações? Acompanhe as histórias, as revelações e o raciocínio do autor até o final e talvez você conclua que Copenhague pode não ter sido o que parece. Uma reunião intensa e forte como a de Copenhague é um perigo. A gente pode se perder. A menos que refaça todos os passos da estrada, desfaça os nós que se formaram nos bloqueios, reflita sobre o dito e o não dito, como fez o autor deste *Copenhague: antes e depois*.

Míriam Leitão

Introdução

Para ir a Copenhague, eu tinha que fazer escolhas. Copenhague também era a respeito de escolhas, entre as aflições de curto prazo e o bem-estar a longo prazo; entre o estreito interesse nacional e as necessidades do planeta. Havia muita expectativa sobre quais seriam as escolhas que os países fariam em Copenhague. Havia muita expectativa sobre Copenhague.

Para ir a Copenhague, eu tinha que fazer escolhas mais simples e menos dramáticas. Várias delas não têm relação direta com este livro. Duas têm. E merecem explicação.

O que me daria melhor visão de conjunto e de detalhe do que se passaria na COP15? Uma credencial de observador ou uma credencial de jornalista? Optei pela credencial de jornalista, como comentarista da CBN, porque esta me daria a perspectiva da sala de imprensa e acesso às coletivas, aos delegados e aos observadores. Não poderia entrar em reuniões restritas a delegados e observadores. Era uma perda. Mas não seria difícil reconstruí-las, se necessário, em conversas com os participantes.

Foi a escolha certa, a única que me permitiria estar no palco dos acontecimentos até o último instante.

Da sala de imprensa, encontrei o ângulo mais favorável para ter uma visão panorâmica da ação de todos os atores relevantes naquela conferência sobre o clima. Uma reunião internacional sem precedentes, sob qualquer aspecto. Foram dias intensos, dramáticos, nervosos e exaustivos. Pude viver e apreender o ambiente, ou os ambientes, em que operavam os vários protagonistas de um evento singular e decisivo. Um laboratório vivo. Nele estavam presentes todos os elementos que têm desempenhado papel fundamental neste início da história do século XXI: a nova geopolítica em formação; o novo ambientalismo, que juntou a técnica e a ciência à militância; a revolução científica em todos os campos; as novas mídias e redes sociais. Tudo ali se deu no limite.

Eu sabia o que queria: cobrir o dia a dia da reunião nos meus comentários na CBN e no blog Ecopolitica. Observar as negociações, de forma metódica, usando meu treinamento como cientista social profissional. Juntar estas duas formas de observação, a jornalística e a sociológica, para entender o que se passou ali. Tinha a ideia do livro. Ou, melhor dizendo, tinha a ideia de um livro. Observar todo o processo e tentar explicar o que aconteceu e por quê.

Mas vida e narrativa não são programáveis assim. Elas se conduzem. Há sempre o inesperado. Se seguisse o traçado inicial, o livro ficaria no perímetro do trabalho acadêmico. E não era isso que eu realmente queria. A intenção era, numa perspectiva parecida à exposta por Philip Mayer,[1] compor uma narrativa de informação para o público geral, que fundisse as duas visões, a jornalística e a sociológica. Que fosse legível e não se prendesse aos formalismos acadêmicos. Mas que usasse as técnicas de observação e análise da sociologia, em uma cobertura tão jornalística quanto possível. Uma junção entre a pesquisa de campo e a cobertura do evento.

Meu primeiro emprego remunerado foi como repórter. Com o jornalismo financiei meus anos na faculdade de sociologia. Deixei o jornal no meio do mestrado em sociologia, para poder me dedicar inteiramente a ele. Depois fui para os Estados Unidos fazer o doutorado em ciência política. Voltei ao Brasil para uma carreira acadêmica. Somente anos mais tarde fui reencontrar o jornalismo, no colunismo e na webesfera; na *Veja* e na CBN, no No., em O Eco e no Ecopolitica. Os três últimos, virtuais: uma revista eletrônica, um site de jornalismo ambiental e um blog.

---

[1] Em *The new precision journalism*, Indiana University Press, 1989.

No começo da vida profissional aprendi os rudimentos do jornalismo na convivência com grandes repórteres e alguns esplêndidos colunistas e cronistas. Tive outra oportunidade de aprender mais, na companhia de Marcos Sá Corrêa e Manoel Francisco Britto nos primeiros anos de O Eco. Com O Eco fui embrenhando na questão ambiental, até dela não mais sair. Mas nada me ensinou mais jornalismo e a ética do jornalismo do que a convivência com Míriam Leitão.

Quem me convocou para olhar a questão ambiental foram Márcio Moreira Alves, um amigo querido, e o Betinho, ainda nas preparações para a Rio 92. Não perdi o tema de vista desde então, embora os amigos tenham nos deixado. Mas foi com O Eco e trabalhando no desenho de cenários de longo prazo que descobri que a mudança climática deve ser o campo de visão a partir do qual analisar o desenvolvimento econômico, as relações internacionais e a política nacional. Como desafio que definirá os rumos do século XXI, a mudança climática passou a ser o centro de onde surgirá, nas próximas décadas, uma nova ordem social e uma nova economia de baixo carbono. Deixou de ser um tema lateral. Foi quando decidi, também, que não seria um militante "ambientalista", mas um analista com foco na mudança climática, o que, na verdade, transcende o ambiental em sentido estrito.

A despeito de seu desfecho, Copenhague seria um divisor de águas, um marco histórico. Encerraria mais de dez anos de Conferências da Convenção do Clima, travadas por impasses entrelaçados. Havia novos atores em cena, como Barack Obama. Havia mudança no enredo de atores fundamentais, como Lula, Hu Jintao e Wen Jiabao. Mudanças de roteiro determinadas pela própria expectativa sobre a COP15, pelas pressões e pelos cálculos sobre o que deveria ser decidido em Copenhague.

A história das COPs já é longa, mas não é a matéria deste relato. O que me levou a escrever este livro foi esse momento decisivo de 2009, quando todas as preliminares já haviam acontecido. Era chegada a hora de saber se os governantes teriam condições de tomar as decisões que foram se cristalizando, histórica e cientificamente, como necessárias e urgentes. Decisões que definirão os rumos de todo o século, na economia, na sociedade, no uso da tecnologia, nos modos de vida, na distribuição geográfica das populações.

A expectativa era enorme. O mundo havia se mobilizado para pedir aos governantes que tomassem a decisão certa em Copenhague. De repente, numa manhã de novembro, um escândalo atinge a ciência que fundamenta toda essa mobilização em torno de uma política global para mudança climática. Um hacker invadiu os computadores de um dos principais centros de pesquisa do Reino Unido e de lá retirou arquivos de e-mails que cientistas trocavam ao longo de vários anos.

Não foi um achado ao acaso. Os e-mails pareciam comprometedores. Davam a impressão de que uma panelinha de cientistas se formara para fraudar dados que confirmassem a ameaça da mudança climática e para bloquear a divulgação de posições contrárias. Rapidamente o caso se espalhou pela blogosfera e pela imprensa convencional. Formou-se uma onda de descrédito na ciência climática, principalmente no Reino Unido e nos Estados Unidos. O alvo central era o IPCC — Painel Intergovernamental para Mudanças Climáticas —, exatamente o mecanismo de consolidação científica da Convenção do Clima, que orientava as discussões em torno de um novo acordo global para lidar com a mudança climática. Um movimento desses, às vésperas da COP15, não podia ser coincidência. De qualquer forma, o escândalo dos e-mails virou o primeiro capítulo dessa COP que seria inédita sob todos os aspectos.

Nenhum cientista sério jamais afirmou que não há incertezas nos resultados científicos que nos dizem que o aquecimento global e a mudança climática são fenômenos reais e ameaçam a qualidade de vida na Terra. Nenhum cientista sério negou, em algum momento, que haja dúvidas em relação a vários aspectos da ciência do clima.

COPENHAGUE: ANTES E DEPOIS

Incertezas, hoje usadas fartamente para atacar o consenso sobre a mudança climática, sempre haverá. Elas fazem parte do próprio trabalho científico. A ciência se move pela excitação da curiosidade e pela dúvida. Não há problema em duvidar das conclusões científicas. Duvidar de si é um atributo existencial, filosófico, da ciência. Se um cientista em particular não duvida de suas próprias conclusões, outros duvidarão, e tentarão rejeitar suas hipóteses. Mas o farão com os métodos e os rigores da ciência, não com acusações pessoais ou ataques à integridade dos pesquisadores. Quando há provas de fraude, a ciência tem como isolar as informações inválidas produzidas em desacordo com seus métodos.

A ciência vive da dúvida. Mas o que a política tem feito não é duvidar. Sobretudo no governo Bush, nos Estados Unidos, o que a política vinha fazendo era negar a ciência. A dúvida suscita a demanda por mais evidência, amplia a agenda. A negação apenas afasta o problema, tira-o da agenda.[2] Negação é o que fazem os céticos climáticos, com pouquíssima contribuição científica ao debate e, principalmente, com quase nenhuma contribuição original de pesquisa.

O fato é que o escândalo dos e-mails levantou dúvidas sobre a ciência do clima e sobre o IPCC. Na discussão dos e-mails, ficou fartamente demonstrado que eles eram irrelevantes do ponto de vista dos resultados da pesquisa científica sobre mudança climática. No final de março de 2010, encerrou-se uma investigação na Câmara dos Lordes sobre os procedimentos da Unidade de Pesquisa Climática (Climate Research Unit — CRU)

---

[2] No caso do governo Bush, além de removida para a periferia da agenda, a ciência do clima que respaldava a tese do aquecimento global e suas consequências climáticas foi até mesmo censurada. A maior parte dessa ciência se faz em instituições oficiais como a NASA e a NOAA ou com financiamento da National Science Foundation. Um belo relato desse cerco aos cientistas no governo Bush é do jornalista Chris Mooney: *Storm world: Hurricanes, politics, and the battle over global warming*, Harcourt, Nova York, 2007

da Universidade de East Anglia, de onde os e-mails foram ilegalmente retirados. A instituição e seu diretor, Phil Jones, personagem central do escândalo, foram inteiramente inocentados de qualquer procedimento científico inadequado e de qualquer ato fraudulento. No começo de abril, a Câmara dos Comuns divulgou o relatório da detalhada investigação de sua Comissão de Ciência e Tecnologia. A investigação nada encontrou de errado no comportamento científico da CRU e também isentou o professor Jones de qualquer má conduta. Recomendou, inclusive, que fosse reconduzido à direção da Unidade, da qual se afastou para permitir a apuração isenta do caso. Em todas as investigações posteriores, no Reino Unido e nos Estados Unidos, a CRU, seus cientistas, os outros cientistas, cujos e-mails foram divulgados, e o IPCC foram isentados de qualquer má conduta científica.

O episódio também provocou a investigação por ONGs e pela imprensa, sobre a rede que nega a ciência do clima. O que revelaram foi uma imensa malha de interesses entrelaçados, fartamente financiada com recursos de grandes empresas ligadas à economia do petróleo e ao padrão de produção de alto carbono.

Mas nada disso interferiu ou interfere nos resultados do processo científico, que não envolve só uma instituição, nem um só grupo de cientistas. São milhares de cientistas, de todo o mundo, dedicados ao estudo do clima e da mudança climática. As certezas de uns se transformam nas dúvidas de outros. As dúvidas de todos viram projetos de pesquisa multidisciplinar e multinacional, para encontrar respostas, sempre provisórias. O processo de conhecimento científico é infindável, não termina em certezas definitivas. Desemboca em verdades provisórias e dúvida persistente.

E não se faz apenas nos laboratórios e centros de modelagem, usando supercomputadores. A informação que alimenta esses supercomputadores está do lado de fora, muito frequentemente em locais quase inalcançáveis. Está no gelo das montanhas mais altas do mundo, no fundo dos oceanos, em vulcões, nas partes mais remotas do Ártico e da Antártica. Sua busca transforma a ciência em uma aventura, muitas vezes tão ou mais perigosa que os chamados esportes radicais. Abre novos caminhos para a própria ciência, criando numerosos ramos na já extensa árvore científica. Traz até nós dados surpreendentes não apenas sobre nosso presente, mas principalmente sobre nosso passado, nossa história mais antiga, não raro antecedendo a própria existência do ser humano. Esse mergulho profundo na história da Terra é essencial para conhecermos nossa própria contribuição à mudança climática.

Quando esses dados, essas informações, chegam aos supercomputadores, permitem gerar modelos do processo climático e hipóteses probabilísticas sobre a mudança climática. A análise científica desses testemunhos do próprio planeta sobre as transformações em seu ambiente e seu clima nos dizem muito a respeito do fenômeno climático, do efeito estufa e da nossa participação nele.

Para se entender a dimensão do que seria discutido na COP15, é preciso conhecer alguns lances dessa aventura da ciência e o que hoje sabemos sobre aquecimento global e mudança climática, com grande chance de acerto e consenso entre os cientistas. É o segundo capítulo dessa história. Os outros versam sobre os bastidores da COP15 e da política do clima. Dão testemunho do que se passou em Copenhague e tentam contribuir para a discussão sobre o que fazer depois de Copenhague.

Não era o melhor momento para eu ficar confinado 13 dias, dedicados exclusivamente à COP15 e alguns de seus eventos paralelos. Mas era a hora certa para quem quisesse escrever sobre a última etapa da política climática global e sobre o primeiro momento da nova fase, pós-Copenhague. A despeito do que acontecesse na Dinamarca, a história da diplomacia do clima seria dividida entre antes e depois de Copenhague.

Após desembarcarmos na capital dinamarquesa, tudo foi imprevisível. A própria COP15 já começou como nenhuma outra havia começado. Estaríamos, todos os dias, diante do inesperado. A forma como eu acompanharia a COP também foi surpreendente para mim. A cobertura se impôs de uma forma e a um ritmo que eu não havia previsto. Do mesmo modo como, depois, a narrativa se imporia e redefiniria o plano original do livro. Relembrando o que se passou, consultando as notas e o material de pesquisa que acumulei, entrevistando participantes dos eventos para reconstruir os principais momentos, acompanhando o que jornalistas, observadores, especialistas, cientistas políticos, comentaristas diziam depois de terem estado em Copenhague, o roteiro final foi se refazendo. Eu aprendi muito antes, durante e depois de Copenhague. É isso. Como ensinava Guimarães Rosa, meu quase conterrâneo, nascemos para aprender, "aprender tanto quanto a vida permita".

Estar com jornalistas, jovens e veteranos, de várias gerações, de vários veículos e diferentes mídias, dias a fio, às vezes por mais de 12 horas, na sala de imprensa, foi uma experiência proveitosa. Sem o contato diário com analistas e militantes de várias ONGs e sua colaboração para entender muitas questões intrincadas e obter versões paralelas do que se passava no mundo oficial, este livro teria sido impossível. A contribuição de delegados, negociadores e membros de governos foi fundamental. Quero expressar minha gratidão pelo convívio amistoso, pela ajuda inestimável e pelo aprendizado que me proporcionaram. Todos a que me dirijo aqui sabem de quem e do que estou falando.

Míriam Leitão foi indispensável em toda a caminhada até este livro e além dele, de tantas formas e maneiras, que não há como registrá-las aqui com justiça e pertinência.

Vivendo, se aprende; mas o que se aprende mais, é só a fazer outras maiores perguntas.

João Guimarães Rosa,
Grande Sertão: Veredas

CAPÍTULO 1 O clima da ciência

INVASÃO DE PRIVACIDADE

Na manhãzinha do dia 17 de novembro, alguém usando um computador aparentemente localizado na Turquia entrou no servidor do site RealClimate.com,[3] assumiu seu controle e nele inseriu um arquivo com o misterioso nome de FOIA.zip. O hacker também tentou postar um texto no qual oferecia ao mundo o conteúdo explosivo daquele arquivo. Ele continha e-mails e outros documentos retirados dos computadores de um importante centro de pesquisa climatológica do Reino Unido, a Climatic Research Unit (CRU) da Universidade de East Anglia. Os e-mails lançariam dúvida sobre os procedimentos e a credibilidade da ciência do clima e do principal mecanismo de assessoramento das decisões das delegações nacionais na Convenção do Clima, o IPCC — Painel Intergovernamental para Mudança Climática.

Antes que o hacker conseguisse pôr esse post no ar, os verdadeiros responsáveis pelo blog reassumiram o comando e interceptaram o invasor. Mas sua divulgação era inevitável. Em poucas horas eles estariam circulando pela web e dariam início ao primeiro grande escândalo científico do século XXI.

Nada era coincidência. Era véspera da COP15. A aposta majoritária é que dela sairia um acordo global que daria início à tran-

---

[3] http://www.realclimate.org/index.php/archives/2009/11/the-cru-hack-context/comment-page-4/#comment-143886 (comentário 156).

sição para a economia de baixo carbono. Havia muitos interesses em choque e essa expectativa esquentava o clima de conflito.

Os hackers sabiam exatamente onde colocar seu cavalo de Troia. Tinham clara noção de que o site RealClimate seria o canal ideal para divulgar os e-mails furtados. Ele é mantido por cientistas da NASA para explicar a ciência do clima e suas novas descobertas em linguagem mais acessível. Também se dedica a esclarecer as controvérsias que surgem todo dia, quase sempre alimentadas pelos que negam o aquecimento global. Tem credibilidade e é fonte da imprensa para todos os assuntos científicos a respeito de mudança climática.

Mas o verdadeiro alvo da campanha de descrédito da ciência climática que se seguiria à revelação dos e-mails era o IPCC, que produz o relatório que orienta as decisões da COP. A intenção era desacreditar o relatório e enfraquecer o fundamento científico das decisões que deveriam ser tomadas pelos chefes de governo mais poderosos do mundo em Copenhague.

Algumas horas depois do incidente no RealClimate, apareceu um comentário no site Air Vent, mantido por pessoas contrárias à tese da mudança climática, que dizia o seguinte:

> Achamos que a ciência do clima é, na presente situação, importante demais para ser mantida sob segredo. Portanto, divulgamos aqui uma seleção aleatória de correspondências, códigos e documentos. Esperamos que traga alguma luz sobre essa ciência e as pessoas por trás dela. Essa é uma oferta por tempo limitado.

Era quase igual ao texto que deveria ter aparecido no RealClimate, como relatou um de seus criadores, Gavin Schmidt.[4] Vinha acompanhado por um link para uma conta anônima de FTP[5] na

---

[4] Gavin A. Schmidt, doutor em matemática aplicada pelo University College de Londres, é especialista em modelagem climática no Instituto Goddard da NASA e criador do site RealClimate.

[5] FTP (*file transfer protocol*) é um protocolo padrão usado para troca de arquivos pela internet (*uploads* e *downloads* — carregar e baixar).

Rússia, da qual se podia baixar o arquivo FOIA.zip com os e-mails. Curiosamente, o post havia sido enviado de um site na Malásia, que aceita usuários anônimos. Tudo para despistar o trabalho de alguém de dentro do centro de pesquisas que, por alguma razão, decidiu expor a intimidade de seus pesquisadores e colegas do mundo inteiro para todo o mundo.[6] Desde o início iam aparecendo os indícios de que não se tratava de um acidente, mas de uma ação planejada. Com o passar das semanas, a verdade apareceria: uma ação articulada na mídia e na blogosfera, que certamente contou com amplo financiamento e ajuda de dentro.

O nome do usuário e o título do arquivo eram sugestivos: FOIA em inglês é Freedom of Information Act, que pode ser traduzido por Lei de Liberdade de Informação. A lei de acesso à informação vinha sendo usada exaustivamente pelos chamados céticos, ou negacionistas, para conseguir os dados e memórias de cálculo dos cientistas do clima, na Inglaterra e nos Estados Unidos. Em vários dos e-mails agora divulgados os cientistas se mostravam preocupados com o que consideravam verdadeiro assédio à sua autonomia acadêmica pela via judicial. Muitos resistiam à ideia de admitir esse acesso.

O conteúdo do arquivo era tudo que os céticos sonhavam. Ele começou a ser conhecido dois dias depois, 19 de novembro,

---

[6] A polícia está convencida de que é um caso de *"insider information"* e já interrogou o pesquisador climático Paul Dennis, da universidade de East Anglia, que mantém estreitos contatos com organizações que promovem as ideias dos céticos climáticos e com conhecidos negacionistas. Dennis enviou e-mail a Steven McIntyre alertando sobre os e-mails hackeados. Recentemente, em um post no blog do cético climático Andrew Montford, Dennis escreveu: "Eu não vazei nenhum arquivo, dado ou e-mail ou nenhum outro tipo de material. Não tenho ideia de como esses arquivos foram divulgados ou quem está atrás disso." Mas confirmou ter enviado e-mail a Steven McIntyre informando que "um e-mail departamental dizia que e-mails e arquivos haviam sido hackeados". Ver Jonathan Owen and Paul Bignell, "Think-tanks take oil money and use it to fund climate deniers", *The Independent*, 7 de fevereiro de 2010.

18 dias antes da abertura da COP15, a Conferência das Partes à Convenção do Clima, em Copenhague. Nesse dia, o blog Air Vent[7] trazia uma chamada meio críptica, que seria o gatilho do escândalo: "62 MB vazados de puro ouro no arquivo FOIA." Quem assinava o post era o blogueiro "Jeff Id", pseudônimo de Patrick Condon conhecido militante na negação da mudança climática. "Jeff Id" se mostrava cauteloso e exultante:

> Esta é a maior notícia já revelada aqui. A primeira coisa que devo dizer é que não tenho nenhuma conexão com a fonte desse arquivo. Ele foi deixado como um link no meu blog, enquanto eu caçava [...] Esse arquivo é real, na minha opinião, mas ele não pode ser cem por cento verificado. Os dados provavelmente foram extraídos de múltiplos computadores, na minha opinião por um hacker ou por alguém de dentro, envolvido em um desses intermináveis pedidos de liberdade de informação.

Ele explicava por que se mostrava cauteloso e como agiria até se sentir mais seguro:

> Eu preciso de orientação legal a respeito do arquivo que recebi hoje. Verifiquei que os dados parecem verdadeiros, simplesmente por causa do volume de informação e conhecendo os temas de que tratam. No momento, o link está fora do ar. Tomei essa providência logo que me dei conta do que ele continha. Preciso saber as ramificações legais de trazer a público alguns desses e-mails.

Os e-mails vazados naquele arquivo circularam com estardalhaço pela imprensa mundial e, principalmente, pelos blogs dos céticos, como indícios de fraude, manipulação de dados e falhas graves no relatório do IPCC. Os personagens dos e-mails eram

---

[7] Pode ser encontrado no endereço: http://noconsensus.wordpress.com/2009/11/19/leaked-foia-files-62-mb-of-gold/.

cientistas que mostravam ao mundo as evidências da mudança climática como maior ameaça à humanidade no século XXI. Uma ameaça, segundo eles, causada pela ação humana.

As pegadas iniciais desse escândalo revestido de mistério permitem entender melhor a complexa trama de conflitos que envolve a ciência e a política da mudança climática. A história desse escândalo ainda está para ser contada. Não será objeto deste livro. Mas a revelação dos e-mails é parte das movimentações políticas que precederam a mais inesperada das COPs.

A cautela jurídica de "Jeff Id" não era suficiente para manter o suspense por muito tempo. Com cuidado para não se expor a uma ação judicial, ele revelou o suficiente para causar enorme agitação nos meios científicos, na imprensa e na blogoesfera.

Por enquanto, um sumário dos 62 MB de dados: é correspondência pessoal por e-mail entre alguns dos maiores atores [Benjamin] Santer, [Keith] Briffa, [Michael] Mann, [Tim] Osborn, [Eugene] Wahl.[8] [...] O tom dos e-mails é bastante interessante. Steve McIntyre[9] é o foco de muitos deles e há muitas referências

---

[8] Benjamin Santer, premiado climatologista do Lawrence Livermore National Laboratory, especializado em análise estatística de dados climáticos; Keith Briffa, dendroclimatologista (estudo do crescimento das árvores para reconstrução do clima) e vice-diretor do Centro de Pesquisa Climática da Universidade de East Anglia (CRU), de onde os e-mails foram hackeados; Michael Mann, climatologista, autor do "gráfico do taco de hóquei", é diretor do Centro de Ciências do Sistema Terrestre e professor do Departamento de Meteorologia e do Instituto de Sistemas Ambientais da Universidade do Estado da Pennsylvania; Tim Osborn, climatologista, Academic Fellow do CRU — Unidade de Pesquisa Climática; Eugene Wahl, doutor em biologia da conservação e paleoecologia quaternária, paleoclimatologista, cientista físico do Programa de Paleoclimatologia da Administração Nacional de Oceanos e Atmosfera — NOOA.

[9] O canadense Steven McIntyre, matemático de formação, é editor do blog Climate Audit (Auditoria Climática) e um dos principais polemistas contra a tese do aquecimento global. Profissionalmente, fez carreira como execu-

a obstruções e a tornar as coisas difíceis para os "céticos". Há também questões orçamentárias e de doações — vocês não imaginam a quantidade de dinheiro que esses caras usam. [...] Uma das maiores críticas aos céticos é a não publicação. Eu acho que podemos pôr um fim a essa charada aqui e agora. Se alguém puder me achar um advogado para destravar isso, eu adicionarei o resto dos nomes, mas digamos que nossos fins favoritos justificam os meios do grupo.

Transcreveu um e-mail que imaginava explicar a charada de haver poucas publicações científicas de céticos. Estas estariam sendo bloqueadas pelos cientistas, numa conspiração para provar o aquecimento global a qualquer custo. Pôs apenas as iniciais dos cientistas, para evitar problemas. Na citação, escrevi os nomes completos para facilitar a leitura.

De: P[hil Jones]
Para: M[ichael Mann]
Assunto: ALTAMENTE CONFIDENCIAL
Data: Quinta-feira, 8 de julho 16:30:16 2004
M,
Só tenho [o artigo] em formato pdf. Para seus olhos apenas — não passe adiante.[...] Não diga que você tem o pdf. O anexo é um artigo[10] muito bom — eu tenho pressionado A. ao longo das últimas

---

tivo e consultor na área de mineração no Canadá. Segundo o jornalista canadense Colby Cosh, os e-mails definiram o "grande satã para a ciência climática", "Steven McIntyre, um amador persistente e gentil que não tinha nenhuma credencial em ciência aplicada antes de entrar no debate sobre aquecimento global em 2003, é mencionado mais de cem vezes". Em 2003, McIntyre escreveu junto com o economista Ross McKitrick uma crítica estatística do famoso "gráfico do taco de hóquei — *"hockey stick graph"* —, de Michael Mann, que mostrava as temperaturas médias globais crescendo vertiginosamente no século XX.

[10] O misterioso pdf, que nem podia ser mencionado, é um artigo de dois meteorologistas da Universidade de Maryland, Eugenia Kalnay e Ming

semanas para que ele seja submetido ao J[ournal of] G[eophysical] R[esearch] ou ao J[ournal of] Climate.[11] Os principais resultados são ótimos para a CRU e também para o ERA-40.[12] A mensagem básica é clara — é preciso pôr suficientes observações de sondas e superfície em um modelo para produzir a Reanálise. Os saltos quando o *input* de dados muda aparecem tão claramente.
O NCEP[13] faz muitas coisas estranhas também em torno do gelo do mar e sobre neve e gelo.
O outro artigo de M[cKitrick] e M[ichaels] é só lixo — como você sabia. De Freitas[14] de novo. [...] Eu não consigo ver nenhum desses dois artigos no próximo relatório do IPCC.[15] K[evin Trenberth] e eu vamos tratar de mantê-los de fora de algum jeito — mesmo que tenhamos que redefinir o que é literatura revista pelos pares. [...]
Saudações
Phil

Cai — "Impact of urbanization and land-use change on climate", publicado posteriormente na revista *Nature*, 2003, 423: 528-531.
[11] *Journal of Climate*, da American Meteorological Society.
[12] Era-40 é um projeto de reanálise meteorológica para o período 1957-2002. Originalmente pensado para reanalisar quarenta anos, terminou examinando 45 anos de informações meteorológicas.
[13] Modelo de previsão dos Centros Nacionais de Previsão Ambiental do Serviço Meteorológico Nacional — NWS-NOOA.
[14] Chris de Freitas, professor associado do Departamento de Geografia, Geologia e Ciência Ambiental da Universidade de Auckland, Nova Zelândia, conhecido oponente da tese das origens humanas do aquecimento global. Ele não nega o aquecimento global, mas nega que suas causas sejam resultado das emissões de gases estufa pela sociedade humana. Ganhou quatro vezes o prêmio de comunicador científico da Associação Neozelandesa de Ciências.
[15] IPCC — Intergovernmental Panel on Climate Change, reúne mais de 2 mil cientistas do mundo inteiro para avaliar a ciência produzida sobre mudança climática entre um relatório e outro. O intervalo de suas avaliações tem sido de cinco anos. O IPCC ganhou o prêmio Nobel da Paz em 2007.

Quem são os personagens anônimos desse e-mail cheio de maledicências, com frases às vezes incompreensíveis para os leigos, e que parecem conspirar para publicar o que lhes interessa e vetar a publicação do que os incomoda?

O climatologista Phil Jones era o diretor da CRU e professor do Departamento de Ciências Ambientais da Universidade de East Anglia, de onde os e-mails foram retirados. Jones renunciou ao cargo de diretor com a repercussão do vazamento dos e-mails, para permitir investigação independente dos procedimentos de pesquisa do centro.

O destinatário do e-mail, Michael Mann, é diretor do Centro de Ciências do Sistema Terrestre da Universidade do Estado da Pennsylvania. Mann já estava acostumado a ser duramente atacado pela oposição à ciência do clima. A comissão acadêmica da Universidade da Pennsylvania o isentou posteriormente de qualquer má conduta científica relacionadas a suas pesquisas e aos e-mails divulgados. Ele criou o "gráfico do taco de hóquei", que mostra as temperaturas da superfície da Terra em mil anos. O gráfico é um ícone da mudança climática. É conhecido como "gráfico do taco de hóquei" por causa da forma: quase reto até 1900 e com uma virada abrupta para cima a partir daí.

O neozelandês Kevin Trenberth é diretor da seção de análise climática do importante Centro Nacional de Pesquisa Atmosférica em Boulder, Colorado.

TACO DE HÓQUEI

A semente desse escândalo foi lançada quando os negacionistas se voltaram contra o gráfico de Mann, que mostrava que as últimas décadas do século XX eram as mais quentes do milênio. O retrato do aquecimento global produzido pela modernidade.

O gráfico hoje aparece em qualquer infograma de jornal para explicar o aquecimento global e está em toda apresentação introdutória sobre o tema. Por ser tão emblemático, os céticos tentaram desacreditá-lo de todas as formas possíveis.

O bombardeio começou com a publicação de um artigo[16] por Steven McIntyre e Ross McKitrick, dois dos mais assíduos céticos citados nos e-mails furtados, acusando Mann e colaboradores de terem usado "dados seriamente incorretos" e "cálculos errados" para fazer o gráfico. Mann respondeu que a crítica era espúria.

O debate incendiou os meios científicos e chegou ao mundo da política. Por causa das críticas e suspeitas levantadas pelos céticos, o Congresso dos Estados Unidos pediu à Academia Nacional de Ciências que fizesse uma investigação independente sobre a validade e a correção dos procedimentos usados para reconstruir a temperatura da superfície terrestre dos últimos 2 mil anos. Foi reunida uma comissão científica independente,[17] que concluiu que os dados eram válidos para este milênio.

No seu relatório os cientistas concluem que "é possível afirmar, com alto grau de confiança, que a temperatura média global da superfície foi mais alta durante as últimas décadas do século XX do que durante qualquer outro período comparável nos quatro séculos anteriores".[18] Essa afirmação sumária correspondia à aceitação da conclusão básica do trabalho de Mann e seus colegas de que o final do século XX havia sido mais quente quando comparado a qualquer período dos últimos mil anos. A comissão diz ainda

---

[16] Steven McIntyre e Ross McKitrick, "Corrections to the Mann *et al.* (1998) proxy data base and Northern Hemispheric average temperature series", *Energy and Environment*, vol. 14, n° 6, 2003: 751-771.
[17] Committee on Surface Temperature Reconstructions for the Last 2,000 Years, Board on Atmospheric Sciences and Climate Division on Earth and Life Studies, National Research Council, National Academies of Science.
[18] Committee on Surface Temperature Reconstructions for the Last 2,000 Years, *Surface Temperature Reconstructions for the Last 2,000 Years*, National Research Council, Washington, 2006.

que o estudo de Mann foi posteriormente confirmado por um significativo conjunto de novas evidências. O importante dessa conclusão é que não existe outra explicação cientificamente consistente para esse aquecimento recorde, a não ser a da ação humana: as emissões de carbono geradas pela sociedade humana a partir da Revolução Industrial.

Se as conclusões da investigação das Academias de Ciências afastaram as suspeitas de que havia erro científico grave no trabalho de geração do gráfico do taco de hóquei, não conseguiram, porém, dar cabo da politização da discussão sobre mudança climática. Ao contrário. A vitória do gráfico, uma espécie de símbolo da ciência do clima, aumentou ainda mais as rivalidades e os ressentimentos.

Conhecendo a história da controvérsia sobre o gráfico de Michael Mann fica fácil entender porque, num rompante de indignação, Phil Jones diz no e-mail que Keith Trenberth e ele iriam tratar de evitar que o artigo de McKitrick e Michaels fosse incluído na avaliação do IPCC. Afinal, foi Ross McKitrick, um dos autores, que, junto com Steven McIntyre, iniciou os ataques contra Michael Mann. O outro autor do artigo mencionado no e-mail é Patrick J. Michaels, doutorado em climatologia ecológica pela Universidade de Wisconsin e pesquisador do *think tank* conservador Cato Institute.[19]

Mesmo que Phil Jones e Kevin Trenberth tenham tentado bloquear os artigos, o que negam ter feito, eles acabaram entrando no relatório do IPCC e estão citados no seu capítulo 2.

Mas o importante é que a dúvida estava lançada. O IPCC seria passível de manipulação e decisões arbitrárias, com o objetivo de evitar a admissão de trabalhos que contradiziam a hipótese de perigo climático provocado pela ação humana.

---

[19] McKitrick, R., e Michaels, P. J. (2004). "A test of corrections for extraneous signals in gridded surface temperature data", *Climate Research*, 26: 159-173.

Depois desse primeiro e-mail, vários outros foram publicados e comentados em inúmeros blogs ligados aos céticos e pela imprensa global, escrita e on-line.

O TRUQUE

Steven McIntyre, que deu início a toda a controvérsia, é um dos principais propagadores do pensamento dos céticos climáticos nos Estados Unidos. Escreveu em seu blog, Climate Audit, várias análises do "Climategate", como o caso dos e-mails acabou conhecido na imprensa e na blogosfera, denunciando suposto conluio entre os cientistas com o objetivo de esconder uma queda recente de temperatura. O argumento é que essa queda de temperatura desmentiria a afirmação de que o mundo está esquentando. Era parte da tentativa de desacreditar não só a tese do aquecimento, como o gráfico-símbolo de Mann e o relatório do IPCC, porque punha em dúvida a qualidade e a veracidade de parte dos dados em que se baseavam.

Ele lançava suspeitas sobre o uso de temperaturas reconstruídas a partir de anéis de uma espécie de árvore, trabalho feito por Keith Briffa, respeitado dendroclimatologista. Os dados obtidos por Briffa divergem dos registros de temperatura por instrumento a partir de 1960. Esse fato ficou conhecido na literatura científica como o "problema da divergência".[20]

Na troca de e-mails Phil Jones discutia formas de buscar essa convergência, para que o relatório do IPCC não transmitisse uma mensagem ambígua ao mundo e aos governos da Convenção do

---

[20] Está amplamente discutido em publicações especializadas, desde que o artigo de Keith Briffa foi publicado na revista *Nature*, em 1998. No artigo ele recomenda que não se use a reconstrução posterior a 1960. Ver K. R. Briffa *et al.*, "Reduced sensitivity of recent tree-growth to temperature at high northern latitudes", *Nature*, 391, 678-682 (12 de fevereiro de 1998).

Clima. Na imprensa e nos textos de McIntyre e outros céticos, essa discussão aparecia como uma conspiração para fraudar os dados, escondendo a parte que desmentiria a tese do aquecimento.

Frases soltas, fora de contexto, pareciam dar razão aos acusadores. Em um dos e-mails mais divulgados, que McIntyre usou para respaldar sua denúncia,[21] Phil Jones diz que acabara de "completar o truque [*trick*] do Mike [Michael Mann] na *Nature*, de adicionar as temperaturas reais a cada uma das séries para os últimos vinte anos [isto é, 1981 em diante] e a partir de 1961 para as de Keith [Briffa], para esconder o declínio".

A frase parece reconhecer uma trapaça: "um truque" [...] "para esconder o declínio" da temperatura. Mas não é assim. Qualquer pessoa acostumada à linguagem comum nos meios acadêmicos e técnicos de língua inglesa já ouviu a expressão "*trick*", truque, usada não para indicar uma fraude, mas um jeito, uma solução para resolver um problema de tratamento estatístico de dados. Mesmo em português, é comum usar a expressão "o truque é" para se referir a uma solução estatística, de uso de software, ou obter um efeito em fotografia digital, por exemplo. "Esconder o declínio" se referia ao problema da divergência entre os dados reconstruídos e os dados medidos por instrumentos. O próprio autor dos dados reconhecia que essa parte da série era inconsistente estatisticamente e sugeria que fosse suprimida das análises.

A dendroclimatologia — reconstituição do clima do passado remoto a partir de anéis de árvores — é parte da paleoclimatologia, um ramo recente da ciência e que de fato ainda enfrenta muitas imprecisões e incertezas. É muito técnica, depende de inúmeros tipos de tecnologias. É muito importante também, porque permite reconstituir numericamente o clima do passado para formar séries longas de dados, cobrindo milhares de anos.

---

[21] Steven McIntyre, "IPCC and the 'trick'", Climate Audit, 10 de dezembro de 2009: http://climateaudit.org/2009/12/10/ipcc-and-the-trick/.

Só é possível usar modelos estatísticos muito complexos com séries muito longas. Faz-se uma troca: trabalha-se com uma faixa maior de imprecisão, mas se consegue desenhar modelos mais complexos para estudar as tendências de longo prazo do sistema climático. Usa-se, para essas reconstruções, por exemplo, além de anéis de árvores, varas de gelo profundo retiradas de montanhas geladas, do Ártico e da Antártica; corais; e estalactites de cavernas muito antigas. O sistema climático é muito complexo, tem muitas variáveis e muitas relações não lineares. Para obter resultados que reproduzam seu funcionamento com maior aproximação, é preciso séries muito longas. Somente assim atendem aos requisitos estatísticos mínimos dos modelos.

O caso gera controvérsia até hoje e tem a ver com essa operação difícil de tornar compatíveis dados obtidos por metodologias muito diferentes, aplicadas a essas amostras que dão testemunho do que acontecia com o clima do passado remoto.[22] Essas reconstruções são combinadas a dados mais recentes, gerados por instrumentos em tempo real, e, dessa forma, criam-se séries longas — mil a 2 mil anos — de dados climáticos, para permitir a construção de modelos e cenários de longo prazo. Para que essas séries sejam consistentes, é preciso calibrar os dados obtidos de fontes distintas e torná-los coerentes entre si. Esse é o truque.

Não é só na paleoclimatologia que se tem de lidar com discrepâncias entre medidas obtidas por métodos distintos e margens de erros de estimativas. Faz parte da vida de quase todo cientista das mais diversas especialidades, da sociologia à física, da economia à biologia. A forma de tratar isso corretamente é com transparência. Registrar com precisão técnica as discrepâncias e os

---

[22] Um relatório encomendado por lideranças republicanas da Câmara dos Deputados a três estatísticos, por exemplo, diz que o tratamento estatístico dos dados por Mann e seus colegas não é adequado e a hipótese de que a década de 1990 foi a mais quente do milênio não se sustenta. Edward J. Wegman et al. "*Ad hoc* committee on the 'Hockey stick', global climate reconstruction", Committee on Energy and Commerce, Washington, 2006.

procedimentos estatísticos utilizados para compatibilizar as séries obtidas por esses caminhos distintos. A documentação deve permitir que outro cientista qualificado seja capaz de repetir todos os procedimentos originais.

Os cientistas envolvidos no vazamento dos e-mails nunca negaram a veracidade deles. Mas se mostravam revoltados com a invasão de privacidade. Contestavam ilações feitas a partir de frases de conversas cujo contexto não era conhecido. Desde antes vinham resistindo, com irritação, à enxurrada de pedidos de acesso a suas notas e dados brutos, inclusive de muitos leigos, com base na legislação de liberdade de informação. Agora todo mundo queria ver seus arquivos de e-mail também.

As respostas às acusações foram sempre precisas e objetivas. Gavin Schmidt mostrou, no RealClimate, que todas as dúvidas sobre tratamento de dados estavam registradas em artigos revistos pelos pares, publicados em revistas científicas, em linguagem apropriada.

Richard Betts, diretor de mudança climática do Met Office, o centro meteorológico do Reino Unido, e também membro do IPCC, me disse, em Copenhague, que os estudos da CRU, a unidade de pesquisa que teve os computadores violados, estão passando por completa revisão independente. Cientistas do Reino Unido e de outros países estão empenhados num importante trabalho para proteger a credibilidade da ciência do clima e dos dados gerados pela CRU e outros centros de pesquisa mencionados nos e-mails. Segundo ele, o banco de dados da CRU será refeito de cabo a rabo, de forma transparente e independente, para que não reste dúvida sobre a qualidade da ciência nele baseada. O Met Office diz também que é possível obter uma série mais precisa e consistente de dados de temperatura para o último milênio com a tecnologia de que se dispõe atualmente. Está empenhado em fazer isso.

CIÊNCIA E INTERESSE

Era grande a preocupação dos cientistas de que a ampla repercussão do caso na mídia acabasse tendo efeito muito negativo sobre as negociações na COP15, que se aproximava.[23]

Não entrarei nos meandros do escândalo dos e-mails furtados dos computadores da CRU.[24] Foram centenas e muitos trazem histórias cheias de intrigas, ressentimentos e animosidade. Eles mostram várias coisas. A mais chocante para os de fora talvez seja que cientistas que alertam o mundo para ameaças que marcarão a vida deste século são comuns, falíveis, capazes de maus sentimentos, raiva, ambição, paixão.

Quando se examina por dentro os e-mails e as versões sobre o contexto em que foram escritos — obtidas em documentos publicados na Web ou em entrevistas —, o que se vê é uma história de de-

---

[23] Contei essa conversa com Betts, escrevendo de Copenhague, em meu blog Ecopolitica: http://www.ecopolitica.com.br/2009/12/14/caso-dos-emails-roubados-vai-terminar-com-ciencia-mais-transparente/.

[24] Quem quiser mergulhar no caso pode ver a reposta dos cientistas no RealClimate: Gavin Schmidt "The CRU Hack", http://www.realclimate.org/index.php/archives/2009/11/the-cru-hack/; uma boa síntese foi publicada no *New York Times*, escrita por Andrew C. Revkin, veterano jornalista da área científica e do clima, sobre o qual tem livro publicado e cujo nome é também citado nos e-mails. Na época era repórter sênior do *Times* e ainda hoje mantém no site do jornal o blog Dot Earth. Andrew C. Revkin, "Hacked e-mail is new fodder for climate dispute", *The New York Times*, 20 de novembro de 2009: http://www.nytimes.com/2009/11/21/science/earth/21climate.html?_r=2&hp. A revista *Wired* publicou boa matéria sobre o assunto: Kim Zetter, "Hacked e-mails fuel global warming debate", 20 de novembro de 2009: http://www.wired.com/threatlevel/2009/11/climate-hack/. A *Nature* também publicou dois artigos de Quirin Schiermeier, "Leading British climate centre hacked", 20 de novembro de 2009 (http://www.nature.com/news/ 2009/091120/full/news.2009.1101.html) e "Storm clouds gather over leaked climate e-mails", 24 de novembro de 2009 (http://www.nature.com/news/2009/091124/full/462397a.html). Schiermeier escreve frequentemente sobre ciência na revista.

savenças e intrigas no mundo científico. Pessoas que se gostam e pensam parecido formam grupos e entram em disputa e conflitos com outros grupos de pessoas com visões diferentes. Quando se reconstrói a trama, vê-se que os mesmos nomes estão em praticamente todos os casos. Os grupos se fecham e os confrontos estreitam os laços de relacionamento entre as pessoas de cada grupo. Criam-se mesmo anéis de cumplicidade em choque permanente uns com os outros. É assim, em toda parte, em todos os ramos de trabalho. É a natureza humana, rica, complexa, multifacetada e falível.

Por trás dos formalismos dos trabalhos publicados, da frieza dos números e de gráficos cheios de linhas, há paixões, simpatias, inimizades, cargos e prestígio em jogo. Para quem acha que o cientista é um ser humano mutante, um nerd, sem emoções, sem outra vida senão a do laboratório, sem ambições a não ser intelectuais, essa história de desavenças, insinuações, sabotagens e maledicências pode ser chocante. A ciência humanizada, dessacralizada, se parece com qualquer outra atividade humana, ainda que seja conduzida por doutores e prêmios Nobel.

Fazer boa ciência não significa necessariamente ter bons modos. Também não há só subjetividades em choque em todo esse *affair*. Há poderosos interesses em conflito. Pesquisa custa caro. Os salários às vezes são pouco compensadores. Precisam do complemento que vem dos financiamentos.

A ciência do clima ameaça setores poderosíssimos e riquíssimos da economia global. Há interesses econômicos de enorme envergadura investidos no combate às teses de que a mudança climática é um risco derivado da forma pela qual a sociedade humana atual está organizada. As empresas ligadas à economia de alto carbono — isto é, de uso intensivo de combustíveis fósseis e alta emissão de gases estufa — jogam pesado e investem muito no adiamento das decisões de mudança, no combate às evidências que mostram necessidade de ação rápida e radical.

As empresas que já usam tecnologias limpas querem decisões rápidas, para que não sejam as únicas a pagar o custo da transição.

Sabem que serão mais competitivas em uma economia de baixo carbono, de energias renováveis e baixas emissões de gases estufa. Não é pouco o que está em jogo. Trata-se de mudar radicalmente os padrões de produção e consumo das sociedades, o modo de vida das pessoas, as tecnologias, os materiais, as fontes de energia e matéria-prima. Nada menos que uma revolução econômica, logística, tecnológica e social.

Dos dois lados, portanto, há interesses em jogo, choque de reputações, ambições por prestígio, influência, notoriedade e poder. É mais fácil, entretanto, imaginar que só as empresas ligadas à economia fóssil, seus *lobbies* e advogados sejam pessoas capazes de maus sentimentos e maledicências. Os cientistas, em seus laboratórios, dedicados a tarefas absorventes e complexas, nem teriam tempo para essas coisas. Em parte essas diferenças existem mesmo. Mas há exagero e distorção também. Em ambos os lados há personalidades agradáveis e capazes de desprendimento. E dos dois lados há pessoas vivendo como se estivessem numa guerra. Há muita ambição, seja material, seja intelectual, não importa. Egos enormes se enfrentam em uma fogueira ardente de vaidades:

Gavin Schmidt, do RealClimate, ele mesmo personagem nesse drama policial-político-científico, ressaltou esse lado humano da ciência, em entrevista sobre o caso para a *Scientific American*. Os e-mails roubados podem em última instância abrir uma janela sociológica sobre o trabalho da comunidade científica, ele disse:

> É um registro de como a ciência é feita de fato. Eles verão que os cientistas são humanos e como a ciência progride apesar das falhas humanas. Eles verão por que a ciência como projeto avança, a despeito do fato de os cientistas não serem perfeitos.[25]

---

[25] David Biello, "Scientists respond to 'Climategate' e-mail controversy", *Scientific American*, 4 de dezembro de 2009.

Michael Mann, em uma coletiva de imprensa, diz que tudo não passou de intolerável invasão de privacidade. Virou uma guerra suja. "Chegamos mesmo ao ponto em que é aceitável que alguém invada a sua correspondência pessoal e tire suas palavras de seu contexto?" Para ele, esse seria "um novo nível de desonestidade". Esse tipo de conduta poderia prejudicar o processo científico, inibindo a comunicação mais franca e aberta entre os cientistas. "Os cientistas ficarão menos inclinados a se engajar em discussões mais vibrantes e apaixonadas com seus colegas por e-mail." Acusou os opositores da ciência climática, que ele representa, de terem abandonado o debate legítimo para recorrer à "baixaria".[26]

O que o episódio mostra também é como o debate sobre o "aquecimento global antropogênico", isto é, causado pela ação humana, se politizou e adquiriu uma indesejável carapaça ideológica.[27] Na COP15, uma cientista do IPCC me dizia perplexa: "Isso deixou de ser sobre ciência, passou a ser só política!"

No mundo real, nos corredores das universidades, institutos privados de pesquisa, continua a batalha entre "aquecimentistas" (*"warmists"*) e "negacionistas" (*"deniers"*), termos usados pejorativamente. Esse confronto pode, realmente, comprometer o processo de busca de conhecimento.

Essa polarização radicalizada entre os que afirmam e os que negam o aquecimento global pode levar ao relaxamento dos controles de qualidade, à aceitação de conclusões sem revisão crítica adequada e até mesmo à manipulação de informação. Polarização radicalizada é o caminho mais curto para as rupturas de todo tipo.[28]

---

[26] Liz Kalaugher, "Michael Mann speaks out on hacked climate science emails", *The Guardian*, 18 de dezembro de 2009: http://www.guardian.co.uk/environment/2009/dec/18/hacked-climate-science-emails-climate-change/.
[27] O "aquecimento global antropogênico" aparece nos e-mails, textos, na linguagem oficial da ONU, e até como *hashtag* no Twitter, como AGW (*anthropogenic global warming*).
[28] Quem descobriu isso foi o cientista político Wanderley Guilherme dos Santos, ao pesquisar rupturas institucionais.

CIÊNCIA E POLÍTICA

A resposta substantiva dos cientistas, entretanto, não deixou muita dúvida sobre a validade dos procedimentos científicos postos sob suspeição. Os e-mails não eram evidência de fraude científica. No máximo mostravam que cientistas não seguiram regras mínimas de etiqueta acadêmica nas comunicações pessoais. O vazamento revelou também indesejável desorganização e falta de cuidado com a documentação e a transparência dos bancos de dados e de seu tratamento estatístico. Um erro que está em processo de correção, como informou Richard Betts do Met Office.

Há muitos outros cientistas estudiosos da mudança climática que não se envolveram nesse escândalo. Também são criticados pelos céticos. Seus trabalhos são tão ou mais importantes. As redes científicas são variadas e numerosas. Claro que se cruzam nas inevitáveis interseções da ciência multidisciplinar. Uma dessas interseções é o IPCC. A vasta maioria dos cientistas que pertencem a essas redes tem muitas dúvidas. Mas não duvidam da realidade do aquecimento global, nem da ameaça da mudança climática.

Essa não é a primeira, nem talvez a mais duradoura guerra entre cientistas. As batalhas contrapõem cientistas entre si e leigos a cientistas. Muitas vezes se invoca contra a ciência, mesmo entre cientistas, uma "lógica social", em contraponto a uma "lógica científica". Na batalha entre diferentes visões científicas, a guerra mais virulenta e prolongada talvez tenha se travado no campo da teoria da evolução, sobre o papel da seleção natural, que opôs polemistas brilhantes e infatigáveis, como Richard Dawkins a Stephen J. Gould, já falecido, e Steven Rose, por exemplo.

Os climatologistas trabalham com hipóteses e padrões metodológicos rigorosos de uso de dados e aceitação de evidências. Mas deveriam adotar padrões de conduta mais rigorosos, porque estão sob fogo adversário. A integridade e a credibilidade da ciência do clima são elementos essenciais para dar substância a um acordo sobre mudança climática que lance as bases da arquitetura de governança global do clima de que se precisa. Tanto as políticas de adaptação quanto as de mitigação têm de ser rigorosamente respaldadas na ciência, e para isso a ciência precisa ter a confiança absoluta dos governos e da opinião pública.

A repercussão do caso talvez tenha sido maior do que o necessário. Mas jornalismo e política obedecem a outros padrões de verificação e uso de informação. Do ponto de vista de ambos, o episódio tem relevância. É um alerta aos cientistas do clima sobre os riscos da politização da ciência. Esse encontro entre ciência e política, essencial para o sucesso dos esforços de enfrentamento do desafio climático global, requer muito rigor e precisão. Pede atenção para o fato de que a ciência do clima não ficará mais restrita aos círculos acadêmicos e precisa aprender a ser mais transparente e inteligível. Terá que aumentar o rigor de seus procedimentos e, paralelamente, comunicar-se melhor, abrir-se ao escrutínio da mídia e da sociedade.

O ataque à ciência do clima e ao IPCC não se restringiria ao caso dos e-mails. Seguiram-se outros episódios, em que erros menores foram usados para tentar desacreditar o relatório do IPCC e a ciência que este agrega. Mas eles não são assunto para este relato.

O IPCC é passível de erros, o que não significa que seu trabalho esteja viciado por graves erros de conduta ou dados fraudulentos. Seus procedimentos de revisão por pares, de arbitragem científica independente sobre os estudos que merecem ser incorporados a seu relatório, ficaram frouxos. Acabaram permitindo a entrada de trabalhos e informações sem a qualidade científica necessária. Mas nunca nos argumentos centrais sobre a mudança climática e suas principais consequências. Tais procedimentos podem ser aperfeiçoados. O intervalo entre os relatórios pode ser diminuído e isso contribuirá para reduzir a incidência de erros ocasionais e aproximar mais o relatório da última informação científica disponível, sobretudo nas questões em que a incerteza ainda é muito grande.

O importante aqui é que havia preocupação de que o escândalo dos e-mails afetasse a COP15. Muitos analistas suspeitavam que o vazamento se dera em um momento muito apropriado para quem quisesse atrapalhar a reunião de Copenhague. Era o auge da esperança. A maioria das análises e das matérias na imprensa afirmava que chegara a hora de um acordo ambicioso sobre mudança climática. A demanda por acordo crescera a tal ponto que era quase certo que um novo tratado global sobre mudança climática saísse de Copenhague. O movimento ambientalista havia conseguido níveis inéditos de mobilização. Dezenas de milhares de militantes se articularam para pressionar seus governos e estavam a caminho de Copenhague. Mais de uma centena de chefes de Estado e governo se comprometeram a ir a Copenhague para "fechar o acordo", entre eles os líderes das principais potências mundiais. O comportamento do mercado de carbono refletia essa expectativa. A ação intensa e nervosa dos *lobbies* do carbono também. A hora era aquela. Os interesses contrários e favoráveis às mudanças que decorreriam de um entendimento para a adoção de políticas globais de mitigação de emissões estavam articulados e mobilizados. Seus agentes estavam em guerra.

Em Copenhague, políticos que se opunham a ações sobre mudança climática, como o senador James Inhoff, dos Estados Unidos, ou propagadores da posição dos céticos, como o cientista político Bjørn Lomborg, tentaram de fato usar o escândalo dos e-mails para influenciar os atores da trama diplomática e a imprensa que cobria a conferência. O IPCC e os cientistas trataram de levar novas evidências, que não dependiam dos estudos postos em dúvida. Queriam mostrar que, mesmo sem recorrer aos cientistas envolvidos no imbróglio dos e-mails, a tese do aquecimento global e os riscos da mudança climática se sustentavam e demandavam ação efetiva e rápida.

Mas a ciência foi apenas uma referência de fundo na COP15. Toda a trama se desenvolveu não em torno das possíveis falhas científicas, e sim das diferenças geopolíticas e político-econômicas.

O único fato relacionado à ciência que agitou delegados, ambientalistas e jornalistas em Copenhague foi o vazamento de uma "Nota Interna do Secretariado" da Convenção do Clima, confidencial, que avaliava as metas anunciadas pelos países, antes de chegarem a Copenhague, e se esperava fossem incorporadas ao acordo final. O documento dizia que as metas ficavam aquém do mínimo exigido para que se mantivesse o aquecimento médio do planeta em até 2 graus Celsius e, se não fossem complementadas, o aquecimento previsto seria de, no mínimo, 3 graus Celsius.[29]

Os políticos estavam dispostos a aceitar de pronto as referências do IPCC como base para um acordo. Houve algum nervosismo com o vazamento da nota. Mas o consenso político já firmado era admitir como objetivo o limite de 2 graus Celsius e chegar à redução de emissões necessária em etapas, se não desse para fechar o quadro completamente em Copenhague. Mais uma vez a ciência descobria que a política também tem seus mistérios. Em outra época, o escândalo dos e-mails roubados talvez derrubasse a reunião da Convenção do Clima. Mas estava escrito que essa COP seria diferente. Passou ao largo do *affair*, para criar suas próprias escaramuças. Os cientistas não conseguiam entender como os políticos podiam adotar 2 graus Celsius como meta. Para a maioria, dificilmente se conseguiria evitar que esse limite fosse ultrapassado até o final do século. Na política o valor é dado pela utilidade de momento. Naquela COP, fixar a meta de 2 graus Celsius era parte essencial da produção de um acordo.

O foco absoluto era a política. A Cúpula do Clima foi agitada, desde o começo, por velhas e novas desconfianças, velhas e novas lideranças, velhas e novas alianças. Qualquer desfecho seria político e, com a presença de chefes de governo e Estado, tanto a

---

[29] UNFCCC, "Preliminary assessment of pledges made by the Annex I Parties and voluntary actions and policy goals announced by a number of non-Annex I Parties", Internal Note by the Secretariat, Confidential, Very Initial Draft, 15/12/09.

autoridade científica quanto as regras da diplomacia passavam a ter um peso diferente e menor do que em outras COPs. Mas, apesar do foco político, aquelas lideranças estavam ali por causa do alerta da ciência.

Esse foi apenas o primeiro sobressalto na inédita biografia da COP15. Ela viveria, desde o início, uma carreira de mistérios, tramas diplomáticas, conspirações de corredores, rompimento e formação de grupos e coalizões.

Mas, antes de entrar nos outros momentos de nervosismo, perplexidade, suspeitas e acusações cruzadas, é preciso fazer uma pergunta fundamental. O que se sabe da ciência do clima, que se sustenta e passou incólume pelo escândalo dos e-mails furtados? Afinal, o que a ciência do clima sabe mesmo sobre mudança climática? Quais são os principais furos nesse conhecimento, que ainda produzem incerteza?

CAPÍTULO 2 A aventura da ciência

A CIÊNCIA DO CLIMA VEM DE LONGE

A ciência do clima se desenvolveu por muitos caminhos. Equipes diferentes foram procurar os testemunhos do clima do passado nos lugares mais inesperados e das formas mais inusitadas. Nas velhas árvores, em cavernas, nos corais, no gelo dos picos mais altos da Terra e dos lugares mais gelados do planeta, em vulcões. Eles viraram cientistas-montanhistas, cientistas-mergulhadores, cientistas-*trekkers*. Misturavam o que se imagina serem esportes radicais praticados por uma parcela de jovens namoradores do perigo à ciência e à tecnologia mais avançadas disponíveis. A ciência do clima é, também, uma espetacular aventura humana.

Quem vê apenas o debate travado em torno de um gráfico, ou de troca de e-mails, ou do tempo de degelo de um glaciar, não pode imaginar quantos outros elementos, indícios, comprovações, modelos foram sendo concebidos ao longo da história dessa ciência. Tudo para nos trazer a informação central de que o clima está mudando perigosamente e todos seremos afetados. Isso é que levou tantos a Copenhague e guiará outros tantos às próximas conferências.

Divergências e incertezas existem, mas a cada novo trabalho publicado, cada nova rodada de dados, cada nova informação adicionada, cada nova descoberta, o que se vê é mais convergência no que é essencial. As informações vão "batendo", a mensagem vai ficando mais sólida e clara: estamos vivendo um momento inédito.

Isso deixou de ser assunto apenas dos cientistas. A melhor ciência nos alerta para um risco inadmissível. Embora só agora comecemos a tomar conhecimento dessa ciência e ainda com muito ruído e ranger de dentes, ela vem sendo construída por quase dois séculos de pesquisa. Este capítulo contará essa aventura, entrará em questões que alguns podem considerar complexas — o que é verdade —, mas que são indispensáveis à explicação do dilema central que enfrentamos e que todos precisamos tentar entender. Só ela pode nos dizer se estamos diante do maior desafio histórico de nossas vidas ou se o que está para acontecer é apenas mais um momento das costumeiras oscilações da natureza. Na caminhada em busca das respostas mais precisas possíveis, os cientistas se envolveram em situações que lembram os esportes de risco.

Quem imagina que a ciência da mudança climática é recente se engana. Essa aventura científica começou no século XIX. A descoberta original, que revelou seu princípio fundamental, aconteceu em 1824, quando o famoso matemático Jean-Baptiste Joseph Fourier (1768-1830), trabalhando em sua teoria do calor, resolveu calcular a relação entre ganho e perda de energia pela Terra. Ele partiu do fato de que a Terra recebe sua energia principalmente da luz solar e esquenta ao absorver essa energia. Esse calor não fica todo retido na superfície. Grande parte dele é devolvida para o espaço como radiação infravermelha, invisível aos olhos. Fourier a chamava de *"chaleur obscure"* (calor obscuro). Ao calcular a diferença entre energia recebida e devolvida, irradiada, ele encontrou um resultado intrigante. De acordo com essa diferença o planeta deveria ser gelado. Como isso não acontece, algo estaria permitindo que parte da energia que seria dissipada pelo espaço ficasse na Terra. Para ele, a explicação só podia ser que a atmosfera promovia um equilíbrio entre ganho e perda de energia, favorável a uma temperatura mais alta, impedindo que a Terra esfriasse. O que haveria na atmosfera que fazia retornar à Terra parte do calor por ela devolvido ao espaço?

Quem encontrou a resposta para essa indagação saída dos estudos de Fourier foi o físico irlandês John Tyndall (1820-93), 35 anos depois. Em 1859, ele revelou ao mundo a existência de um "efeito estufa" natural. Explicou que a temperatura terrestre era resultado da absorção daquela radiação infravermelha por vários gases na atmosfera. E provou que o vapor-d'água presente na atmosfera tinha grande poder de absorção da radiação infravermelha, o que o levou a concluir que seria o principal elemento de regulação da temperatura terrestre. Essa demonstração teórica de Tyndall seria comprovada matematicamente 36 anos depois, quando outro físico, sueco de origem, Svante Arrhenius (1859-1927), apresentou seus cálculos sobre o efeito estufa à Academia de Ciências da Suécia, em dezembro de 1895. Estes se inspiravam nos estudos de Tyndall, morto dois anos antes. Arrhenius ganharia mais tarde o prêmio Nobel por outro trabalho.

Arrhenius foi além de Tyndall em dois pontos fundamentais. Primeiro, ele demonstrou, de forma quantificada, que havia uma relação entre a quantidade de CO_2 presente na atmosfera[30] e a temperatura global. Segundo, ele previu o papel da sociedade humana no recrudescimento do efeito estufa natural, ao reconhecer que a industrialização e o consumo de combustíveis fósseis — na época o carvão — com o tempo favoreceriam o aquecimento global, porque aumentariam a quantidade de CO_2 na atmosfera. Mas imaginava que esse processo seria muito lento porque os oceanos absorveriam a maior parte do carbono emitido pelas atividades humanas. E pensava que ele seria benéfico. Ele escreveu que

> por influência do percentual crescente de ácido carbônico na atmosfera podemos ter a esperança de nos aprazer com eras de climas melhores e mais estáveis, especialmente nas regiões mais frias

---

[30] Ele chamava o dióxido de carbono, CO_2, de ácido carbônico.

da Terra, eras nas quais a Terra trará colheitas muito mais abundantes do que no presente, para benefício de uma humanidade que se propaga rapidamente.[31]

O trabalho de Tyndall e Arrhenius, porém, não despertou muita atenção, nem sequer no mundo científico. Só na década de 1970 o tema do aquecimento global e da mudança climática entrou para a agenda central da ciência. Ainda assim, em meio a muita controvérsia. Não havia consenso nem sobre mudança climática como ameaça, ainda que de longo prazo, nem sobre suas causas humanas.

CLIMA MUTANTE

O efeito estufa, entretanto, tem um papel crítico no clima da Terra e é parte essencial do ciclo da vida. O problema não é o efeito estufa, mas sua inédita aceleração, que vem elevando as temperaturas médias da Terra, como retratado no gráfico do taco de hóquei, que gerou e ainda gera tantas controvérsias.[32] As consequências climáticas de um aquecimento mais rápido que o natural podem ser cataclísmicas. Para a ciência contemporânea, o efeito estufa adicional oriundo da ação humana nada tem de benéfico, como imaginava Tyndall.

---

[31] Svante Arrhenius, *Worlds in the making: The evolution of the universe*, Harper, Nova York, 1908, *apud* Elizabeth Kolbert, *Field notes from a catastrophe*, Bloomsbury, Nova York, 2006, p. 42. No Brasil, esse livro foi publicado com o título *Planeta Terra em perigo*, Editora Globo, 2008. É o trabalho jornalístico sobre mudança climática mais respeitado pelos cientistas do clima e uma boa introdução ao tema.

[32] Recentemente, um comitê acadêmico, composto por professores e administradores seniores da Universidade da Pennsylvania, examinou a conduta acadêmica de Michael Mann, autor do gráfico, e concluiu que nada havia de desabonador em sua conduta. Ver John Broder, "Panel absolves climate scientist", *The New York Times*, 4 de fevereiro de 2010.

COPENHAGUE: ANTES E DEPOIS

O clima da Terra sempre mudou. E sempre mudou de forma radical.

Nos últimos 3 milhões de anos, nosso clima oscilou entre estados moderados, similares aos de hoje, com duração de 10 mil a 20 mil anos, e períodos de 100 mil anos ou mais nos quais gigantescas camadas de gelo, em alguns lugares com vários quilômetros de espessura, cobriram os continentes do Norte. Ainda mais inquietante que esses ciclos é a forma abrupta como o clima aparentemente pode mudar, sobretudo quando está se recuperando das eras glaciais.[33]

O climatologista Kerry Emanuel, que tem estudado a relação entre mudança climática e os furacões,[34] diz que, no longo prazo, o clima tem mudado ainda mais radicalmente. Ele conta que, no início do Eoceno, há cerca de 50 milhões de anos, a Terra não tinha gelo e havia ilhas com árvores gigantes no polo Norte. Lá, a temperatura média era de 15,5 graus Celsius, "bem mais quente que a média de hoje, de perto de -1,1 grau Celsius". A Terra já esteve quase totalmente coberta de gelo em vários momentos, há cerca de 500 milhões de anos. Entre esses períodos de gelo, o "planeta era excepcionalmente quente".[35]

Tudo isso é natural, faz parte do ciclo de vida do planeta e ocorre a espaços muito longos de tempo, dezenas de milhares, às vezes milhões de anos. Nesses ciclos, as temperaturas da Terra caíram ou aumentaram em torno de 5 graus Celsius e essa variação média foi capaz de trazer eras de gelo e eras de calor. A maior parte delas ocorre por causa de oscilações periódicas na órbita da Terra que

---

[33] Kerry Emanuel, *What we know about climate change*, The MIT Press, Boston, 2007, p. 6.
[34] Ver seu belo livro: Kerry Emanuel, *Divine wind: The history and science of hurricanes*, Oxford University Press, Nova York, 2005, especialmente cap. 32.
[35] Emanuel, *op. cit.*, p. 6.

afetam a orientação do eixo terrestre. Essas oscilações não interferem com a quantidade de luz solar que atinge a Terra, mas mudam a distribuição da incidência da luz solar pelo globo com a latitude. Terra e água estão distribuídas de forma muito diferente entre os hemisférios Sul e Norte. A luz do sol é absorvida e refletida de forma muito distinta pela terra e pela água. Daí decorre o principal efeito dessa mudança na distribuição da incidência da luz do sol. As idades do gelo ocorrem quando, em razão da mudança de órbita do planeta, as regiões árticas recebem relativamente pouca luz solar no verão e por isso o gelo e a neve não derretem tanto.[36]

Essas mudanças climáticas, algumas bastante abruptas, foram desencadeadas por vários fatores. Variações na circulação dos oceanos, um processo natural e lento; ou erupções vulcânicas em larga escala, um processo também natural, mas repentino. Espécies e ecossistemas se adaptaram ou desapareceram com essas mudanças climáticas.[37] Nessa escala "geo-histórica", que se conta em milhões de anos, o que se vê é que o clima é muito sensível a pequenas alterações na distribuição da luz solar.[38]

A luz solar se manifesta sob a forma de radiação. A absorção e a radiação de energia têm um papel fundamental na regulação do clima no plano geo-histórico, de longuíssimo prazo. Mantém o clima entre extremos sustentáveis, isto é, que evitem que o planeta se transforme em um corpo gelado e sem possibilidade de vida, ou em um corpo quente demais, onde a vida também é impossível.

---

[36] Emanuel, *op. cit.*, p. 8 e 9.
[37] Uma boa introdução, em inglês, para leigos, que cobre todo o básico da ciência sobre mudança climática, é United States Global Change Program, "Climate literacy: The essential principles of climate science", segunda versão, março de 2009: http://www.globalchange.gov/resources/educators/climate-literacy/.
[38] Emanuel, *op. cit.*, p. 9.

AQUECIMENTO GLOBAL

Corpos sólidos absorvem a radiação solar, acumulam energia e esquentam. Em seguida, irradiam esse calor, perdem energia e esfriam. A radiação solar, que esquenta os objetos, é de onda curta. O calor (energia) é devolvido sob a forma de radiação infravermelha, de onda longa.

O ar é totalmente transparente tanto à luz solar quanto à radiação infravermelha. É composto, em essência, de oxigênio e nitrogênio, e as moléculas que o compõem não afetam a radiação da luz solar rumo à Terra, nem a radiação infravermelha da Terra para o espaço. Se só houvesse ar na atmosfera, toda a energia irradiada da Terra se dissiparia no espaço e a temperatura média seria -17,8 graus Celsius, muito mais fria que a temperatura observada, de 15,6 graus Celsius. Como Fourier previu.

O que explica essa diferença? A presença de outras substâncias na atmosfera, como a água. Na atmosfera há vapor-d'água, gelo e nuvens. A água não é transparente nem à luz do sol, nem aos raios infravermelhos. Por causa de sua composição mais complexa (dois átomos de hidrogênio e um de oxigênio), ela absorve e emite radiação. O vapor-d'água e as nuvens absorvem luz do sol e radiação infravermelha. As nuvens não apenas absorvem a luz solar, como também a refletem para o espaço, evitando que parte dela chegue à superfície. Por isso o vapor-d'água é considerado o mais importante gás de efeito estufa, principalmente quando falamos do "efeito estufa natural", sem intervenção humana, como Tyndall havia observado.

Uma das complicações dessa relação entre o vapor-d'água e o efeito estufa é que a umidade relativa do ar depende da pressão e da temperatura. Sabe-se que, à medida que o clima muda, a umidade relativa permanece constante. Se a temperatura na atmosfera se eleva, a quantidade de vapor-d'água aumenta e esse maior volume de vapor-d'água na atmosfera realimenta o efeito estufa.

A atmosfera não é composta apenas de ar e água, mas também de outros gases que aumentam o efeito estufa. Por isso são chamados de gases estufa ou gases de efeito estufa. Os mais importantes são o CO_2 (dióxido de carbono) e o metano, CH_4.[39] Como o ar, e ao contrário da água, esses dois gases são praticamente transparentes à luz solar, permitindo que suas radiações cheguem à superfície quase sem atenuante, e boa parte delas é absorvida. Mas, como a água e diferentemente do ar, esses gases absorvem as radiações infravermelhas que saem da superfície dos corpos terrestres em direção ao espaço. Como se viu, quando absorvida a radiação produz calor, e o calor, radiação. Essa camada de gases estufa, ao aquecer, emite radiação infravermelha para cima, rumo ao espaço, onde ela se dissipa; e para baixo, rumo à superfície da Terra, onde é reabsorvida. A superfície aquece mais e, portanto, emite mais radiação infravermelha. O efeito estufa aumenta. Uma parte do calor fica aprisionada entre a superfície e a atmosfera, aquecendo cada vez mais a Terra.

Então ocorre um fenômeno impressionante e preocupante. A Terra esquenta mais por causa desse calor que fica prisioneiro entre a superfície e a atmosfera, do que por causa da luz solar. Os cientistas descobriram que, em média, globalmente, a superfície terrestre recebe mais radiação da atmosfera que diretamente da luz solar.[40]

Basta pensar em um automóvel fechado, estacionado ao sol. Os vidros são transparentes à luz solar (radiações de onda curta), que penetram e aquecem todo o interior do veículo. Esse calor produz radiações infravermelhas. Mas, como o vidro é um bom isolante térmico, elas ficam aprisionadas no interior do veículo, mantendo-o ultra-aquecido.

---

[39] Além do vapor-d'água, do dióxido de carbono e do metano, os outros gases considerados do grupo dos gases estufa são: óxido nitroso, N_2O; hidrofluorcarbonos, HFCs; perfluorcarbonos, PFCs; e o hexafluoreto de enxofre, SF_6. Os três últimos são gases sintéticos, ou industriais.

[40] Emanuel, *op. cit.* p., 10.

COPENHAGUE: ANTES E DEPOIS

Se só houvesse ar na atmosfera, a Terra seria gelada. Se só houvesse ar, água e os outros gases estufa, ela seria quente demais. Se nada impedisse essa realimentação cada vez mais forte do efeito estufa, a temperatura média global subiria rapidamente com o aumento também rápido dos gases estufa emitidos pelos processos naturais da Terra e pelas emissões oriundas da queima de combustíveis fósseis pela indústria e pelos carros e outros veículos. Isso é o que os cientistas chamam de retroalimentação positiva no sistema climático: o aumento acelerado no volume de gases estufa na atmosfera promoveria elevação mais rápida e radical da temperatura média da superfície terrestre.

E por que isso não está ocorrendo? É que há outros elementos na atmosfera terrestre que atenuam o efeito estufa. São fatores de retroalimentação negativa, ou seja, que exercem o efeito contrário à tendência de aquecimento. Um deles, por paradoxal que possa parecer, é parte da própria poluição humana. Atividades industriais e combustão de biomassa — queimadas, por exemplo — emitem materiais particulados, a popular fuligem. São partículas muito finas de sólidos ou líquidos, que refletem a luz solar, mas absorvem pouca radiação infravermelha. São chamados aerossóis.

A natureza também produz aerossóis pela ação do vento no solo, nas rochas e no mar, gerando poeira. Aerossóis saem também das emissões de queimadas espontâneas nas áreas florestais, ou erupções vulcânicas, por exemplo.

Uma descoberta impressionante, por exemplo, é que há um casamento indissolúvel entre a chuva da Amazônia e a areia do deserto do Saara. Explico: os aerossóis contidos na poeira do deserto do Saara têm papel decisivo na formação de nuvens na Amazônia. Um grupo de cientistas, entre eles o professor do Departamento de Física da Universidade de São Paulo, Paulo Artaxo, chegou a essa conclusão.[41]

---

[41] Anthony J. Prenni *et al*. "Relative roles of biogenic emissions and Saharan dust as ice nuclei in the amazon Basin", *Nature Geoscience*, maio de 2009,

A participação dos aerossóis na formação de nuvens é essencial e ainda não está totalmente esclarecida pelos cientistas. "Esses processos ainda não são bem compreendidos", disse Paulo Artaxo a Reinaldo José Lopes, da *Revista Pesquisa Fapesp*. Segundo ele, a presença de certos metais nos aerossóis — no caso da poeira do Saara, o ferro e o zinco nas partículas produzidas pela floresta — parece favorecer a formação do gelo que forma as nuvens.

O vapor-d'água não se transforma em gotas de água ou em gelo espontaneamente, para formar as nuvens. Precisa dessas partículas de aerossóis que se encontram na atmosfera para condensar nelas. Dependendo da quantidade e do tamanho dessas partículas, por exemplo, o resultado da condensação da água pode ser nuvens formadas por grandes gotas de água ou por maior quantidade de gotas bem pequenas. Esse resultado influencia a quantidade de luz solar que as nuvens refletirão e a quantidade de radiação que absorverão. O efeito estufa será maior ou menor. Quanto mais luz solar as nuvens refletirem e quanto menor a quantidade de radiação que absorverem, menor sua contribuição para o efeito estufa.[42] Tudo indica que a quantidade de luz solar que os aerossóis refletem diretamente, ou que as nuvens refletem por sua influência, neutraliza o efeito estufa que eles também têm. Dessa forma, eles contribuem para mitigar o aquecimento.

---

vol. 2: 402-405. Veja também as matérias de Fábio de Castro, "Poeira do Saara influencia chuvas na floresta amazônica", no site Inovação Tecnológica, 3/6/2009: http://www.inovacaotecnologica.com.br/noticias/noticia.php?artigo=poeira-saara-influencia-chuvas-floresta-amazonica&id=/, e de Reinaldo José Lopes, "A chuva que vem do Saara", *Revista Pesquisa Fapesp*, edição 161, julho de 2009: http://revistapesquisa.fapesp.br/?art=3899&bd=1&pg=1&lg=/.

[42] E quanto menor a quantidade de luz solar refletida e maior a quantidade de radiação absorvida pelas nuvens, maior sua contribuição para o efeito estufa.

A RESPIRAÇÃO DA TERRA

A Terra respira. E a respiração da Terra foi fotografada por um cientista chamado David Keeling. As aspirações e expirações de CO_2 de sua respiração estão captadas na parte onduladinha que aparece no gráfico abaixo. Surpreender a Terra respirando não foi tarefa trivial. Faz parte do esforço que ocupou o trabalho de inúmeros cientistas durante todo o século XX e continua mobilizando número cada vez maior neste século.

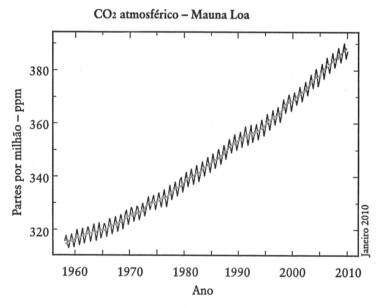

Fontes: Scripps Institution of Oceanography.
NOAA Earth System Research Laboratory.

A temperatura da Terra e a concentração dos gases estufa aumentaram ao longo de todas as décadas do século XX. A história da tentativa de medir esse aumento do carbono na atmosfera e da temperatura da Terra é longa, complicada, controvertida e, não raro, cheia de aventura e perigo.

Charles David Keeling, professor de oceanografia que se especializou no estudo dos movimentos do carbono na Terra, faz parte dessa história e se destacou nela. Em 1958 ele iniciou a medição sistemática de dióxido de carbono na atmosfera, na montanha vulcânica de Mauna Loa, no Havaí.[43] A ele devemos o registro de CO_2, dia a dia, ano a ano, nos últimos 52 anos. É a série mais consistente que se tem de concentração observada de carbono na atmosfera.

Keeling, que morreu em 2005, fez duas extraordinárias descobertas ao estudar suas observações iniciais. A primeira é que ele havia fotografado, pela primeira vez, a respiração da Terra. Ele descobriu variações sistemáticas na quantidade de CO_2, pela manhã e à noite. Tais variações ocorriam também em um padrão sazonal, de acordo com as estações (mostradas na linha ondulada do gráfico). Essas variações correspondem à retirada e reposição do gás pelas árvores e plantas. "Estamos testemunhando, pela primeira vez, a natureza retirando CO_2 do ar para o crescimento das plantas, durante o verão, e devolvendo-o a cada inverno", ele escreveu.[44]

A segunda descoberta é a curva mais lisa do gráfico: ela mostra o crescimento ininterrupto do dióxido de carbono na atmosfera, desde que a medição começou. Esse gráfico é a famosa "Curva de Keeling".

Graças a ela, sabemos que a concentração de CO_2 na atmosfera cresceu de 316,5 ppm, em 1959, para 386,5 ppm, em 2009.[45] Mais perigoso ainda é que os dados extraídos do observatório de Mauna Loa revelam que as taxas médias de crescimento anual, por décadas, têm aumentado significativamente. Em outras palavras, o au-

---

[43] Um bom relato sobre o trabalho de Keeling está no livro do jornalista Mark Bowen, *Thin ice: Unlocking the secrets of climate in the world's highest mountains*, Henry Holt, Nova York, 2005.
[44] O artigo clássico no qual Keeling relata suas descobertas é C. D. Keeling, "The concentration and isotopic abundances of carbon dioxide in the atmosphere", *Tellus*, vol. 12:2, p. 200-3.
[45] Mede-se a concentração de carbono e material particulado em partes por milhão — ppm — numa amostra retirada da atmosfera.

mento da concentração de CO_2 na atmosfera está acelerando a cada década. Veja o gráfico a seguir, que construí com as médias anuais de crescimento, por décadas, de 1960-9 a 2000-9, com dados do Observatório de Mauna Loa.[46] Entre a primeira e a última década da série, a taxa média de crescimento mais que dobrou.

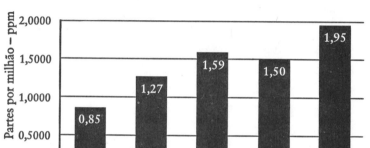

Dióxido de carbono: Taxas médias de crescimento por décadas

Fonte: Earth System Research Laboratory, NOAA, "Atmospheric Carbon Dioxide — Mauna Loa": http://www.esrl.noaa.gov/gmd/ccgg/trends/co2_data_mlo.html/.

Esse crescimento se deve à extraordinária expansão econômica da maior parte do mundo nessas cinco últimas décadas. Se, como vimos, a quantidade de gases estufa aumenta a taxa de aquecimento, não é surpresa que, com esse enorme incremento na concentração de CO_2 na atmosfera (fora os outros gases estufa), a temperatura da Terra esteja aumentando.

Mas a ciência sabe mais. Não é só a teoria do "efeito estufa", nem o estudo de como este ocorre hoje que sustenta a hipótese do aquecimento global de origem humana. É preciso saber o que acontece de diferente hoje, em comparação com outras épocas da história do planeta, que passaram por mudanças climáticas causadas inteira-

---

[46] Dados do NOAA/ESRL Global Monitoring Division — Mauna Loa Observatory (MLO) http://www.esrl.noaa.gov/gmd/ccgg/trends/.

mente por processos da própria natureza, sem a intervenção humana. Precisamos saber como eram o clima, a atmosfera e as temperaturas de eras passadas. Estudando a composição da atmosfera de outras eras, vendo como as temperaturas variaram com a quantidade de carbono, podemos entender melhor nossa própria era.

AS CRÔNICAS DO GELO

Mas como estudar o clima no passado remoto da Terra? O clima deixou testemunhos na natureza, que permitem reconstruir o passado climático da Terra. Como numa investigação em que detetives vão seguindo as pistas e reconstruindo o que se passou na cena de um mistério.

Para isso era preciso descobrir "testemunhos" desse passado e, uma vez isso feito, aprender a decifrá-los. Uma fonte importantíssima desses testemunhos naturais da história muito antiga do planeta são as amostras profundas de gelo retiradas das regiões polares e das grandes montanhas geladas do mundo. Mas como "interrogar" esses testemunhos congelados da evolução do planeta? Isso só foi possível com o trabalho espetacular de cientistas dedicados, que começaram esforços gigantescos de perfuração na Groenlândia e na Antártica.

As amostras do núcleo do gelo perene, retiradas de glaciais milenares, "são os sistemas de armazenagem das 'crônicas do gelo', registros da mudança ambiental, notadamente da história climática, depositados em sítios em torno do mundo que cobrem milhares de anos".[47] Permitem-nos reconstruir a história da Terra e de seu clima.

Como são produzidas as crônicas do gelo? A neve, ao cair, atravessa a atmosfera, e parte dela se deposita em regiões muito

---

[47] Paul Andrew Mayewski e Frank White, *The ice chronicles: The quest to understand global climate change*, University Press of New England, Hanover, 2002, p. 9.

frias, que raramente descongelam. Quando a neve assenta na superfície dessas áreas geladas, os glaciares das regiões polares e das montanhas permanentemente geladas de grande altitude, ela aprisiona gases, substâncias químicas dissolvidas e partículas que, quando analisados, revelam a composição da atmosfera naquele momento. Como essas regiões são de gelo perene, a cada inverno se deposita uma camada nova, contendo a crônica daquele tempo presente. Quanto mais profundamente se fura o gelo, mais antigos são os "arquivos" conseguidos com essas crônicas do planeta Terra. "Os núcleos de gelo trazidos do interior de um glaciar representam uma espécie de máquina do tempo", contam o glaciologista Paul Andrew Mayewski e o escritor Frank White, em seu livro *Crônicas do gelo*.[48] Eles permitem estudar a composição da atmosfera do passado, evidências de erupções vulcânicas, grandes queimadas, mudanças na distribuição dos desertos, enfim, as histórias da Terra ao longo de sua evolução. Cada anel, cada camada da calota de gelo, dá testemunho de uma época diferente.

Tarefa nada fácil essa busca do testemunho do gelo. A pesquisa exigiu enorme esforço, tenacidade, sacrifício pessoal, muita inventividade e inovação tecnológica. Afinal, trata-se de ir às regiões mais remotas e frias do planeta, perfurar profundamente a camada de gelo, retirar longas varas de gelo de seu núcleo, sem danificá-las, transportá-las, sem que sejam contaminadas, até os laboratórios, em centros científicos nos Estados Unidos e na Europa. Em ambiente de laboratório, complexas operações de análise conseguem, então, captar essas crônicas de tempos imemoriais.[49]

Para conseguir fazer essas "leituras do gelo", foi preciso muito trabalho de pesquisa e desenvolvimento de técnicas. Nesse

---

[48] *Op. cit.*, p. 10.
[49] Para uma boa noção do esforço da tarefa científica e de engenharia envolvida, ver Mayewski e White, cit. p. 2 e 3. Ver também o ótimo livro do jornalista Mark Bowen, *Thin Ice*, cit.

processo a ciência foi criando novos ramos e especialidades. Foi como numa corrida por revezamento. Cada um desses precursores completou uma etapa do caminho, criando condições para que se resolvesse uma parte do quebra-cabeça, para que se decifrasse um pedaço dos "hieróglifos" da natureza.

O dinamarquês Willi Dansgard (1922-), por exemplo, descobriu em 1964 uma maneira de estimar a temperatura da atmosfera, no momento mesmo em que a neve caía para mais adiante se tornar uma nova camada de gelo. O francês Claude Lorius (1932-) descobriu que as bolhas de ar representavam amostras da atmosfera, analisando o núcleo de gelo Vostok, retirado da Antártica em janeiro de 1998. Chester Langway, dos Estados Unidos, liderou os primeiros programas de retirada de gelo profundo na Groenlândia e na Antártica, entre 1957 e 1975. O alemão Hans Oeschger (1927-98) avançou no conhecimento do ciclo global do carbono (1972-81) e no desenvolvimento da medição dos gases estufa presentes em núcleos de gelo (1982-88).

Os estudos com o núcleo de Vostok, o mais profundo até hoje obtido, retirado de uma profundidade de 3.623 metros, permitiram descobertas muito importantes. Como neva menos na Antártica que na Groenlândia, as camadas de gelo antártico são mais finas. Isso faz que suas "crônicas" tenham menos detalhes, mas, em compensação, nos levam muito para trás na história da Terra. As crônicas de Vostok cobrem quatro eras glaciais completas. E o que elas dizem é que o planeta está tão quente hoje como esteve nos picos de temperatura dos últimos 420 mil anos. E trazem um alerta importante: nunca houve tanto CO_2 acumulado na atmosfera terrestre: os 386,5 ppm encontrados em Mauna Loa são o mais alto índice de carbono na atmosfera dos últimos 420 mil anos. A segunda maior concentração foi registrada há 325 mil anos, quando chegou a 299 ppm.[50] Essa

---

[50] Confira com o esplêndido relato de Elizabeth Kolbert, *op. cit.*, p. 127.

é uma das mais importantes pistas da contribuição humana para o aquecimento global.

Um desses extraordinários projetos de busca dos testemunhos do gelo, que combina aventura, risco e ciência, é conduzido pelo paleoclimatologista Lonnie Thompson.[51] Ele imaginou um projeto grandioso: retirar amostras de núcleos de gelo de todos os glaciares de altas montanhas ao redor do mundo. Uma tarefa hercúlea e uma corrida contra o tempo. Alguns glaciares estão derretendo aceleradamente.

Na Bolívia, em 1997, ele retirou gelo do alto do Sajama, na região dos Aymara, que pode desaparecer em cinquenta anos. O gelo continha "arquivos" de 25 mil anos e informação preciosa sobre o clima da região tropical. Dois núcleos de gelo retirados do maciço de Quelccaya, no altiplano do Peru, em 1983, mostraram que a mudança climática tivera papel decisivo no surgimento e no colapso de várias civilizações andinas há quinhentos anos. Testemunhos — ou crônicas — retirados do gelo da Huascarán, a mais alta montanha dos trópicos, na cordilheira Branca (também no Peru), dez anos depois, demonstraram que os trópicos tiveram uma importância maior do que se imaginava nas mudanças climáticas.

O jornalista Mark Bowen, que acompanhou Lonnie Thompson em sua expedição ao Sajama e escreveu a história de suas explorações, conta que ele lhe explicou que, "para ser relevante, é preciso trabalhar com os trópicos". As pesquisas da paleoclimatologia tropical permitem compreender o papel da "máquina de calor" que alimenta a mudança climática, produz grandes tempestades e furacões e aumenta a força do El Niño.[52]

---

[51] Um ótimo perfil de Lonnie Thompson foi publicado nos *Proceedings of the National Academies of Science* (Anais das Academias Nacionais de Ciências), PNAS, quando ele foi eleito membro da Academia. "Profile of Lonnie Thompson", *PNAS*, 1º de agosto de 2006, vol. 103, nº 31:11437-11439.
[52] Bowen, *op. cit.*, p. 20.

Em 2001 Thompson pesquisou o Kilimanjaro, outra montanha cujo gelo está desaparecendo rapidamente. O testemunho lá recolhido indicou uma grande seca na região há cerca de 4 mil anos, que coincide com o relato bíblico da fome que assolou o Egito.[53]

Na China, ele perfurou na cordilheira de Qilian Shan, na fronteira étnico-histórica entre o Tibete e a Mongólia, que tem de um lado o deserto de Gobi e, do outro, a parte mais alta do platô tibetano. Com mais de 5.300 metros de altitude, suas amostras tinham testemunhos de até 100 mil anos de idade e revelaram que as temperaturas das últimas cinco décadas na região foram as mais quentes dos últimos 40 mil anos.[54] No final de 1997, Thompson conseguiu a amostra de gelo retirada da maior altitude até hoje alcançada, no glaciar de Dasuopo, no Tibete, a mais de 8 mil metros. Nessa expedição, o estudante de pós-graduação Shawn Wight morreu de edema pulmonar de grande altitude.

A amostra de Dasuopo, que inclui crônicas de mil anos ou mais, permitiu reconstruir a história das monções do sul da Ásia, essenciais ao clima da região que cobre a Índia, o Paquistão e o oeste da África. Os dados que obteve mostraram, por exemplo, uma severa seca em 1790, com duração de sete anos e dramáticas consequências. Só na Índia morreram mais de 600 mil pessoas.[55]

---

[53] Um bom resumo das descobertas de Thompson sobre as mudanças do clima tropical é Lonnie Thompson et al., "Abrupt tropical climate change: Past and present", *PNAS*, 11 de julho de 2006, vol. 103, nº 28: 10536-10543.

[54] Segundo relato de Thompson a Bowen, *op. cit.*, p. 153. Em artigo com a primeira análise dos dados, Lonnie e Ellen Thompson diziam que aquelas temperaturas só eram comparáveis às do Holoceno, há 6-8 mil anos. Ver Lonnie Thompson, Ellen Mosley-Thompson et al., "Holocene-late Pleistocene climatic ice core records from Qinghai-Tibetan Plateau", *Science*, 246:474-477, 1989.

[55] Kate Wong, "Himalayan ice cores", *Scientific American*, 18 de setembro de 2000. Uma abrupta e trágica mudança no regime das monções do sul da Ásia e do oeste da África é um dos *"tipping points"*, pontos de virada que podem alterar repentinamente para muito pior o atual processo de mudança climática. Veja adiante sobre os pontos de virada.

COPENHAGUE: ANTES E DEPOIS

Lonnie Thompson não colecionou crônicas do gelo apenas relatando a história do clima remoto da Terra. Ele flagrou a drástica retração atual das geleiras, sobretudo nas regiões tropicais. Viu com os próprios olhos o início da extinção dos grandes glaciares tropicais. Também constatou a tremenda ameaça que enfrentam as geleiras das regiões mais frias do planeta. "O Quelccaya está derretendo porque a temperatura da Terra está subindo, e é tolice argumentar que não está", ele disse à reportagem da *Time Magazine* em 1999.[56] Para ele não resta dúvida: elas desaparecem por causa do aquecimento global, e parte importante desse aquecimento tem origem humana. "As pessoas que de fato estudam o aquecimento global concordam que o clima está mudando, em parte por causa da atividade humana no planeta", ele disse a Maren Dougherty, da *National Geographic*.[57]

O FIM DE ACÁDIA ESCRITO NO MAR

O paleoclimatologista Peter DeMenocal comprovou a destruição do império acadiano, entre os rios Tigre e Eufrates, na Mesopotâmia, onde hoje estão o Iraque, o Irã e parte da Turquia, analisando núcleos retirados do fundo do mar. Os sedimentos que se depositam no fundo do mar produzem camadas de informação similares às encontradas no gelo perene. São as "crônicas do mar", por assim dizer.

A Acádia sobrevivia na memória apenas por causa das referências bíblicas. Raramente está presente nos textos de história antiga. Mas, para a ciência da mudança climática, tornou-se um ícone de grande importância. Foi o primeiro caso na história de colapso civilizatório comprovadamente por causa do clima. Ali também se deu o importante encontro entre dois ramos da ciência,

---

[56] J. Madeleine Nash, "The case for a shifting climate is heating up", *Time Magazine*, 9 de agosto de 1999.
[57] Maren Dougherty, "High-climbing ice expert gets to core of climate change", *National Geographic Adventure*, 27 de julho de 2004.

que são aparentados, mas eram estranhos entre si: a arqueologia e a paleoclimatologia.

Quem primeiro documentou a história do colapso ambiental de Acádia foi o arqueólogo Harvey Weiss, da Universidade Princeton.[58] DeMenocal ouviu falar pela primeira vez em mudança climática e na possibilidade de colapsos civilizatórios ao ler sobre os estudos de Harvey Weiss na região de Tell Leilan. Ao ver que ele não tivera em sua equipe nenhum paleoclimatologista, resolveu estudar o clima da região no período, para verificar se a tese de Weiss se sustentava. Weiss descobrira indícios de uma seca severa e prolongada, de muitos anos, porque Tell Leilan estava coberta de pó. Se uma seca dessas proporções tiver existido, há possibilidade de encontrar testemunhos mais precisos nos sedimentos do mar. E DeMenocal e sua equipe encontraram testemunhos fortíssimos, testados por vários métodos, para dissipar qualquer dúvida.[59] Weiss estava certo: o primeiro império da história havia desaparecido por causa de mudança climática abrupta e extrema.

A conclusão de DeMenocal, entretanto, não se refere ao passado remoto, mas ao presente e ao futuro:

> eles não conseguiram se preparar para o que veio, assim como nós não estamos preparados. Naquele caso, eles simplesmente não sabiam; no nosso caso, o sistema político se faz de surdo. E, em ambas as situações, fica claro que o sistema climático age de uma maneira muito mais inesperada do que imaginamos.[60]

---

[58] Ver, por exemplo, Harvey Weiss *et al.*, "The genesis and collapse of third millennium north Mesopotamian civilization", *Science*, 20 de agosto de 1993, vol. 261, n° 5124:995-1004, e Harvey Weiss e Raymond S. Bradley, "What drives societal collapse?", *Science*, janeiro de 2001, vol. 291, n° 5504: 609-610.

[59] H. M. Cullen, P. B. DeMenocal *et al.* "Climate change and the collapse of the Akkadian empire: Evidence from the deep sea", *Geology*, abril de 2000, vol. 28, n° 4: 379-382.

[60] Elizabeth Kolbert, *Planeta Terra em perigo*, São Paulo, Globo, 2008, p. 116-7.

COPENHAGUE: ANTES E DEPOIS

Era esse divórcio entre a ciência e a política que se esperava fosse resolvido em Copenhague, quando começasse a COP15.

O DESAFIO DA COP

Essa separação entre ciência e política começa pela própria motivação que estimula as duas. A política se move pelo interesse. A ciência encontra sua razão de ser na curiosidade, na busca do conhecimento. Conhecimento é poder e pode ser transformado em poder político. Esse é um dos riscos da ciência. Ela tem interesses materiais. Cientistas têm ambições pessoais, como os políticos. Alguns descobrem que sua vocação para a política é maior do que para a ciência e mudam de campo. Mas não é isso que leva as pessoas a se aventurar pela ciência. É a curiosidade, a ambição de saber mais.

Exatamente os sentimentos que levaram DeMenocal a ir checar as conclusões do trabalho arqueológico de Harvey Weiss, com o arsenal da paleoclimatologia especializada na análise de sedimentos do fundo do mar. Ou Lonnie Thompson a querer pesquisar o gelo das regiões tropicais. Ou Keeling a subir o Mauna Loa para medir a quantidade de CO_2.

A brecha que existe ainda mais nitidamente entre a ciência e a política global do clima é muito difícil de fechar.[61] Ela contrapõe o ritmo em que a ciência diz estar ocorrendo o aquecimento global à velocidade e profundidade das soluções políticas factíveis. O prazo e as metas de redução das emissões de CO_2 capazes de nos manter na zona de segurança climática são dados pela ciência, mas as ações para realizar essas metas no tempo certo dependem da política. O necessário, em termos científicos, não tem sido politicamente viável nas últimas duas décadas de avanço ver-

---

[61] Sérgio Abranches, "Ciência e política em descompasso", *Scientific American Brasil*, 26/8/2009.

tiginoso do conhecimento científico sobre a ameaça do aquecimento global. O viável politicamente não tem sido suficiente do ponto de vista científico. Nunca foi tão dramática a distância entre o cálculo da ciência e o cálculo político.

Para acabar com a defasagem entre a ciência e a política do clima, a agenda global teria de incluir como item prioritário o esforço para mitigar tanto quanto possível as emissões e para investir pesado em adaptação. O princípio da precaução diz que, na dúvida, se deve evitar o risco. Dadas as suas proporções cataclísmicas, deveríamos agir mesmo que ele tivesse chance muito baixa de ocorrer. A precaução aconselha continuar buscando modos de manter o aquecimento médio global em no máximo 2 graus Celsius até o final do século. É preciso prestar mais atenção ao alerta de cientistas de que, mesmo nesse limite, o aquecimento pode resultar em mudanças climáticas significativas, com efeitos violentos em várias partes do planeta. É uma média. Em várias partes do globo essa média de 2 graus Celsius poderá significar até 4 graus Celsius.

Existe também a possibilidade de ultrapassarmos esse limite. Porém, mesmo que seja possível mantê-lo, o volume de investimento necessário em adaptação será muito grande, porque a mudança climática decorrente já é inevitável. As elevadas concentrações de CO_2 na atmosfera já causaram efeitos no sistema climático. A necessidade de adaptação a condições climáticas mais severas aumentará quanto mais nos afastarmos desse teto de 2 graus Celsius, que muitos cientistas já consideram difícil de sustentar. Muitos países desenvolvidos, como a Holanda e o Reino Unido, já estão fazendo investimentos significativos em adaptação.

Esse era o desafio monumental para a política do clima em Copenhague. O que dava alguma esperança de que poderia haver um avanço significativo na redução da brecha entre ciência e política eram os vários sinais acumulados nos cinco anos anteriores à reunião.

Houve muitos eventos climáticos intensos, no mundo todo, com expressivas perdas de vida e patrimônio, que a imprensa, apesar da relutância dos cientistas, associava ao aquecimento global.[62] Furacões mais frequentes e intensos nos Estados Unidos e nos países do Caribe; fortes incêndios em vastas áreas dos Estados Unidos e na Austrália; mortes por ondas de calor na Europa; intensificação de tufões e violentas tormentas no Japão, China, Filipinas e Indonésia; grandes inundações e secas severas na Índia e na África; secas intensas na Amazônia brasileira e na Austrália; Catarina, o primeiro furacão registrado no Atlântico Sul, que atingiu duramente a costa de Santa Catarina. Esses eventos naturais tiveram ampla cobertura na imprensa de todo o mundo e causaram muitos prejuízos, com alto impacto, por exemplo, nas finanças das empresas seguradoras.

No campo político e cultural, vários acontecimentos chamavam a atenção da opinião pública mundial, pelo menos a mais informada, sobre o desafio climático. O Oscar concedido ao filme de Al Gore, *Uma verdade inconveniente*, lançado em setembro de 2006, explicando o aquecimento global e alertando para suas consequências potencialmente catastróficas. A grande repercussão o relatório Stern,[63] que mostrava que o custo econômico de mitigar a mudança climática é suportável e não representaria o sacrifício do bem-estar da sociedade. Em fevereiro de 2007, o IPCC divulgou seu Quarto Relatório dizendo que não existia praticamente mais incerteza sobre a origem humana fundamental do aquecimento global e que a Terra está aquecendo mais rapidamente do que se previa. Al Gore e o IPCC ganham o prêmio Nobel da Paz, amplificando o impacto das mensagens de ambos.

---

[62] Os cientistas sempre dirão que não é possível atribuir eventos climáticos isolados à mudança climática por razões metodológicas: os modelos não são capazes de prever eventos específicos. Mas reconhecem que a mudança climática já está em curso e as consequências globais são compatíveis com o aumento da frequência de eventos climáticos extremos de todo tipo.

[63] Nicolas Stern, *The economics of climate change: The Stern Review*, Cambridge University Press, 2006.

Em abril de 2007, pela primeira vez em sua história, o Conselho de Segurança da Organização das Nações Unidas se reuniu para discutir mudança climática. Em setembro, no início da Assembleia Geral da ONU, os chefes de Estado e de governo se encontraram também para discutir a mudança climática. O presidente George W. Bush reuniu as 17 maiores economias para tentar viabilizar um acordo prévio, que pudesse ser fechado na COP13, em Bali, no final do ano.

Nessa reunião, Bush já foi com outra visão do problema climático. Em janeiro de 2007, no tradicional discurso sobre o estado da União, que abre o ano político nos Estados Unidos, pela primeira vez ele falou no "sério desafio da mudança climática global". Era um marco e já refletia mudanças na opinião pública doméstica e na correlação interna de forças que levariam à vitória de Barack Obama mais adiante. Comentando o discurso, escrevi para o caderno Aliás, de *O Estado de S. Paulo*, que fora o início de uma virada política. Bush usou a expressão que negava:

> Na política, o pequeno passo que atravessa a fronteira da negação para a admissão do fato é o mais difícil e importante. Basta uma fissura na carapaça ideológica que bloqueia a mudança. A partir dela pode se iniciar um processo sem volta. Nos últimos três anos são visíveis as rupturas e fissuras nos raciocínios que bloqueavam a busca de novo modelo energético mundial e de novos padrões de produção e consumo, criando uma economia de baixo carbono. A mudança é muito difícil. O risco, colossal. O conflito de interesses em jogo de máxima potência. Mas os nossos limites biofísicos vão ficando cada vez mais visíveis. A tímida frase do presidente Bush tem impacto que vai muito além do que ele desejaria. Preside a economia que mais emite carbono. Era o pivô do veto na Convenção do Clima. Os outros dirigentes do G 8 comemoraram como grande mudança. São políticos. Sabem quanto vale.[64]

---

[64] Sérgio Abranches, "A verde timidez de Bush", Aliás, *O Estado de S. Paulo*, 28/1/2007.

COPENHAGUE: ANTES E DEPOIS

A reunião convocada por Bush em Washington não permitiu o "Acordo de Bali", mas a mudança de atitude do governo evitou que os Estados Unidos mantivessem o veto que sempre impedira qualquer avanço e da COP13 saiu o "Mapa do Caminho", que continha o trajeto que poderia levar a esse acordo em Poznan, na Polônia, no ano seguinte. Mas, antes de Poznan, vieram as eleições que puseram Barack Obama na Casa Branca.

A eleição de Obama acendeu a esperança de mudança nos Estados Unidos e na geopolítica global. Imaginava-se que seria o fim da atitude "neoguerra fria" que Bush imprimiu à política de segurança nacional de seu país. Obama daria um fim rápido às guerras no Iraque e no Afeganistão e, como prometera em campanha, lideraria um acordo para uma nova política global para mudança climática. A perspectiva da "presidência Obama" deu novo alento aos que lutavam por um acordo na Convenção do Clima, mas impediu que esse acordo fosse fechado em Poznan. Ele não havia tomado posse, os negociadores ainda respondiam ao presidente Bush, a única coisa que estavam dispostos a fazer era não vetar. Só restava esperar a COP15, em Copenhague, quando estariam, então, os negociadores de Obama e, esperava-se, o próprio presidente.

Estava preparado o cenário para a COP15: um relatório científico que continuava a representar o consenso majoritário da comunidade científica, apesar dos ataques e das dúvidas pontuais. Uma onda de esperança e de motivação atravessava todos os setores da sociedade global envolvidos na questão da mudança climática. Sinais políticos positivos nos Estados Unidos, na China, na Índia e no Brasil. O acordo afinal parecia possível.

Ele começaria tendo a mais sólida base de conhecimento científico disponível para tomar suas decisões. A síntese do relatório do IPCC[65] com o núcleo duro do que a ciência já sabe e que é

---
[65] Intergovernmental Panel on Climate Change (IPCC), *Climate Change 2007: The physical science basis summary for policymakers*, Genebra, fevereiro de 2007.

suficiente para que se tomem decisões ambiciosas e ousadas estava claro, mantinha-se íntegro e se havia disseminado.

O QUANTO SABEMOS

Das conclusões do IPCC, o que não está sob contestação?

- As concentrações de gases estufa — dióxido de carbono, metano, ozônio e óxido nitroso — estão aumentando por causa do uso de combustíveis fósseis e da queima de biomassa. A concentração na atmosfera do mais importante gás estufa antropogênico, o CO_2, cresceu de perto de 280 ppm, no período pré-industrial, para perto de 379 ppm, em 2005. Essa concentração em 2005 excede em muito os limites de variação natural dos últimos 650 mil anos, que foi de 180 ppm a 300 ppm, como se pode determinar pelas análises de núcleos de gelo. É bom lembrar que em 2009 chegamos a 386,5 ppm, um crescimento de 7,5 ppm em quatro anos. O crescimento anual da concentração de dióxido de carbono em 12 meses tem sido maior nos últimos dez anos do que em qualquer período desde que se começou a fazer medidas atmosféricas diretas. A concentração de metano também está acima do observado nos últimos 650 mil anos, como indicam as análises dos núcleos de gelo.
- A concentração de aerossóis antropogênicos, comentados acima, também está aumentando por causa das atividades industriais.
- O aquecimento do sistema climático é inequívoco, como está evidente agora nas observações de aumentos nas temperaturas médias globais do ar e dos oceanos, no derretimento generalizado de neve e gelo e aumento médio dos níveis dos oceanos. Dos últimos 12 anos, 11 estão entre os 12 mais quentes desde que se começou a medir a temperatura global na superfície, em 1850.

- O nível do mar se elevou em torno de 7 centímetros nos últimos quarenta anos; 2,5 centímetros dessa elevação ocorreram na última década.
- A extensão geométrica média do mar Ártico diminuiu entre 15 e 20 por cento desde que começaram as medições por satélite, em 1978.

Outras conclusões do IPCC têm a concordância da maioria dos cientistas, mas sofre contestação de cientistas qualificados da academia e dos centros de pesquisa:[66]

- A temperatura média global é maior hoje do que em qualquer outro momento dos últimos quinhentos a mil anos.
- A maior parte da variabilidade global da temperatura média se deve principalmente a quatro fatores: variabilidade da quantidade de luz solar; erupções vulcânicas significativas; aerossóis sulfurosos e gases estufa.
- O forte crescimento das temperaturas médias nos últimos trinta anos se deve primordialmente ao aumento da concentração de gases estufa e à estabilização ou ligeiro declínio dos aerossóis sulfurosos.[67]
- Se não tomarmos medidas fortes de redução das emissões de gases estufa, as temperaturas continuarão a crescer e até o final do século o planeta terá um aquecimento entre 2 e 5 graus Celsius.
- Como resultado da expansão térmica da água do mar e do degelo das calotas polares, o nível do mar aumentará entre 15 e 40 centímetros ao longo do século, podendo aumentar mais se alguma das grandes plataformas continentais se tornar ins-

---

[66] Ver Emanuel, *op. cit.*, p. 62-3.
[67] Essa redução dos aerossóis se deve, paradoxalmente, ao sucesso dos esforços de redução da poluição industrial que gera material particulado. A queda nas concentrações de material particulado é boa para a saúde humana, mas amplia o efeito do aumento da concentração de gases estufa, porque, como vimos, os aerossóis mitigam esse efeito.

tável. Um dos chamados "pontos de virada" (*tipping points*) que, segundo os cientistas podem provocar transformações abruptas e inesperadas, por exemplo, seria a desestabilização do gelo da Groenlândia, que levaria grande quantidade dele a cair no mar rapidamente. Isso produziria uma catástrofe sem precedentes na era moderna.[68]

- As chuvas serão cada vez mais concentradas em períodos de precipitação mais pesada, porém menos frequentes.
- A incidência, duração e intensidade de enchentes e secas aumentará.
- A intensidade dos furacões continuará a aumentar, embora sua frequência possa diminuir.

Pouco antes da COP15, 26 climatologistas lançaram o relatório "O diagnóstico de Copenhague", que se baseava no Quarto Relatório do IPCC (AR4) e em evidências científicas posteriores a ele. Nele alertavam os negociadores que a situação era ainda mais grave do que o IPCC afirmara.[69] Em março de 2009, na Universi-

---

[68] Ver, por exemplo, Dirk Notz, "The future of ice sheets and sea ice: Between reversible retreat and unstoppable loss", *PNAS*, dezembro de 2009, vol. 106 nº 49: 20590-20595, um número especial sobre "*tipping points*". Notz considera que, do ponto de vista das calotas geladas, os dois grandes riscos de *tipping points* são a Groenlândia e a plataforma da Antártica ocidental. Ver, também, o importante artigo de Timothy Lenton et al., "Tipping elements in the Earth's climate system", *PNAS*, fevereiro de 2008, vol. 105, nº 6: 1786-1793, que faz uma revisão das evidências científicas recentes dos riscos de pontos de virada. Para a noção mais geral — e sempre muito útil — de ponto de virada, ver o livro do escritor da *New Yorker*, Malcolm Gladwell, *The tipping point*, Little Brown, Nova York, 2002. Existe tradução para o português: Malcolm Gladwell, *O ponto da virada: The tipping point*, Rio de Janeiro, Sextante, 2009.

[69] I. Allison et al., *The Copenhagen diagnosis, 2009: Updating the world on the latest climate science*, The University of New South Wales Climate Change Research Centre (CCRC), Sydney, Australia, www.copenhagendiagnosis.com/.

dade de Copenhague, mais de mil cientistas se reuniram no International Scientific Congress: Climate Change — Global Risks, Challenges & Decisions (Congresso Científico Internacional: Mudança Climática — Riscos Globais, Desafios e Decisões) para discutir os avanços recentes da ciência do clima nos anos posteriores àqueles cobertos pelo Quarto Relatório do IPCC. Boa parte dos autores do IPCC estava presente. O relatório também chamava a atenção para evidências de que o risco climático estava aumentando a uma velocidade superior à prevista pelo IPCC.[70]

Todas essas previsões do IPCC posteriores à sua síntese de 2007 dependem da quantidade de gases estufa acumulada na atmosfera, dos fatores que contribuem para minorar o efeito estufa. Entram em jogo, também, eventos imponderáveis, entre os quais os efeitos das mudanças já ocorridas no sistema como um todo ou localmente, ainda não previstos pelos modelos. Um caso de incidência local seria o desprendimento de uma grande plataforma de gelo, por causa do degelo já ocorrido, um dos chamados pontos de virada.

A situação diante dos governantes é similar às que encontramos ao decidir pagar ou não um seguro. Diante de uma noção razoável do risco, a decisão sensata é pagar o seguro, mesmo que pessoalmente achemos que o "sinistro" jamais ocorrerá conosco. Quando eu escolho um seguro de saúde, busco cobertura para uma série de situações que eu, no íntimo, considero quase impossíveis de acontecer comigo e outras que desejo que jamais ocorram. E ainda levo em consideração o que meu médico assinalou como sendo minhas áreas de risco, por razões genéticas. Mesmo sabendo que as probabilidades são muito baixas, eu faço o seguro, porque não quero me ver diante de uma situação na qual eu não tenha a melhor cobertura possível para me tratar. O

---

[70] Katherine Richardson *et al*. — "Climate change: Global risks, challenges & decisions", University of Copenhagen. http://climatecongress.ku.dk/pdf/synthesisreport/.

problema é que as probabilidades de mudança climática são muitíssimo maiores que as de um acidente de automóvel ou de uma dessas doenças raras de alto custo, que brigamos para incluir em nossa apólice de seguro. Caso esteja a nosso alcance, individualmente fazemos o seguro mais completo possível. Coletivamente, mesmo podendo, estamos decidindo viver sem seguro.

Seria com esse acervo de alertas sobre os riscos e com uma enorme torcida global que a COP15 começaria. Curiosamente, logo no início da Convenção, no dia 8 de dezembro, um painel formado pela Organização Meteorológica Mundial (WMO), pelo Programa das Nações Unidas para o Meio Ambiente (PNUMA/ UNEP) e pelo IPCC apresentaria informações e atividades do IPCC relevantes para o processo da Convenção do Clima. Na programação, destaques do Quarto Relatório, AR4, atualização sobre os Relatórios Especiais sobre fontes de energia renovável e sobre eventos extremos; e perspectivas para o Quinto Relatório, AR5.

Mas a reunião do IPCC passaria quase despercebida, exceto para os jornalistas que cobrem ciência sistematicamente. A grande maioria de jornalistas que lotava a sala de imprensa estava ali por causa da política e não pela ciência do clima. Nem sequer foi assistir à apresentação. A agenda já estava ocupada pelas tensões da política.

Copenhague, que deveria representar o grande encontro entre a ciência e a política do clima, foi o encontro da política das nações com a política do clima. A ciência não chegou a ser barrada, mas entrou apenas de reboque.

CAPÍTULO 3   Copenhague começou em Cingapura

AGORA OU NUNCA

Fazia muito frio em Copenhague naquele dia 7 de dezembro de 2009. Quando desci do metrô em frente ao Bella Center, o centro de convenções onde as reuniões da COP15 estavam começando, vi centenas de pessoas, de todos os lugares, ao longo da cerca que protege o complexo. Eram ambientalistas, observadores, negociadores, jornalistas e delegados dos países que fazem parte da Convenção do Clima. Pelo número, no primeiro dia pela manhã era possível ver que aquela reunião começava diferente de todas as outras. Em geral a primeira semana de uma COP é mais tranquila e o primeiro dia, morno. Naquele frio, era possível ver que aquele dia seria tudo menos morno.

Uma quantidade muito maior de pessoas se aglomerava bem em frente à entrada principal do Bella Center, formando uma massa diversa. Muita gente ainda carregava mochilas e malas de viagem. Era impossível negociar uma passagem para alcançar o portão e perguntar aos guardas que direção tomar para fazer o credenciamento. Era preciso acompanhar a massa. Afinal, todos ali fazíamos parte dela igualmente, embora fôssemos ter papéis diferentes na reunião. Era um empurra-empurra do qual só me lembro dos velhos tempos de Maracanã lotado para um daqueles clássicos que não existem mais. Levei uma hora para chegar ao guarda que controlava a passagem pelo portão. Depois, fiquei sabendo que tinha sido premiado por chegar cedo. Um jornalista da Rede Globo, em estado febril por causa de um resfriado, levou sete horas só para chegar ao balcão de credenciais. Uma colega sua só conseguiu se credenciar no segundo dia. Roberta Jansen, de *O Globo*, havia se credenciado no dia anterior, mas teve de ficar quase três horas na fila, do lado de fora do Bella Center. "Por mais agasalhada que eu estivesse (um casaco pesado, meias térmicas, suéter, luvas, botas, cachecol e gorro), depois de duas horas de pé, do lado de fora, a sensação era de congelamento total. Comecei a achar que, simplesmente, não ia aguentar", me relembrou em e-mail, o que me contou, ainda mal refeita, já no aquecido corredor do Bella Center. Ela não podia desistir, porque tinha de enviar matéria naquele dia. Esperar em algum lugar com calefação, tomando uma bebida quente, representava o risco de só ver a fila aumentar. Esta era a sensação de todos: não havia volta, e seguir em frente era um sacrifício. Um jornalista que não tinha obrigação de enviar matéria diariamente resolveu voltar, só para descobrir que atrás dele havia uma massa de gente tão compacta e impenetrável quanto à sua frente. Ficou.

Ouvi muitas histórias, já dentro do Centro, ao longo do dia, quando um jornalista chegava à sala de imprensa com a típica expressão irritada de quem acaba de passar pelos dissabores de um enorme evento mal planejado e com organização deficiente. Os ambientalistas das ONGs também chegavam contando histórias semelhantes e já pressentiam que sofreriam algum tipo de cerceamento. Uma coisa ficou clara desde o primeiro dia: quem não tivesse credenciamento aprovado com antecedência, dificilmente conseguiria um crachá. Com as ONGs foi pior. Nos últimos dias, sua presença foi drasticamente reduzida, recebiam cotas diárias muito inferiores ao número de credenciados, e que diminuíam dia a dia. Mesmo negociando, nos momentos finais, foram pouquíssimos os que conseguiram entrar. O governo dinamarquês montou um telão, noutro local, para que pudessem acompanhar o que mostravam nas telas espalhadas pelo Bella Center. Mas foi por meio do Twitter e de outras redes sociais que ficaram sabendo dos bastidores nervosos dos momentos finais da negociação dos quais haviam sido excluídos.

Não bastassem as horas passadas no frio, com os termômetros em torno de zero grau, para se entrar no centro e mais outra longa fila para chegar ao saguão onde estavam os balcões para o credenciamento, era preciso antes passar por detectores de metais e raios x alinhados ao longo da larga entrada de acesso. Ocupavam todo o salão da frente, onde, nas convenções normais, provavelmente ficariam os balcões de credenciamento. Mesmo em grande número, não davam vazão à quantidade de gente que queria entrar, e naquele ponto também se formavam filas. Para passar, as pessoas tinham de puxar os computadores das mochilas, bolsas ou malas, tirar os paletós, jaquetas, cachecóis e luvas e, às vezes, os cintos. Um dos guardas me obrigou a lhe mostrar um pen drive, rigorosamente banal, que não conseguia identificar na tela, apesar de sua silhueta característica.

Passados os detectores, mais filas, agora para o credenciamento. Muita confusão. Eram separadas pelos previsíveis cordões vermelhos, mas era tanta gente que se tornou impossível fazer filas indianas. As pessoas se aglomeravam e as filas acabavam se misturando. Passado o credenciamento, que consistia em achar o pedido previamente aprovado, preencher uma nova ficha, esperar que fosse aprovada, tirar foto e imprimir o crachá, finalmente se entrava no enorme vão central do Bella Center, que alguém chegou a chamar de "cavernoso". Nele já havia um formigueiro de gente em busca de informações, encontrando conhecidos, à procura das salas. Tudo estava muito além das expectativas e indicava que aquele encontro assumiria uma escala inédita. No terceiro dia, a ONU já tinha noção do problema: o Centro tinha capacidade para 15 mil pessoas e havia 40 mil pedidos de credenciamento. A sala de imprensa havia sido planejada para abrigar 1,5 mil jornalistas e foram credenciados 3,5 mil. Pelo menos outros 1,5 mil tiveram seus pedidos rejeitados, entre eles nomes conhecidos da imprensa mundial. No final, haviam sido credenciadas 27 mil pessoas.

Toda grande reunião corre o risco de tumulto e desorganização. Nesse caso, os problemas na verdade eram sinal de sucesso. O erro é que os organizadores subestimaram o interesse que a COP15 despertaria na imprensa e nas ONGs. Também não imaginaram que as delegações aumentassem tanto de tamanho. A do Brasil — a maior — tinha seiscentas pessoas. Foi tamanha a confusão nos dias posteriores àquele começo já tão tumultuoso que Yvo de Boer, secretário executivo da Convenção do Clima, teve que se explicar em uma de suas coletivas diárias de imprensa. "Se querem culpar alguém, que me culpem. Não imaginei que teríamos esse grau de interesse e participação."

Eu esperava que em algum momento o número de participantes excedesse o planejado. Três meses antes, tentei vaga em algum hotel de Copenhague, entrei no site de cem hotéis e todos estavam com lotação completa para o período da COP. A saída foi alugar um apartamento. Selecionamos três que estavam sendo oferecidos no site da própria ONU dedicado à COP15, vimos as fotos, achamos satisfatórios e enviei e-mail para os três proprietários. Alugamos o primeiro que me respondeu. Por coincidência, era um estudante de MBA, Rasmus Greis, que havia estado no Brasil em intercâmbio. Ele saiu para ficar com os pais. Apaixonado pelo país, tinha uma enorme foto do Pão de Açúcar no quarto, das cataratas de Iguaçu na sala, e uma miniatura do Cristo Redentor na estante. O apartamento, de quarto, sala e cozinha, era arrumado com todo capricho, recém-reformado e bem confortável. Serviu-nos perfeitamente.

Eu não havia previsto que a reunião já começaria lotada. Muito menos que seria, desde as primeiras horas, palco de tensões, rumores, conflitos, idas e vindas, altos e baixos, em um clima de expectativas excitadas e pouco realistas. Vários jornalistas com quem conversei, que já haviam feito a cobertura de outras COPs, diziam que na primeira semana quase nada acontecia de relevante. Tinham que recorrer aos numerosos eventos laterais para conseguir matérias. Muitos marcaram sua ida apenas para a segunda semana. Perderam a pauta.

Na COP15, foi tudo diferente. O nervosismo, os conflitos e as novidades começaram desde a primeira hora. Quem fosse a um evento lateral corria o risco de perder uma coletiva de imprensa que repercutiria entre as delegações, gerando impasses que levariam horas, às vezes dias, para serem resolvidos. Ou deixava de ter acesso a algum documento vazado que logo incendiaria os corredores do Bella Center de rumores e atritos. Aquela, definitivamente, não seria uma COP como as outras.

Nunca vi tanta motivação de todos os lados, ambientalistas, negociadores e jornalistas. Para a maioria, aquelas duas semanas foram um estado de mobilização permanente. As dificuldades para entrar nunca diminuíram ao longo dos dias de conferência. Ao contrário, houve dias ainda piores, debaixo de neve. Houve dias em que a polícia fechava a estação do metrô Bella Center, no final da manhã, e só reabria no começo da noite. Era preciso caminhar 2 quilômetros na neve para chegar ou sair. A comida era muito ruim. Havia fila para comer, ir ao banheiro, tomar água. A maioria das pessoas chegava pela manhã e só saía depois das 8:00 da noite. Por isso, poucos se atreviam a sair e passar por aquele tormento de novo para voltar. Muitos ficavam até de madrugada. A ideia de passar por tudo aquilo novamente era ainda pior que enfrentar as filas e a comida. Saí muitas vezes depois das 10:00 da noite, tendo chegado antes das 8:00 da manhã, junto com Míriam Leitão, de *O Globo*, Andrei Neto e Afra Balazina, do *Estado de S. Paulo*, Lucia Müzell, correspondente do portal Terra, e Ronaldo França, da *Veja*. A correspondente da GloboNews em Paris, Joana Calmon, com o fuso horário contra, ficava até as 2:00 da manhã, para aparecer ao vivo no *Jornal das Dez*. Tinha dias que ficavam apenas ela e o pessoal da faxina no Bella Center. Na segunda semana, André Trigueiro chegou para fazer o *Jornal das Dez* nas madrugadas geladas de Copenhague.

Nesse primeiro dia, logo depois de passar pelo credenciamento, parei em frente à entrada da sala de imprensa, no átrio central do Bella Center, para entrar numa roda de conversa em que estavam ambientalistas experimentados, cientistas do IPCC, negociadores oficiais. Ouvi deles opinião unânime: "Nunca houve condições tão boas para se chegar a um acordo do clima."

Essa esperança generalizada e arrebatadora pode parecer totalmente infundada hoje, depois que sabemos como tudo acabou. Mesmo o caminho até Copenhague esteve marcado por decepções, enganos e tropeços. Mas houve alguns avanços políticos significativos. Vários países mudaram de posição, passando de uma postura defensiva para uma atitude cooperativa. Entre eles os principais responsáveis pelos mais importantes impasses do passado e no topo da lista dos grandes emissores de carbono: Estados Unidos, China, Brasil e Índia.

O movimento ambientalista havia colecionado vários marcos importantes em sua mobilização. O blog Action Day (Dia de Ação dos Blogs), marcado para 15 de outubro, definiu mudança climática como tema do ano de 2009. Obteve um resultado impressionante: foram escritos 13.605 posts, em blogs de 156 diferentes países, que foram lidos por 18.085.076 pessoas. O movimento 350, que pedia que o acordo do clima adotasse como meta retornar aos 350 ppm de carbono na atmosfera, coordenou, no dia 24 de outubro, mais de 5.200 eventos públicos, em 181 países, a maioria absoluta com alta visibilidade na mídia. No mundo todo, "350" apareceu escrito das formas mais criativas possíveis. Foi, provavelmente, um dia sem precedentes na história do movimento social global. Durante a COP15, enquanto militantes trabalhavam dentro do Centro de Convenções, pressionando negociadores, articulando politicamente, dando informações a jornalistas, milhares deles faziam manifestações do lado de fora, nas ruas de Copenhague e mundo afora. O 350 organizou mais de 3 mil vigílias à luz de vela e obteve apoio à meta de 350ppm de mais de cem países. Outro movimento, TckTckTck, obteve adesão de mais de 15,5 milhões

COPENHAGUE: ANTES E DEPOIS

de pessoas, no mundo todo, a uma petição aos líderes mundiais para que fechassem um acordo eficaz na COP15.

Quem desembarcava em Copenhague era recebido por imensos cartazes do Greenpeace. Neles, os principais líderes mundiais — Obama, Lula, Sarkozy, Brown, Hatoyama, Wen Jiabao —, 11 anos mais velhos, em 2020, pediam desculpas ao mundo por não terem sido capazes de fechar um acordo que lhe desse segurança climática em Copenhague, quando tiveram a melhor oportunidade para fazê-lo. Chocante. Foi pensado como um alerta, terminou valendo como uma amarga premonição.

Havia ingredientes para um cenário otimista em vários eventos ao longo do ano. Mas persistiam os sinais de fundo, que sempre justificaram um cenário mais pessimista.

No último dia, sentado na sala de imprensa do Bella Center, vendo aquelas centenas de jornalistas evidentemente exaustos e com ressaca da adrenalina em excesso, após duas semanas de muito trabalho, emoções e tensões, me dei conta de que desde o começo a história de Copenhague foi escrita sempre em duas trilhas. Trilhas paralelas que dificilmente se unirão se não houver uma intervenção deliberada para fazer as duas convergirem.

Uma dessas trilhas começou em Nova York, no dia 22 de setembro, pouco menos de três meses antes do início oficial da COP15, em Copenhague. A outra, em Cingapura, no dia 15 de novembro, 21 dias antes. A trilha de Nova York foi uma espécie de prévia da Cúpula de Copenhague: perto de cem chefes de governo e de Estado aceitaram o convite do secretário-geral da ONU, Ban Ki-moon, para uma reunião cujo objetivo era "mobilizar as vontades para fechar um acordo em Copenhague". Dela sairiam as preliminares oficiais e a Convenção. A trilha de Cingapura apareceu como uma surpresa, um desvio inusitado, muitos viram nela uma conspiração. Teve enorme repercussão negativa na mídia e entre os ambientalistas. Foi um evento marcante e decisivo.

COPENHAGUE VIA NOVA YORK

O presidente Obama falou primeiro na cúpula de Nova York, no dia 22 de setembro. Foi sua primeira vez no plenário das Nações Unidas. Fez um discurso fortemente motivacional e vago. Não assumiu compromissos nem apontou caminhos para promover o acordo em Copenhague.

O presidente chinês, Hu Jintao, falou em seguida. Era sua primeira visita aos Estados Unidos. Havia trinta anos a ONU não recebia um presidente chinês. Um marco na história da ONU e nas relações entre Estados Unidos e China.

Esperava-se um daqueles discursos cifrados típicos de dirigentes chineses, quase impossíveis de interpretar sem conhecer os meandros do jogo de poder na China. Mas ele surpreendeu. Deu os primeiros passos para romper com a tradicional posição chinesa de não aceitar nenhum tipo de compromisso, nem mesmo voluntário. Revelou o novo plano da China para conter as emissões de gases estufa, que incluía "metas nacionais". E usou uma medida nova: para redução da intensidade das emissões por unidade de PIB "de modo significativo até 2020, em relação a 2005". Não tratou de números para as metas nacionais, ou para essas reduções na intensidade de carbono da economia chinesa. E disse quais seriam os limites: "Nós precisamos combinar nossos esforços de combate à mudança climática com esforços de crescimento nas nações em desenvolvimento." Hu Jintao quis mostrar que a China não iria com a disposição de vetar, mas com propensão a colaborar para o fechamento de um acordo em Copenhague.

No plano da política global, a presença de Hu Jintao não podia ser subestimada. Seu gesto marcava a inclusão da mudança climática no topo da agenda do governo chinês, tanto no âmbito doméstico quanto no diplomático. Afinal, ele escolheu uma reunião especificamente convocada para discutir mudança climática para fazer sua primeira viagem aos Estados Unidos e para essa rara participação na ONU, após ausência tão prolongada de presidentes chineses.

COPENHAGUE: ANTES E DEPOIS

Um dos momentos mais significativos desse evento foi quando Obama e Hu Jintao tiveram encontro reservado para conversar sobre a conduta dos dois países nas próximas etapas da negociação do clima. Ali talvez tenha havido a primeira interseção entre os dois caminhos, o de Nova York e o de Cingapura. Estados Unidos e China já haviam discutido cooperação bilateral em pesquisa e desenvolvimento de tecnologias e energias limpas. Obama e Hillary Clinton fizeram esse mesmo roteiro bilateral com a Índia. Era parte da estratégia do novo presidente para tentar limitar a carga de demandas na área de transferência de tecnologia, que vinha bloqueando um acordo do clima. Arranjos bilaterais poderiam oferecer uma solução alternativa para o problema central das patentes. O tema das patentes dividia Estados Unidos e União Europeia, de um lado, e as potências emergentes, de outro. Uns consideravam as patentes invioláveis; outros queriam que fossem flexibilizadas em tecnologias críticas para a mitigação de emissões. As parcerias bilaterais eliminavam o problema, porque as patentes seriam compartilhadas.

Outra novidade da cúpula de Nova York foi a presença do novo primeiro-ministro japonês, Yukio Hatoyama. Era a primeira visita aos Estados Unidos, a primeira participação em uma reunião plenária da ONU, do primeiro chefe de governo japonês a não ser eleito pelo Partido Liberal em mais de cinquenta anos. Ele mostrou, em bom inglês, firme disposição de dar ao Japão um papel mais presente e atuante na política global. Anunciou a meta de redução de 25 por cento das emissões de gases do efeito estufa do país, até 2020, em relação a 1990 (mais alta do que a meta fixada pelo governo anterior, que era de 20 por cento). Também disse que os países desenvolvidos é que deveriam liderar o enfrentamento do desafio climático global.

O presidente Sarkozy propôs que se reunissem em uma segunda cúpula do clima em novembro, antes de Copenhague. Queria mais uma oportunidade de trabalho comum sobre os impasses, para aos poucos ir desfazendo os nós que impediam o consenso. A agenda já previa isso. Os principais chefes de governo e Estado teriam a reunião do G20, em Pittsburgh, um pouco mais adiante, para discutir os próximos passos da política de recuperação econômica e o acordo sobre mudança climática.

É dessa forma que se resolvem os impasses diplomáticos. Ocupando o centro da agenda das potências, desenvolvidas e emergentes, e engajando seus líderes em uma negociação continuada e incansável.

A Cúpula do Clima de Nova York não rompeu impasse algum, isso ficou claro logo que terminou. Mas foi um passo importante nessa direção. Foi lá que alguns países começaram a mudar de atitude. Mas ainda sobrava muita divergência para resolver.

Nova York também reforçou um princípio básico: o das contribuições diferenciadas. Ninguém que entenda os limites e possibilidades da política real pode acreditar na viabilidade de um acordo climático com obrigações iguais para todos no curto e no médio prazo. Haverá sempre um inevitável compartilhamento desigual do esforço global. Como foi desigual a contribuição para a acumulação de gases estufa na atmosfera. O acordo teria que distribuir ações de forma diferenciada e levar o conjunto de grandes emissores a reduzir suas emissões até a zona de segurança climática. Compartilhar esse esforço em diferentes proporções, porém, não poderia significar fazer menos que o máximo da capacidade de cada país, nem transferir o ônus para os outros.

Nessa cúpula, foram dados passos importantes, mas tudo precisava ficar mais sólido nos próximos meses. Obama tinha de ir além do discurso bonito. Hu Jintao teria de traduzir em números a expressão "redução significativa" das emissões chinesas de gases estufa em relação a 2005. Mas não foi pouco o que aconteceu. A travessia do não para o sim parece simples, mas não é. Os dois maiores emissores fizeram essa passagem. Envolve uma operação política de grande complexidade. Para executá-la é preciso mover na direção certa todas as peças de uma engrenagem muito complexa, que envolve cálculos de custos e benefícios; conciliação e remoção de diferentes núcleos de interesses; manipulação, negociação e confronto político entre grupos dentro e fora do governo. Essa engrenagem é de manejo dificílimo e tem um equilíbrio delicadíssimo. Num sistema político fechado e hierárquico como o chinês, essas dificuldades são ainda maiores. No Estados Unidos foi preciso uma eleição. Na China, um longo percurso na hierarquia do partido.

O outro passo foi dado pelo primeiro-ministro Hatoyama, elevando para 25 por cento a meta de redução de emissões do Japão até 2020. Um passo ousado para um recém-eleito nas condições singulares em que se deu sua eleição. Hatoyama não era do partido dominante. Era um "estranho no ninho" tomando o poder das facções que controlavam a política japonesa hegemonicamente havia 50 anos. Para chegar à sua cota de contribuição para o esforço de mitigação global que nos coloque na zona de segurança climática, o que propunha ainda não era suficiente. Mas foi um passo também politicamente expressivo.

A convergência entre o que é necessário do ponto de vista científico e o que é possível do ponto de vista político não é simples. Demanda tempo. E só pode começar pela política. Era isso que estava acontecendo. A política começava a avançar. Um acordo teria que prever algum mecanismo de ajuste progressivo entre a demanda científica e a decisão política. Ao comentar o resultado da cúpula de Nova York, em meu blog, escrevi que

> compromissos e compartilhamento de esforços não precisam ser fixos no tempo. O acordo pode contemplar um mecanismo que determine a redefinição de metas e compromissos à medida que as circunstâncias locais e globais evoluam e avaliando os resultados em intervalos predefinidos de tempo.[71]

---

[71] Sérgio Abranches, "Cúpula do Clima de New York: não será o fim do impasse, mas será um passo adiante para fechar um bom acordo", Ecopolitica, 22 de setembro de 2009: http://www.ecopolitica.com.br/2009/09/22/cupula-do-clima-de-new-york-nao-sera-o-fim-do-impasse-mas-sera-um-passo-adiante-para-fechar-um-bom-acordo/. Essa cláusula de revisão acabou mesmo sendo adotada pelo Acordo de Copenhague.

PARADA INÚTIL EM PITTSBURGH

O encontro do G20, nos dias 24 e 25 de setembro, não ajudou. Foi dominado pelas preocupações econômicas. E não avançou nelas também. Não conseguiu entendimento sobre novos marcos regulatórios para os mercados financeiros nacionais e para o mercado global. Esses mercados, por falta de novas regras, já estavam retomando os comportamentos de antes da crise, que detonaram o colapso das hipotecas, o célebre caso da "*subprime*". Os governos de novo se mostravam bastante complacentes com os mercados.

Encontros de chefes de Estado e de governo raramente levam a comunicados muito detalhados em relação a políticas públicas ou acordos internacionais. Mas no encontro do G20, em Pittsburgh, o comunicado final foi ainda mais vago que o habitual. A crise financeira tinha sido provocada por falhas graves de mercado e de regulação. Eliminar o risco de falhas regulatórias ou de mercado é impossível. Mas é perfeitamente viável evitar que o mesmo tipo de falha se repita e criar uma arquitetura regulatória que reduza os riscos de fenômenos desse tipo. Havia um evidente paralelo com a mudança climática. A falta de substância nas respostas dos governos agravava, em ambos os casos, a ameaça de novos e mais danosos eventos. Para mitigar a mudança climática, também se precisa de regras e regulação que supram as falhas de mercado, que se traduzem em poluição e altas emissões de gases estufa.

Nas crises da Ásia, na década de 1990, ficou claro que o sistema financeiro globalizado era todo interligado e que as respostas têm de ser globais. É preciso um mecanismo que articule e torne coerente entre si as regras nacionais para operação do mercado de capitais. O sinal de Pittsburgh era que, passada a emergência, os países voltam a ficar prisioneiros de seus impasses. A mudança climática é um fenômeno global por definição. As emissões de cada país afetam o planeta todo. O risco já é presente, por isso se precisa de um acordo global, que defina metas gerais de redução de emissões, distribuídas em cotas diferenciadas entre os países. Para essas metas serem efetivadas é necessário existirem regras comuns, que tornem as políticas de mudança climática de cada país coerentes com as metas globais. Isso não fere a soberania de país algum, se todos aceitarem seguir as mesmas regras.

Na reunião do G20, os países ficaram longe de concordar sobre essas regras básicas. Não havia consenso sobre a regulação financeira, apesar da gravidade da crise provocada pelas falhas nos mercados de capitais. Nem havia entendimento sobre uma política global de mudança climática, apesar da seriedade das ameaças indicadas pela ciência.

EXPECTATIVAS EM CHOQUE

A probabilidade de que Copenhague gerasse resultado do tipo "mais do mesmo" aumentava a cada reunião fracassada. Mas os sinais eram mistos, havia impasses e havia avanços. Por isso provocavam muita controvérsia entre ambientalistas, nos blogs dedicados ao tema e na imprensa convencional. Afinal, Copenhague daria certo, ou fracassaria? Seria a COP da esperança — em inglês "Hopenhagen" — ou outro fracasso — "Flopenhagen" (de "*flop*"). No Brasil, a principal voz a prever "Flopenhagen" era do editor de ciência da *Folha de S. Paulo*, Cláudio Ângelo. Eu entrei no debate para dizer que talvez não fosse "Hopenhagen", nem "Flopenhagen", mas "COPEnhagen" (era um jogo de palavras com o termo inglês "*cope*", lidar com).[72] O ponto é que Copenhague provavelmente lidaria com os impasses, mas ficaria aquém das soluções acabadas.

---

[72] Sérgio Abranches, "Will Copenhagen flop or cope?", Ecopolity, 6 de novembro de 2009: http://www.ecopolity.com/2009/11/06/will-copenhagen-flop-or-cope-there-is-still-hope/.

Os analistas estavam divididos. Copenhague caminhava para um acordo político na COP15 ou para um tratado como o Protocolo de Kyoto? O ideal era um acordo político de alto nível, dando a orientação para as negociações que poderiam levar a um tratado mais adiante, talvez ao longo de 2010. A impressão é que a trilha política começava a prevalecer sobre a diplomática. Se assim fosse, do ponto de vista do objetivo final — que é um novo tratado do clima — seria um fracasso. Mas não seria o fim da história.

Todo o tempo, a maior parte da incerteza sobre a possibilidade de um acordo efetivo em Copenhague teve a ver com o que o presidente Obama faria. O fato de os Estados Unidos terem abandonado a atitude de sabotagem era importante, mas não suficiente. Era preciso que Obama assumisse compromissos que fossem considerados razoáveis por parceiros estratégicos na política climática global. A União Europeia, que estava na frente em matéria de política de mudança climática, teria que aceitar sua oferta. Já vinha cumprindo metas de redução havia dez anos. A China não se moveria sem que Washington se movesse primeiro. Brasil e Índia também. O problema é que Obama não queria assumir nenhum compromisso porque travava várias batalhas no Congresso, uma delas para aprovar a legislação sobre mudança climática. Na Europa já havia muita preocupação com a possibilidade de que a inércia dos Estados Unidos pudesse arruinar a perspectiva de um bom acordo em Copenhague.[73] Se os Estados Unidos não mostrassem capacidade de mudar realmente, as nações desenvolvidas poderiam reduzir o ritmo de seus próprios avanços.

---

[73] Como contou, na época, David Adam, "US inertia could scupper world climate deal in Copenhagen, says expert", *The Guardian*, 28 de setembro de 2009. Ele se baseou em entrevista com o físico alemão John Schellnhuber, do Instituto Potsdam para Pesquisa em Impactos Climáticos.

COPENHAGUE: ANTES E DEPOIS

A ESCALA DE BANCOC

No dia 28 de setembro, começou na Tailândia a penúltima reunião preparatória para a COP15, no processo formal da Convenção do Clima. Antes, haviam sido realizadas três reuniões preparatórias em Bonn, na Alemanha, em abril, junho e agosto. O progresso foi pouco. As principais cláusulas de um possível acordo continuavam em aberto. Os delegados dos países estavam reunidos em Bancoc para discutir, pela penúltima vez, na trilha formal, a proposta para o novo arranjo institucional que deveria ser apresentado à COP15.

Ao final da reunião, o secretariado da Convenção do Clima divulgou um "texto de negociação", de duzentas páginas e leitura difícil. O jargão diplomático e as siglas o tornavam incompreensível para os não iniciados. E ainda estava cheio de cláusulas opcionais e remissões a versões de documentos anteriores.

Sem a adesão de todas as partes não era possível ir adiante. Os países não são iguais, mas, teoricamente, todos têm o mesmo peso. Pelas regras todos têm poder de veto. É um enorme obstáculo a qualquer acordo ambicioso.

No mundo real, se as quarenta maiores potências e emissores aprovassem um texto de acordo efetivo, provavelmente conseguiriam a adesão dos outros. O encontro de Bancoc não conseguiu formar consenso nem entre esses quarenta atores decisivos. A leitura do longo documento mostrava que os delegados estavam se preparando para dois desfechos principais muito distintos: um acordo inovador ou um acordo aguado.

Faltavam 63 dias para Copenhague. Haveria ainda uma oportunidade no canal formal de negociação: a última reunião preparatória, em Barcelona, entre os dias 2 e 6 de novembro.

BREVE DESVIO PARA LONDRES

Depois do resultado pífio da reunião do G20, ficou claro que o presidente Sarkozy estava certo ao propor mais um encontro de dirigentes. Era preciso que os líderes mundiais conversassem mais, antes de Copenhague. Só se eles se entendessem seus diplomatas receberiam a orientação para fechar, no veio formal, um texto de acordo que eles poderiam depurar e assinar.

O primeiro-ministro Gordon Brown decidiu, então, hospedar o Fórum das Maiores Economias (Major Economies Forum, MEF), no dia 19 de outubro, em Londres. O MEF foi criado, com a mesma composição do G20, pelo presidente Bush, para facilitar o diálogo entre as potências econômicas maduras e emergentes. A reunião inaugural havia sido em Washington, no final de abril de 2008, e o primeiro encontro regular, em L'Aquila, na Itália, em julho de 2009 com Obama presidente. Nenhuma das duas teve resultados notáveis na facilitação do diálogo entre esses países.

Nessa reunião de Londres, os países desenvolvidos chegaram a admitir que poderiam abrir mão da demanda de que as economias emergentes adotassem metas de redução de emissões legalmente compulsórias de longo prazo. Vários representantes dos países desenvolvidos disseram que metas intermediárias para 2020 eram mais relevantes. Mas continuavam querendo ações efetivas, com números e verificáveis, ainda que voluntárias. Abandonar ou diminuir as metas que vinham sendo discutidas para 2050 talvez facilitasse o fechamento de um acordo em Copenhague. Muitos defendiam a ideia de que um acordo para o médio prazo seria o único viável, faltando apenas 47 dias para o início da COP-15. O realismo político indicaria ser esse o caminho: um bom acordo parcial seria melhor que um acordo vago para o longo prazo. Todos esperavam o movimento de Washington, e o representante dos Estados Unidos disse que todos teriam que se mover.

COPENHAGUE: ANTES E DEPOIS

Todd Stern, negociador-chefe dos Estados Unidos, afirmou que para seu país um acordo dependeria de compromissos assumidos por todos.

Nosso ponto de vista no G8, em julho, era de que deveríamos ter tanto um número para os países desenvolvidos quanto um número para o mundo: 80 por cento [de redução de emissões] para os desenvolvidos e 50 por cento para o mundo em geral. Nós continuamos pensando assim.

Disse, porém, que não sabia se "isso seria incluído ou não" no acordo de Copenhague, dando a entender que os Estados Unidos poderiam caminhar na direção de um entendimento sobre a estrutura do acordo, deixando os detalhes para mais tarde, como Yvo de Boer havia indicado.[74]

Entretanto, o fenômeno do aquecimento global é muito diferente. Tem características inéditas que o tornam incomparável às questões às quais o realismo político foi aplicado com sucesso no passado. O mundo estava diante de dois prazos fatais e de difícil conciliação: o de 47 dias para Copenhague e aquele, imprevisível, definido pelo risco de que eventos extremos inesperados (pontos de virada) acelerem as mudanças climáticas e ecológicas de forma irreversível. Não havia dúvida de que estávamos atrasados. A única saída segura talvez fosse mesmo um acordo global ambicioso e que comprometesse as grandes potências emergentes. E esse não parecia estar no horizonte das possibilidades.

Foi o que disse de Boer no fechamento da reunião de Londres. Não acreditava mais que "um novo tratado internacional completo e abrangente sob o quadro da Convenção sobre Mudança Climática" pudesse acontecer em Copenhague, em dezembro.[75] Não queria dizer que entregava os pontos, mas estava

---

[74] Fiona Harvey, "Concession raises hopes for climate deal", *Financial Times*, 19 de outubro de 2009.
[75] Fiona Harvey, "UN climate negotiator knocks full treaty hopes", *Financial Times*, 19 de outubro de 2009.

visivelmente decepcionado. Imaginava que os governos poderiam, no máximo, concordar sobre a estrutura de um acordo, mas seus detalhes técnicos só seriam definidos mais tarde. Ed Miliband, o secretário de Energia e Mudança Climática do Reino Unido, via o acordo de Copenhague "equilibrando-se na gangorra". Ele achava que havia "uma visão universal de que precisamos chegar a um acordo, mas não a qualquer preço. Não é um acordo fechado e, na minha opinião ele ainda está pendente". O impasse persistia: ainda era uma situação "eu só faço se você fizer", definiu Miliband.[76] Mas o comboio para Copenhague tinha mais uma parada prevista na agenda formal.

ÚLTIMA ESCALA: BARCELONA

Em Barcelona, se daria o último round oficial de pré-negociações antes da Cúpula na Dinamarca. A reunião começou no dia 2 de novembro, em meio a expectativas contrárias. As divergências ainda eram muitas. Estávamos muito perto da COP15 e o mundo já tinha ido a Nova York, Pittsburgh, Bancoc, Londres e, agora, Barcelona, para tentar pavimentar o caminho de um acordo em Copenhague. E ainda estávamos muito longe de termos as condições para esse acordo. Pelo menos havia concordância quanto aos temas pendentes, para se evitar o fracasso de Copenhague. Eles eram: metas compulsórias para os países industrializados; ações claras cobráveis dos países emergentes; e financiamento para as ações dos países emergentes e para os mais pobres se adaptarem: no jargão, mitigação, as metas dos países intermediários, e adaptação, sempre para os menos desenvolvidos.

O Protocolo de Kyoto era um importante ponto de impasse. A linguagem diplomática às vezes parece dizer a mesma coisa

---

[76] Damian Carrington, "Climate change pact 'remains in the balance', says Ed Miliband", *The Guardian*, 20 de outubro de 2009.

COPENHAGUE: ANTES E DEPOIS

quando está falando coisas muito diferentes. Há muita diferença nas posições sobre o futuro do Protocolo de Kyoto. Para os emergentes, a continuação do Protocolo de Kyoto era fundamental. A Europa já pensava no pós-Kyoto, nos novos compromissos. Os Estados Unidos não consideravam a possibilidade de ratificar Kyoto.

Na coletiva de imprensa de abertura em Barcelona, Yvo de Boer disse que só o primeiro período de compromissos do Protocolo de Kyoto terminaria em 2012. Ele esperava que houvesse acordo sobre um segundo período. Com isso queria dizer que o Protocolo não tinha data para perder a validade, como era opinião corrente na União Europeia e nos Estados Unidos.

Os países que ratificaram o Protocolo de Kyoto têm uma reunião à parte, mas que é simultânea à COP. No jargão, chamam de MOP, o Encontro das Partes do Protocolo de Kyoto (Meeting of the Parties to the Kyoto Protocol). Por isso se fala COP-MOP. O segundo período de compromissos seria tarefa da MOP5, que ocorreria junto com a COP15. Para esse segundo período ser efetivo, novos compromissos teriam de ser definidos. Para que os Estados Unidos fossem enquadrados nesses compromissos, o Senado teria que ratificar o Protocolo de Kyoto. A chance de isso ocorrer era zero. Por isso Obama defendia o abandono de Kyoto e a busca de um novo tratado.

Indagado se Kyoto deveria ser mantido, de Boer argumentou que não se deveria "jogar fora o par de sapatos velho antes de ter um novo". Ele queria muito mais que uma simples extensão do Protocolo de Kyoto para que o resultado da Cúpula do Clima de Copenhague fosse considerado um sucesso. Para ele, o Acordo de Copenhague deveria definir metas e cronogramas claros para reduções de emissões dos países industrializados e dos maiores emergentes. Leia-se Estados Unidos e China, principalmente. Esses compromissos também iriam requerer, ponderou, um mecanismo de gestão que deveria ser definido no texto do acordo. Isto é, verificação e cobrança de compromissos dos países desenvolvidos e das ações voluntárias dos países em desenvolvimento com economias avançadas,[77] leia-se China, Brasil e Índia, principalmente.

O representante da União Europeia, por sua vez, defendeu em Barcelona que o acordo de Copenhague fosse elaborado sobre o Protocolo de Kyoto e fixasse a meta global de 30 por cento de redução de emissões. O acordo deveria incluir todos os setores da economia, estabelecer metas de curto prazo para os países industrializados e de médio prazo para os emergentes. Traduzindo: o novo acordo deveria substituir Kyoto aproveitando o que ele tivesse de bom.

A delegação da Europa em Barcelona dizia apenas esperar "que o segundo período de compromissos [do Protocolo de Kyoto] ocorresse". Mas deixava claro que estava na expectativa de que um novo conjunto de metas fosse definido para comprometer os Estados Unidos, as grandes economias emergentes e para gerenciar riscos como o do excesso de créditos de carbono gerados pela Rússia. A Rússia era um caso à parte. Por causa do desmembramento da União Soviética, suas emissões ficavam abaixo da cota e isso lhe permitia ganhos extraordinários no mercado europeu de carbono. A melhor forma de administrar esse "risco Rússia" seria incrementar significativamente as metas de redução das emissões russas de carbono.

A Europa também rejeitava o argumento da justiça histórica que os países em desenvolvimento vinham usando para não aceitar metas compulsórias de redução de emissões de carbono. A União Europeia estava longe de ser uma entidade homogênea, afirmava a delegação, e tem países tão pobres quanto a Bulgária, que é mais pobre que muitas das economias emergentes. Nem por isso estava isenta de obedecer às metas europeias. A Espanha estava fazendo mais esforço que os países mais ricos da Europa para cumprir suas

---

[77] Como são chamadas as economias emergentes — China, Brasil, Índia, Coreia do Sul, México e África do Sul.

metas sob o Protocolo de Kyoto e não dizia que esse esforço adicional era injusto, exemplificou um dos delegados.

O velho par de sapatos de Yvo de Boer precisava de consertos demais. Era só uma garantia, porque o novo par seria muito difícil de obter: um acordo global mais abrangente, que incluísse definitivamente os Estados Unidos e os maiores países emergentes. Para não alienar esses países, ele achava que Kyoto deveria vigorar paralelamente ao novo tratado, porque já continha todos os mecanismos necessários para assegurar o cumprimento das metas pelos outros países desenvolvidos.

Para os governos das potências emergentes, reescrever Kyoto para incluir os maiores países em desenvolvimento, como Brasil, China, Índia, África do Sul e México, seria o mesmo que abandoná-lo por inteiro. Todos disseram que não abririam mão do Protocolo de Kyoto, por um motivo simples: para eles é mais cômodo. Ele cria duas categorias de países: Anexo I e não Anexo I. Os países do Anexo I têm compromissos compulsórios. Dos outros não se pede mais que ações voluntárias.

O governo Obama dizia que, para ter sucesso, Copenhague deveria ir além de Kyoto. Queria dizer deixar o Protocolo para trás, abandoná-lo. O representante de Washington, Jonathan Pershing, esclareceu que estavam "adotando a rota oposta à do passado [quando concordaram com Kyoto e o Congresso rejeitou]".

Em Barcelona, a ideia de um acordo político começou a ser tratada abertamente nas negociações, e a questão principal era se incluiria ou não números, isto é, metas quantitativas. A proposta de um tratado legalmente vinculante dividia espaço com a de um contrato político voluntário, ou acordo politicamente vinculante.

A via iniciada em Nova York ficou suspensa numa dúvida crucial: os países caminhavam para um tratado legal ou para um acordo político?

COPENHAGUE VIA CINGAPURA

Cingapura não devia estar no caminho de Copenhague. Mas foi lá, afinal, que se começou a formular uma resposta para a dúvida que a trilha começada em Nova York havia levantado. Que tipo de acordo seria possível? Cingapura apareceu como um desvio súbito, uma anomalia. Surpreendeu e agitou o mundo todo e lançou, extraoficialmente, a tese do acordo politicamente vinculante como passo prévio a um acordo legal futuro.

Esse não era assunto para Cingapura. Lá estavam reunidos os países da Associação para Cooperação Econômica dos Países da Ásia-Pacífico (APEC). Era uma reunião regional, para discutir temas específicos dos países da região do Pacífico e da Ásia. São 21 membros e dois realmente poderosos: Estados Unidos e China. Mas o que foi dito lá surpreendeu o mundo.

O inesperado começou com a descida repentina e não programada de um dirigente que não era de país do Pacífico, nem da Ásia: o primeiro-ministro da Dinamarca, Lars Løkke Rasmussen, presidente da Convenção do Clima em 2009, que, por ser o anfitrião da COP15, apareceu, de repente, para conversar. Ele vinha fazendo consultas e sondagens com vários dirigentes importantes, na qualidade de presidente em exercício da Convenção. Era seu papel. Mas aquela visita foi muito diferente.

Bem antes da reunião de Cingapura, em seu gabinete em Copenhague, Rasmussen recebeu sinais de alerta de que a COP15 estava rumando para o impasse. Ele concluiu que precisava ter uma carta na manga para ser jogada em caso de necessidade. Esta foi preparada com ajuda de diplomatas com experiência em COPs. Uma vez detalhada, o primeiro-ministro sondou os Estados Unidos e seus parceiros europeus sobre sua validade. Seria um recurso de última instância.

Porém, nervoso diante das notícias que chegavam, depois de Barcelona, resolveu se antecipar e jogar a carta na mesa, antes mesmo de instalar a COP15, como presidente da Convenção do

COPENHAGUE: ANTES E DEPOIS

Clima, no dia 7 de dezembro. O que era para ser um recurso de última instância se transformava em manobra preventiva. Politicamente fazia toda a diferença. A aceitação de uma saída de compromisso para um impasse real e insolúvel pode vir como um alívio. Uma manobra antecipatória sem que se tenham esgotado todos os recursos de negociação pode provocar reações muito negativas.

Decidido a agir por antecipação, Rasmussen voou para Cingapura no sábado, 14 de novembro, e pediu uma reunião de emergência para discutir o Acordo de Copenhague com os governantes da APEC. Pedido estranho, porque o lugar de discutir esse acordo seria Copenhague, no mês seguinte.

Foi pela mão de Rasmussen, nessa reunião fora de agenda e fora de lugar, que entrou em cena a ideia de um acordo "politicamente vinculante", em lugar de um tratado "legalmente vinculante". Em outras palavras, uma moldura política cujo conteúdo seria discutido mais tarde pelos países, em lugar de um tratado que os obrigaria legalmente a agir, a partir de sua assinatura.

Rasmussen não é uma liderança de brilho, nem um político com intimidade com a alta política global. Mas é extremamente pragmático e fez uma carreira rápida e bem-sucedida na política dinamarquesa. Eleito para o parlamento em 1994, foi prefeito do condado de Frederiksborg entre 1998 e 2001. Chegou ao governo na primeira mudança de gabinete, no final de 2001, como ministro do Interior e da Saúde. Na segunda reforma do gabinete, em novembro de 2007, assumiu o ministério das Finanças. Em abril de 2009, substituiu o primeiro-ministro Anders Fogh Rasmussen, com o qual não tem parentesco, que foi para a Secretaria-Geral da OTAN. Parece mais um político interiorano, prático, sem muita amplitude de voo e sem traquejo diplomático. Iria presidir a Convenção do Clima e hospedar a COP15 com seis meses de chefia de governo. Mais ainda, seria o anfitrião de uma cúpula que reuniria mais de cem governantes, entre eles os mais poderosos do mundo.

Assustado com a enormidade da tarefa e os riscos que criava para sua carreira política, ele já vinha fazendo consultas discretas sobre o que seria um acordo possível. O sucesso de Copenhague representaria um ganho extraordinário para ele na política dinamarquesa. Já o fracasso seria muito negativo para seu governo iniciante. Precisava de uma saída que permitisse declarar Copenhague bem-sucedida, mesmo ficando muito aquém das expectativas e longe do necessário para o clima do planeta. Dessa forma, transferiria o problema do tratado legal definitivo sobre mudança climática para a ONU e para o México, que hospedaria a COP16.

A viagem para Cingapura havia sido de supetão, mas o discurso já estava pronto. Ele tinha o texto preparado havia algum tempo. Era simples, mas chegava ao detalhe de dizer o número de páginas que o acordo deveria ter.

Tinha um argumento todo encadeado:

com a data fatídica de Copenhague se aproximando rapidamente, a questão nos lábios de todos é: podemos fazê-lo? Minha resposta é sim. É absolutamente factível: se focarmos no que podemos concordar [...] Se elaborarmos sobre essa concordância política do mais alto nível, então podemos fechar um acordo em Copenhague. Dado o fator tempo e a situação de países em particular, precisamos, nas próximas semanas, nos concentrar no que é possível e não nos deixarmos distrair pelo que não é possível. Precisamos nos basear firmemente nos instrumentos e princípios sobre os quais já concordamos e fechar nos compromissos expressos pelos países por todo o mundo.[78]

As palavras-chaves eram concentrar no que é possível e não se distrair pelo que não é possível. A referência à situação de

---

[78] Statsministeriet, "Address by prime minister Lars Løkke Rasmussen at the Climate Session in Singapore on 15 November 2009": http://www.stm.dk/Index/mainstart.asp/_pp_12988.html/.

países individualmente seria interpretada pelos que não estavam na APEC como resultado de uma linha direta entre Rasmussen e a Casa Branca. Parecia talhada sob medida para abrigar as dificuldades de Obama e, ao mesmo tempo, permitir que ele pudesse ir a Copenhague sem constrangimentos.

Estabelecidos os limites do possível, Rasmussen desenhou o acordo que tinha em mente: "Desse ponto de partida, eu gostaria de compartilhar com vocês como acredito que o Acordo de Copenhague poderia ser elaborado para atender ao duplo propósito de criar condições para a continuação das negociações para um acordo legal e para ação imediata."

Dessa forma ele lançava a saída em dois passos. O primeiro, em Copenhague, seria político e não legal. O segundo, depois de Copenhague, buscaria evoluir para um documento legal, um tratado formal. Isso daria mais 12 meses a Obama para resolver suas dificuldades no Capitólio, primeiro com a lei de seguro-saúde, depois com a lei de mudança climática. Havia também a expectativa de que até lá o pior da crise econômica já tivesse passado e as condições políticas para propor regulações que afetariam setores poderosos da economia fóssil tivessem melhorado. Rasmussen chamou sua proposta, meio à chinesa, de "um acordo, dois objetivos".

Rasmussen estava pronto para explicar o que fazer. Também tinha resposta para as objeções de que se estaria abandonando a ambição de um acordo definitivo por um expediente pragmático.

> Deixem-me ser específico sobre o formato: eu vislumbro um texto político delineando o acordo, digamos cinco, oito páginas. Não uma declaração política cheia de floreios, mas a linguagem precisa de um acordo político abrangente cobrindo todos os aspectos do mandato de Bali [...]. Abaixo desse texto, poderíamos ter anexos com a essência dos compromissos específicos de cada país.

Rasmussen tinha levado as perguntas e as respostas. Não era improviso. Era trabalho feito com antecedência, e benfeito. Mais arrumado que isso, impossível. A proposta era pensada, revisada e amadurecida. Não era uma "sacada" repentina. Era um plano. Se fosse executado, as decisões mais importantes ficariam para a COP16. A sede da COP16 já estava negociada para o México. Portanto, o problema cairia nas mãos de Felipe Calderón.

Corte rápido para uma cena do final da COP15. Chefes de governo estavam em aflitas e nervosas negociações no espaço reservado ao governo da Dinamarca. Ele ficava em frente ao átrio principal em um largo jirau, onde foram montadas várias salas de reunião, nas quais os diferentes grupos de governantes podiam conversar longe da imprensa e das ONGs. Embaixo, no enorme vão que unia o saguão principal ao plenário da Convenção, um aglomerado de ambientalistas, jornalistas e delegados esperava, ansioso, pelo desfecho daquelas conversas entre os mais poderosos líderes do planeta. Felipe Calderón se debruçou no parapeito do jirau do Bella Center e olhou aquela multidão com os olhos meio desfocados, mirava o futuro, pensando na tarefa que lhe caberia menos de um ano depois. Ele já sabia que o final de Copenhague deixaria importantes tarefas para as próximas COPs. Mas voltemos a Cingapura.

Não havia muita dúvida de que a proposta de Rasmussen agradava principalmente aos Estados Unidos e à China. Helen Cooper, escrevendo de lá para o New York Times, relatou que o subassessor de Segurança Nacional para assuntos internacionais disse à imprensa que tinha havido "uma avaliação pelos líderes de que seria irrealista esperar que um acordo completo, legalmente vinculante, pudesse ser negociado entre agora e Copenhague, que começa em 22 dias".[79]

---

[79] Helen Cooper, "Leaders will delay deal on climate change", *The New York Times*, 14 de novembro de 2009.

COPENHAGUE: ANTES E DEPOIS

Ficava mais fácil entender por que Obama aproveitou aquela oportunidade para tentar ajustar as alternativas da reunião do clima em Copenhague às limitações que ele se havia imposto diante das dificuldades de obter uma lei sobre mudança climática do Congresso. Sabia-se que Estados Unidos e China vinham discutindo uma estratégia comum para Copenhague. Embora não sejam parceiros inteiramente à vontade um com o outro, o fato de a China condicionar seu compromisso na cúpula do clima ao dos Estados Unidos atendia perfeitamente à estratégia de Obama. Ele precisava parecer estar liderando as negociações do clima com um sentido forte para se diferenciar da diplomacia de negação da era Bush. Ele tinha a expectativa de que a China o acompanharia. A solução em dois tempos era melhor para seu calendário político doméstico, a menos que houvesse alguma emergência.

Para Hu Jintao, a iniciativa de Obama de adiar um acordo legal atendia perfeitamente aos interesses da China. Quanto mais tarde se visse forçado a aceitar compromissos internacionais, melhor. Permitiria que implementasse planos domésticos sem nenhuma ingerência externa. Mas discordava do esboço de acordo apresentado por Rasmussen e desconfiava que expressava um conluio entre o primeiro-ministro e Obama. E por isso tomaria suas próprias medidas preventivas.

Obama não se comprometeria internacionalmente para além do que estava para ser aprovado pelo Congresso. A China só avançaria rumo a uma meta quantitativa doméstica, depois que os Estados Unidos mostrassem seu jogo. Se Obama recuasse de sua promessa pessoal de liderar a busca de um acordo global ambicioso, a China adiaria sua jogada em resposta. Ao condicionar suas decisões às ações do outro, os dois se transformaram em pivôs do fechamento de um acordo em Copenhague. O destino da COP15 ficava nas mãos de Obama e Hu Jintao.

Estados Unidos e China já vinham nessa espécie de tango geopolítico havia algum tempo. Era natural e esperado que em Cingapura ensaiassem novos passos da mesma dança, o que não seria surpreendente, nem teria mais repercussão que seus outros volteios bilaterais já haviam tido. A surpresa foi a virada de Rasmussen.

Era o pulo do gato. Ajudaria Obama a salvar a face e lhe daria mais tempo para a queda de braço com a maioria democrata recalcitrante e a oposição republicana linha-dura. A legislação climática dependia do voto do Senado, ainda muito longe de estar garantido. Também seria conveniente para a China, dependendo dos termos do acordo a ser fechado em Copenhague.

Mas interromperia o impulso que vinha crescendo para um acordo ambicioso em Copenhague. Por que deveriam todos pisar no freio, para ficar em linha com os Estados Unidos? O fato de a liderança doméstica do presidente Obama não ter sido forte o suficiente para fazer o Congresso agir em tempo deveria ser razão para um retrocesso? Estariam todos dispostos a perder o ímpeto duramente conquistado ao longo dos últimos meses para esperar que Obama tomasse impulso? O que seria de fato essa solução de compromisso?

Essas perguntas já circulavam, com indignação crescente, na Europa e no Brasil. Viraram motivo de declarações fortes dos governantes ausentes daquela reunião. Suspeitavam que Rasmussen tivesse feito o jogo dos Estados Unidos e os países da APEC tivessem atuado como plateia para um entendimento entre Estados Unidos e China. Essa suspeita, abertamente expressa pelo presidente Sarkozy, levou o presidente Lula a denunciar que Estados Unidos e China queriam formar um G2 para impor seus interesses ao resto do mundo. Sarkozy e Lula agiram em parceria, em vários momentos, para fazer contraponto à suposta aliança entre Obama e Hu Jintao.

Essas reações fortes eram de se esperar diante do que Rasmussen representava e do que propôs em Cingapura. Havia resistência à ideia de recuar antes mesmo de tentar avançar.

Por mais que Obama e Rasmussen tentassem fazer parecer que não havia recuo, a imprensa captou perfeitamente o que se passou em Cingapura. Primeiro, um recuo. Segundo, um acerto entre Estados Unidos e China, que contou com o beneplácito dos outros países e a ajuda pragmática do primeiro-ministro dinamarquês.

A United Press divulgou boletim, no qual dizia: "Líderes da APEC miram para baixo na Cúpula sobre Aquecimento Global e Mudança Climática em Copenhague, na Dinamarca." O site Carbon Positive, especializado em mercado de carbono, estampava na segunda-feira o seguinte: "Os líderes da APEC matam as esperanças de um tratado em Copenhague." A Bloomberg, também na segunda-feira, saiu com a chamada: "APEC reconhece que o tratado do clima de Copenhague está fora do alcance." A chamada do China Daily era: "Os líderes da APEC estão adiando o acordo sobre o clima." O título da matéria de Helen Cooper para The New York Times era: "Líderes adiarão acordo sobre mudança climática." No domingo, matéria do correspondente para meio ambiente na Ásia, Jonathan Watts, para The Guardian, levava o título: "Esperança para a cúpula de Copenhague esvanece quando Obama apoia adiamento." Na França, Le Figaro, com base em matéria da AFP, dizia: "Clima: A APEC reduz suas ambições." Le Devoir era mais dramático: "A APEC torpedeia Copenhague." No Brasil, o Valor Econômico falou em "Acordo pela metade em Copenhague". O Globo afirmava: "A 22 dias de Copenhague, líderes decidem deixar metas de corte de emissões de CO_2 para depois." O Ministério das Relações Exteriores pôs um comentário em seu clipping diário de notícias dizendo: "O Itamaraty constatou que os líderes da APEC (Associação de Cooperação Econômica), Estados Unidos e China adiam para 2010 a possibilidade de acordo climático."

Essa amostra da repercussão da manobra de Cingapura dá uma boa pista de sua receptividade pelos que não estiveram na Tailândia. Os primeiros-ministros Gordon Brown e Angela Merkel, e os presidentes Nicolas Sarkozy e Lula da Silva deram declarações censurando aquela "entente" em Cingapura. Todas as declarações, no fundo, tinham o mesmo sentido: de rejeição ao tom do anúncio em Cingapura e a promessa de que tentariam persuadir Obama a buscar um acordo completo em Copenhague. A manobra também provocou frustração generalizada entre ambientalistas e comentaristas.

Era improvável que Estados Unidos e China pudessem resolver todos os conflitos de interesses que os indispõem para formar uma aliança que lhes permitisse jogar um papel hegemônico binacional nas relações internacionais em todas as áreas. Os dois são, contudo, atores-chave em relação a várias questões globais críticas, sendo a da mudança climática a mais importante. Nos pontos em que concordam, uma aliança bilateral atende muito melhor aos interesses de ambos. Para a estabilidade geopolítica do mundo, o melhor é que tentem agir em acordo em vez de criarem uma bipolaridade como a da guerra fria, entre Estados Unidos e União Soviética, que envenenou a maior parte das relações internacionais do século XX. Desde, porém, que seja numa direção construtiva e não para bloquear avanços no enfrentamento do desafio da mudança climática. Um desafio que o Pentágono considera ameaçar tanto a segurança nacional de seu país quanto a segurança global. Em Copenhague, o que se veria, de fato, é que a *"entente"* de Cingapura poderia, facilmente, virar uma guerra fria.

Diante da reação muito negativa dos parceiros europeus e do Brasil, dois dias depois Obama tentou dar uma interpretação mais palatável a seu apoio e de Hu Jintao à proposta de Rasmussen. Disse que tanto China quanto Estados Unidos queriam um acordo ambicioso e de conteúdo em Copenhagen. "Nosso objetivo lá não é um acordo parcial ou uma declaração política, mas um acordo que cubra todos os temas nas negociações e que tenha efeito imediato." Mas admitiu que seria impossível fechar um acordo legal em Copenhague em dezembro e apoiou a proposta de um "acordo político".

COPENHAGUE: ANTES E DEPOIS

O correspondente para meio ambiente da BBC News, Richard Black, definiu o ambiente da política climática de forma sugestiva. Disse que as discussões estavam imersas em um "miasma de nuances". Todas as expressões usadas para anunciar o que seria o Acordo de Copenhague poderiam ter múltiplos significados e ser traduzidos em documentos diplomáticos de inúmeras maneiras. Tudo era armadilha e muitas atitudes estavam envenenadas pela desconfiança.

Essa esgrima sobre nuances de significado sempre foi a matéria-prima da política internacional. Uma arte que a diplomacia profissional levou perto da perfeição. O problema é que esse refinamento da semântica política poderia levar décadas que não tínhamos — e não temos — para desperdiçar.

DA COP À CÚPULA

Havia dois sistemas diferentes de pressão sobre os países. A enorme expectativa em torno de Copenhague, e a possibilidade de que de lá saísse um acordo forte, levava os governos a decidir internamente até onde iriam se tivessem de assumir compromissos. A reação negativa às declarações de Obama e Hu Jintao em Cingapura, criava forte demanda para que os dois revelassem que tipo de proposta levariam a Copenhague.

Em meados de novembro o governo brasileiro tornou público, pela primeira vez, que apresentaria ações quantificadas de redução de emissões.[80] Não foi uma decisão fácil. O Itamaraty era contra. Dilma Roussef, chefe da Casa Civil e candidata de Lula à sua sucessão, também. O Ministério da Ciência e Tecnologia estava

---

[80] Sérgio Abranches, "Um passo importante", *O Globo*, 14 de novembro de 2009, e "Número do governo em Copenhague será simbólico mas pode representar um passo sem volta", Ecopolitica, 10 de novembro de 2009: http://www.ecopolitica.com.br/2009/11/10/numero-do-governo-em-copenhague-sera-simbolico-mas-pode-representar-um-passo-sem-volta/.

dividido. O Inpe, parte central do círculo brasileiro de ciência climática, estava a favor. A parte do ministério que tradicionalmente cuidava da questão climática, do mecanismo de desenvolvimento limpo (MDL) e do inventário de emissões, era contra. O Ministério da Agricultura, sempre hostil à política ambiental, para surpresa geral apoiou as metas de redução de emissões. O Meio Ambiente era, óbvio, totalmente favorável, desde a gestão da ministra Marina Silva. O ministro Carlos Minc e sua equipe partiram para a ofensiva. Tentaram mostrar que a posição do Brasil estava superada, que ficaríamos isolados em Copenhague, quando poderíamos ter um papel de liderança. Que a economia de baixo carbono era uma oportunidade e não uma ameaça para o Brasil.

A decisão de apresentar metas só foi tomada depois de quatro reuniões intensas e marcadas por duros embates entre os ministros. A decisão saiu após a quarta e longa reunião, na quinta-feira, 12 de novembro, pouco antes do embarque do presidente Lula para a França, onde foi se encontrar com Sarkozy.

Nessa reunião, Minc e Dilma se enfrentaram frontalmente, na presença do presidente, dos ministros da Ciência e Tecnologia, Sérgio Rezende, e da Comunicação Social, Franklin Martins, e do embaixador Luiz Alberto Figueiredo. Desde a segunda reunião, o ministério da Ciência e Tecnologia havia deixado de ser representado pela ala do contra. Cientistas do Inpe, principalmente Carlos Nobre, passaram a acompanhar ou representar o ministro Rezende. O presidente do Inpe, Gilberto Câmara, também teve papel ativo na defesa das metas. O Ministério da Agricultura, já dera seu apoio, e o ministro Reinhold Stephanes insistia, inclusive, que a agricultura podia dar uma contribuição até maior do que estava sendo pedido dela. Houve um momento em que a reunião quase desmorona, com Dilma e Minc falando em campos opostos.

Dilma Roussef estava muito contrariada com a inclusão das hidrelétricas no cálculo do setor de energia. O ministro Sérgio Rezende dizia que a proposta do aço verde criava problemas com o MDL. Lula reclamou que não havia consenso. O Itamaraty disse que o Brasil não era obrigado a apresentar meta quantificada alguma. Minc abriu mão da inclusão das hidrelétricas e argumentou que o MDL era pequeno e de projetos privados. Lula por fim aceitou a tese. Passaram a discutir os cenários de redução de emissões de 35 a 40 por cento. Por razões que ninguém consegue explicar de forma convincente, fecharam em 39 por cento. Franklin Martins propôs uma margem de segurança de 10 por cento. Terminaram criando a faixa de 36 a 39 por cento. Lula decidiu que seria assim e embarcou para Paris.

Dessa forma se rompeu uma atitude histórica da diplomacia, que sempre se negou a assumir qualquer compromisso numérico nas negociações do clima. As metas apresentadas pelo Brasil estavam cheias de problemas. Os cálculos que levaram àqueles percentuais nunca foram apresentados. O país não tinha um inventário confiável de suas emissões, portanto parte desses cálculos se baseou em estimativas bastante rudimentares. Para se chegar a essa antecipação do inventário, o Ministério do Meio Ambiente teve, primeiro, de fazer suas próprias estimativas das emissões de carbono do Brasil por setor da economia. Causou polêmica. O Ministério da Ciência e Tecnologia, que vinha postergando o fechamento do inventário, declarou que não eram números oficiais. Ficou na obrigação de apresentar números oficiais, para que o governo pudesse calcular suas metas.

O alcance político do anúncio tinha muito mais importância do que sua efetiva contribuição real para a redução das emissões. No futuro o Brasil chegará a uma política consistente de redução de gases estufa. Naquele momento, a promessa de que buscaria obter reduções entre 36 e 39 por cento das emissões projetadas para 2020 sobre o ano-base de 2005, caso nada fosse feito, era mudança suficiente.

No dia 25 de novembro, Obama anunciou que em Copenhague assumiria o compromisso de reduzir as emissões de carbono em 17 por cento sobre os níveis de 2005. Alguns dias depois a

Casa Branca confirmou que ele iria a Copenhague, no dia 9 de dezembro, após inúmeras declarações de que só iria se tivesse certeza de sair de lá com um bom acordo. Era mais uma tentativa de apagar da memória a má lembrança da reunião de Cingapura. Antecipava a oferta que, inicialmente, havia imaginado apresentar em seu discurso em Copenhague.

Ir a Copenhague no dia 9, entretanto, não seria mais que uma visita simbólica, para fazer discurso isolado, em uma sessão cheia de funcionários governamentais. Seria o terceiro dia da "fase técnica", a cargo de negociadores diplomáticos e técnicos governamentais. Seus colegas só estariam lá nos dias 17 e 18. Finalmente, no início de dezembro, a Casa Branca anunciou mudanças de planos: Obama iria no dia 18 e ficaria algumas horas em Copenhague. Não era muito simpático. Brown, Sarkozy e Lula, por exemplo, desembarcariam em Copenhague no dia 17 e passariam lá todo o dia 18. Mostrava que Obama havia absorvido pelo menos em parte aquele sentimento de superioridade e arrogância que afeta a maioria dos presidentes dos Estados Unidos. O enorme poder do cargo tem um efeito quase irresistível. Mas, pelo menos, fazia mais sentido político. Estaria lá junto com seus pares, negociando a forma final do acordo.

O compromisso de redução de emissões dos Estados Unidos era irrisório, representava perto de 5 por cento de corte sobre os níveis de 1990, ano de referência utilizado pela União Europeia, Japão e outros países desenvolvidos há dez anos e que é o padrão do Protocolo de Kyoto.[81] Mas, de novo, era mais uma travessia do não para o sim. Os Estados Unidos negaram a mudança climática durante boa parte do governo Bush. Só no final, pouco antes de Bush deixar a presidência, passou a considerá-la um "sério desafio". Com Obama, desde a campanha eleitoral, era apresentada como um fator definidor do século XXI. Um avanço retórico até

---

[81] Cinco por cento é o cálculo do secretário Stephen Chu. No Brasil, o cálculo indicava que não passaria de 3,5 por cento.

aí, mas que representou sair da negação absoluta, para a afirmação enfática. Operação delicada e difícil na política. Agora, saía da recusa (negação) de assumir compromissos internacionalmente, para assumi-los (afirmação), ainda que modestos. Quantitativamente medíocre, politicamente significativo.

A China anunciou no final de novembro que apresentaria em Copenhague a meta voluntária de redução entre 40 e 45 por cento da intensidade de carbono por unidade de PIB, até 2020, calculados sobre os valores de 2005. No seu caso, havia uma decisão que podia ser um mau sinal. Ela não seria representada na cúpula por Hu Jintao, o presidente e líder supremo, mas pelo primeiro-ministro, Wen Jiabao, o segundo na hierarquia do poder. Ele comanda a política sobre mudança climática na China. O que dissesse em Copenhague nas negociações seria para valer e com certeza teria sido previamente acertado com Hu Jintao. Mas, naquele elenco de lideranças globais críticas para a obtenção de um acordo, a China ia com um ponto a menos de densidade política que os outros. Lá estariam, também, os primeiros-ministros Gordon Brown, Angela Merkel e Yukio Hatoyama, os presidentes Lula da Silva e Nicolas Sarkozy, entre outros mais de cem chefes de governo e de Estado. Quando se encontrassem, começaria a verdadeira Cúpula de Copenhague. Até lá, o palco seria tomado pelas emoções de uma COP regular, mas com personalidade muito singular.

O primeiro-ministro da Índia Manmohan Singh, foi o último de uma fila indiana de lideranças a confirmar que seu país apresentaria ações de redução de emissões. No dia 23 de novembro, em um ambiente ainda muito aquecido pelas reações às manobras de Cingapura — das quais participara —, disse que a Índia seria "parte da solução" para o desafio global do clima. Em palestra no Council on Foreign Relations, em Washington, Singh afirmou que "é importante que todos os países façam o máximo esforço para contribuir para um bom resultado em Copenhague". Acrescentou que, embora a Índia tenha chegado atrasada ao processo de industrialização, estava determinada "a ser parte da solução" e desejosa "de trabalhar por qualquer solução que não comprometa o direito dos países em desenvolvimento de progredir e tirar suas populações da pobreza".

No dia 24, ao lado do presidente Obama, anunciou uma nova "parceria verde" entre os dois países, e que essa parceria ajudaria a produzir um acordo político forte na Cúpula de Copenhague.[82] No dia 3 de dezembro, falando ao parlamento da Índia, finalmente, tratou de números. "Nós cortaremos a intensidade de nossas emissões entre 20 e 25 por cento até 2020." O ano de referência era o mesmo para o Brasil, a China e os Estados Unidos: 2005. E disse mais aos parlamentares: "Em Copenhague, se tivermos um acordo bem-sucedido, se tivermos um acordo equitativo, se nós estivermos satisfeitos com esse acordo, estamos preparados para fazer mais."[83]

Cada um desses países usou um critério e uma métrica diferentes dos utilizados tradicionalmente no Protocolo de Kyoto, pela União Europeia e outros países desenvolvidos: um percentual de redução sobre os valores de 1990. Todos usaram 2005 como ano de referência e cada um criou um índice diferente de redução: os Estados Unidos, um percentual de redução de emissões efetivas; o Brasil, a redução das emissões futuras, em relação ao que seriam em um cenário sem metas e ações concretas de redução; a China, a redução da intensidade de emissões por unidade do PIB, que, entre outras coisas, permite o crescimento das emissões totais; a Índia, a redução da intensidade das emissões, que também significa que as emissões totais podem continuar crescendo. É difícil compará-las, mas não de todo impossível. Convertendo todas as metas para uma métrica comum e um mesmo ano de referência, ficará mais fácil cobrar de cada país melhoria nos seus compromissos na primeira revisão desses compromissos.

---

[82] Susan Goldenberg, "US and India pledge common action on climate change", *The Guardian*, 24 de novembro de 2009.

[83] Yasmeen Mohiuddin, "India pledges to cut carbon intensity ahead of Copenhagen", *The Age* (AFP), 4 de dezembro de 2009.

COPENHAGUE: ANTES E DEPOIS

As metas dos Estados Unidos e a presença de Obama na cúpula foram a parte não prevista e mais positiva do efeito Cingapura. A outra seria a persistência da solução "em dois passos" nas mentes dos negociadores. As ações quantificadas inaugurais de Brasil, China e Índia eram resultado de pressão internacional e da ação de setores domésticos favoráveis à política para mudança climática.

Estava completa a preparação para a COP15. Um quadro de brumas, muitas delas venenosas para a confiança entre parceiros. Um misto de avanços preliminares importantes e ensaios de retrocesso não menos significativos. Aquela lista de presença das lideranças das maiores potências do mundo, ao lado de outras dezenas de chefes de Estado e de governo, dava dimensão inédita à convenção. A mudança nas atitudes dos maiores emissores do planeta era um fato importante em si mesmo. Historicamente, os mais recalcitrantes a assumir compromisso internacional de redução de emissões e entrar em um acordo global sobre mudança climática que fossem compelidos a obedecer. A esperança renasceu. As expectativas atingiram um novo clímax.

A trilha que começou em Nova York iria dar no plenário da Convenção do Clima, no Bella Center, denominado pelos dinamarqueses Tycho Brahe. Trata-se de homenagem ao grande astrônomo do país, que viveu em Praga como astrônomo oficial do rei Rodolfo II da Boêmia, precursor de Johannes Kepler, figura central da revolução científica do século XVII. Essa trilha formal e legal terminou melancolicamente na madrugada do sábado, 19 de dezembro.

A trilha de Cingapura, um desvio imprevisto, iria dar nas salas daquele jirau onde Felipe Calderón já pensava na COP16. Nela, os principais governantes do mundo passaram horas de tensão, momentos dramáticos e singulares da política mundial. Essa trilha informal terminou na sexta-feira,18 de dezembro, de forma chocante e com resultado decepcionante.

Mas, para desembocar nesses desfechos díspares e siameses, essas vias tortuosas, com inúmeras paradas, muita energia política despendida, muitos atritos e acordos precisavam, primeiro, chegar a Copenhague. E chegaram, ao mesmo tempo, no dia 7 de dezembro de 2009. Chegamos todos, nem sempre por caminhos tão tortuosos. Na manhã gelada do inverno dinamarquês, uma segunda-feira, aconteceu a sessão de abertura da COP15.

CAPÍTULO 4   Guerra de papéis

O EFEITO CINGAPURA

Um rumor tomava conta dos corredores do Bella Center. Criava um clima pesado, como os que anunciam grandes tempestades, com nuvens carregadas de eletricidade. Tinha-se a impressão de que ao menor atrito faíscas podiam causar um incêndio, era só encontrar um papel. O que estava causando toda aquela nervosa expectativa eram referências a um papel, um "*paper*": o "documento dinamarquês". Um rascunho do acordo de Copenhague aprontado com antecedência pelo governo dinamarquês, com a conivência de alguns países desenvolvidos.

Era o efeito Cingapura agitando as primeiras horas da COP15. A suspeita que dominava a maioria das delegações e deixava inquietas todas as ONGs era de que, em Cingapura, havia sido feito um acordo por baixo dos panos. O discurso do primeiro-ministro Lars Rasmussen na cerimônia de abertura da Convenção causou desconforto, frustração e irritação. Muitos o viram como a confirmação dessas suspeitas. A convicção da maioria é que ele iria pôr na pauta oficial a ideia do acordo em dois tempos apresentada aos países da Ásia-Pacífico. Suas palavras deram maior consistência aos rumores que carregavam de explosiva energia os corredores do Bella Center.

Ninguém acreditava na importância política real de um discurso de abertura. Mas o que se imaginava é que era um sinal do que estaria acontecendo nas salas privadas do Bella Center e nas principais capitais do mundo. O destino da COP15 não seria definido nas reuniões de negociação que começariam dali a pouco, mas estava sendo objeto de conversas e conspiratas nas altas esferas da diplomacia do clima e da política global. E de forma excludente. A maioria dos países presentes estava sendo deixada de fora. Essas suspeitas minavam a confiança entre parceiros, antes mesmo do início dos trabalhos da COP15.

Logo depois do discurso, vi uma jornalista de TV gravando matéria em que falava com entusiasmo do discurso de Rasmussen, como se ele apontasse no rumo de um acordo robusto e ousado. Não entendeu as entrelinhas. A linguagem da política é mesmo enganosa. Mas muitos ouvidos experimentados haviam captado o discurso real, não o seu disfarce.

O que estava acontecendo de política séria, entretanto, ainda não havia chegado aos plenários. Estava confinado aos corredores, às salas fechadas, às mesas de canto dos cafés. Um diplomata reclamou comigo que o Bella Center era pouco apropriado para a reunião: "As salas são uns galpões enormes, não dá para conversar em pequenos grupos." De fato, os grandes hotéis clássicos seriam muito melhores para conchavos e acertos *en petit comité*. Mas não favoreceriam a transparência das conversas.

O centro de convenções que o governo dinamarquês havia escolhido para abrigar a COP15 pelo menos tinha essa vantagem. Seu desconforto era democrático, seus meandros improvisados eram mais transparentes. As andanças dos negociadores raramente escapavam aos olhos dos mais atentos.

Um acordo como o de Copenhague, porém, jamais seria feito sem conversas ao pé do ouvido, conchavos e negociação em pequenos grupos. São a única forma de resolver conflitos bilaterais ou grupais. No impasse, a saída é fracionar o universo das partes. O fundamental é, depois, levar esses acertos entre os cardeais do clima aos outros negociadores que têm poder de veto, de forma transparente e persuasiva. Essa é a chave do consenso final: como transformar o conclave em assembleia geral.

"O documento dinamarquês existe", me disse um experimentado observador de uma das grandes ONGs. "Esse documento foi discutido ainda na pré-COP", nos dias 16 e 17 de novembro, me diria mais tarde um negociador de alto escalão. Não estive em Copenhague para a pré-COP, mas ouvi a coletiva de imprensa que a ministra da Energia da Dinamarca, Connie Hedegaard, presidente da COP15, e o secretário executivo da Convenção do Clima, Yvo de Boer, deram ao final dela. Também li o discurso do primeiro-ministro Rasmussen aos ministros do Ambiente presentes à pré-COP. Na última parte, ele leu rigorosamente as mesmas palavras, com todas as vírgulas e pontos, que havia lido, alguns dias antes, em Cingapura, para os dirigentes dos países da APEC.

Na coletiva de imprensa, Connie Hedegaard já tratava das mesmas questões que ameaçavam incendiar os corredores do Bella Center naquele primeiro dia. Ela disse que "não estamos propondo para Copenhague, como muitos andam dizendo, um acordo parcial. Nosso plano é dar respostas a todos os elementos principais". Informou que a ideia era "obter um mandato para, no curto prazo, dar a tudo isso um formato legal. Portanto, deixem-me ser bem clara: um acordo pela metade é o mesmo que nenhum acordo".

Em resposta à pergunta de um jornalista, que queria saber se haviam parado de falar em "Tratado de Copenhague" e passado a falar em "Acordo de Copenhague", Yvo de Boer fez jogo de palavras: "Eu não diria que não estamos mais falando de um tratado, apenas que talvez não haja tempo de concluí-lo e assiná-lo *em* Copenhague."

O jargão diplomático tem uma forma curiosa de lidar com textos que não são formalmente apresentados aos grupos de trabalho para deliberação e adoção, como o tão falado "documento dinamarquês". Eles são chamados "não documentos" (non-papers, em inglês). Sempre há vários em circulação, geralmente textos de apoio, ou "position papers", isto é, artigos de definição de posições. Mas segundo me contou naquele dia o analista de uma ONG global, o dinamarquês era diferente. Ele tinha a mesma estrutura do documento de base para as negociações, preparado[84] pelo grupo de trabalho encarregado da Convenção do Clima, embora fosse bem mais fraco. Seria o "rascunho de um acordo paralelo". Por isso abriria linhas de conflito que contaminariam o resultado final da reunião.

No dia seguinte, 8 de dezembro, o jornal *The Guardian* publicou o "documento dinamarquês" na íntegra,[85] pondo fim ao mistério. A publicação eliminou qualquer dúvida sobre a existência do texto. Ele era, exatamente, como minha fonte o havia descrito.

A notícia causou uma explosão de indignação de muitos megatons, abrindo fissuras irremediáveis na relação entre vários grupos de países. A suspeita de que alguns governos haviam negociado um acordo sem consultar a maioria tinha fundamento. Essa confirmação pública provocou revolta em várias delegações e destruiu o que restava de confiança entre os países. A COP15 perdia o rumo logo após ser instalada.

Um dos pontos que mais geraram oposição das potências emergentes foi a distinção que o texto fazia entre os países em desenvolvimento e os "países mais vulneráveis". A China, por exemplo, via isso como sinal de que havia um acordo entre os desenvolvidos para forçá-la a aceitar metas compulsórias. Brasil e Índia tinham a mesma opinião. Para os três estava clara a estratégia de rachar o G77+China. Contudo, o grupo estava se desfazendo não por causa do documento dinamarquês, mas em razão de diferenças e contradições intestinas reais e concretas. São países muito diferentes nos recursos de que dispõem, no tamanho de suas economias e no grau de vulnerabilidade à

---

[84] No jargão da COP, AWGLCA — *Ad Hoc* Working Group on Long-Term Actions (Grupo de Trabalho *Ad Hoc* sobre Ações de Longo Prazo).
[85] John Vidal, "Copenhagen climate summit in disarray after 'Danish text' leak", *The Guardian*, terça-feira, 8 de dezembro de 2009.

mudança climática. Essas diferenças geram interesses em contrariedade numa discussão sobre a forma e a velocidade com que se deve enfrentar o desafio climático. Os rumores e as fricções internas acabaram levando ao cancelamento da coletiva de imprensa do G77+China na segunda-feira.

A União Europeia declarou que nem sequer sabia da existência do texto, mas várias fontes me asseguraram que pelo menos alguns países europeus haviam sido consultados. Estados Unidos e China foram consultados em Cingapura. Os países emergentes não gostaram. O texto elevava seu grau de responsabilidade e permitia aos países desenvolvidos emitir mais do que os países em desenvolvimento. O tratamento dado às grandes economias emergentes corresponderia, praticamente, à criação de um "Anexo II". Brasil e China haviam detestado, era o que se ouvia, nos corredores, de negociadores e observadores. Outro problema da proposta, na visão dos emergentes, é que não apresentava compromisso firme com o financiamento de longo prazo de suas ações de mitigação e adaptação e os deixava de fora dos fluxos financeiros, prioritariamente destinados aos países mais vulneráveis. Embora fizessem ainda muito barulho com isso, tanto China como Brasil já reconheciam em suas reuniões internas que não seriam beneficiários desse financiamento. O texto não era surpresa para eles. Já o conheciam de antemão.

Antes que os ânimos exaltados pelo papel da Dinamarca se acalmassem, outros rascunhos alternativos começavam a surgir, para complicar ainda mais o cenário.

O DOCUMENTO CHINÊS

"Tem um documento chinês, em oposição ao dinamarquês", me disse um experiente analista de uma ONG global, no meio do incêndio causado pelo papel dinamarquês. Algumas horas mais tarde, eu receberia cópia do texto em meu e-mail. A confusão aumentou ainda mais com a circulação, em poucas mãos, desse "papel chinês", que teria sido escrito em reação ao dinamarquês. Nele, se retirava toda responsabilidade vinculante dos emergentes, que manteriam, no novo acordo, o status de países "não Anexo I", como estava no Protocolo de Kyoto.

Ninguém reconhecia a existência do texto. O negociador chinês, Su Wei, por exemplo, quando indagado sobre os rumores, fingiu desconhecê-lo totalmente. Mas vários negociadores já falavam à imprensa em *off* sobre seu conteúdo.

Coube ao controvertido presidente do G77+China, o diplomata sudanês Stanislaus-Kaw Lumumba Di-Aping, reconhecer publicamente a existência dos documentos. Fez isso em uma coletiva de imprensa que começou com três horas de atraso, já no final da terça-feira. "O documento [dinamarquês] sem dúvida existe", disse ele. Lumumba advertiu o primeiro-ministro da Dinamarca que o G77 não admitiria mais esse tipo de atitude. Atribuiu ao documento a tentativa de "roubar dos países em desenvolvimento a sua fatia aplicável, justa e equitativa do espaço atmosférico". Di-Aping via na movimentação dos desenvolvidos a imposição de um acordo deles e entre eles aos demais países.

Lumumba também confirmou a existência do documento atribuído à China, que tratou como uma "contraproposta" ao dinamarquês, de autoria dos "países do BASIC", Brasil, África do Sul, Índia e China. Disse aos jornalistas que se tratava de um texto para discussão, que poderia favorecer o posicionamento final do grupo que preside, mas que seus autores ainda não o "haviam trazido à mesa do G77". Adiantou também que os outros países do grupo não concordavam com o inteiro teor da proposta do BASIC. E falou também de um documento dos países-ilha, sobre o qual não se tinha notícia.

Falava-se muito que os países africanos do G77+China, agrupados na "União Africana", queriam que os países em desenvolvimento deixassem as negociações, derrubando de vez a COP15. Para eles, a confiança fora perdida. Não havia mais condições de continuar a negociar. Di-Aping negou: "Os países-membros do G77 não se retirarão dessas negociações, porque não podemos nos dar ao luxo de mais um fracasso."

Di-Aping havia sido muito mais duro e emocional em suas críticas ao documento dinamarquês numa reunião anterior com perto de cem representantes da sociedade civil africana e alguns parlamentares da região. Esta fora convocada às pressas e sem agenda para aquele dia 8. O jornalista Adam Welz, então trabalhando para a ONG 350, hoje colaborador do site Mother Jones, estava presente e narrou os bastidores em seu blog.[86] De acordo com sua narrativa, os organizadores pediram que os microfones fossem desligados, para que não houvesse registro do que seria dito. Mas Di-Aping fez questão de ligar o seu, dizendo: "Eles provavelmente estão ouvindo de qualquer forma." Di-Aping era o centro e a razão da reunião, mas "ele não começou a falar imediatamente. Sentou-se calado, com as lágrimas escorrendo pela face. Pôs a cabeça entre as mãos e disse: 'Nós fomos chamados para assinar um pacto de suicídio'."

"A sala estava paralisada e em silêncio, chocada ao ver um poderoso negociador, um africano veterano, exibindo emoção tão forte", contou Welz. Di-Aping se desculpou e explicou que em sua região no Sudão se considerava "melhor se levantar e chorar do que abandonar a cena". Após o rompante emocional, o sudanês fez um ataque direto ao documento dinamarquês e a alguns países que, segundo ele, estavam subvertendo a negociação do clima. Segundo Welz, ele atacou o máximo de 2 graus Celsius que os países desenvolvidos consideravam aceitável. Citando o IPCC, disse que esse limite global representaria 3,5 graus Celsius para a maior parte da África. Para ele, isso corresponderia

---

[86] Adam Welz, "Emotional scenes at Copenhagen: Lumumba Di-Aping @ Africa civil society meeting — 8 Dec 2009", Adam Welz's Blog, http://adamwelz.wordpress.com/2009/12/08/emotional-scenes-at-copenhagen-lumumba-di-aping-africa-civil-society-meeting-8-dec-2009/.

à "morte certa para a África", um tipo de "fascismo climático" imposto a seu continente pelos maiores emissores. Criticou a África do Sul por estar, segundo ele, tentando quebrar a unidade do grupo africano.

Era uma clara menção — que Welz não registrou — ao papel desempenhado pelos representantes sul-africanos como parte tanto do BASIC quanto da "União Africana". Di-Aping teria dito que a proposta era pior do que nenhum acordo. "Eu prefiro morrer com minha dignidade a tocar meu povo para uma fornalha", ele teria concluído, pelo relato de Welz. Esse discurso emocionado de Di-Aping provocou a maior de todas as manifestações de militantes dentro do Bella Center. Dezenas de africanos marcharam pelo longo vão principal, em suas vestimentas coloridas, cantando e gritando palavras de ordem. Nesse vão havia cinco restaurantes e cafés, dezenas de mesas espalhadas por todo canto, e por ele passavam centenas de pessoas o tempo todo. Câmeras de vídeo da imprensa e de ONGs ficavam permanentemente ligadas. A colorida e ruidosa passeata dava imagens boas demais. Dezenas de fotógrafos e cinegrafistas correram para registrar.

RACHAS E CONFRONTOS

Lumumba Stanislaus-Kaw Di-Aping é o embaixador e representante adjunto permanente do Sudão nas Nações Unidas, em Nova York. Foi também presidente rotativo do G77+China em 2009. Como ele mesmo contou na reunião com militantes e políticos africanos no Bella Center, seus pais eram "lumumbistas", seguidores do líder nacionalista africano, o primeiro primeiro-ministro da República Democrática do Congo, nos anos 1960, Patrice Lumumba, e por isso lhe deram por prenome o sobrenome dele. Di-Aping não é um diplomata comum. É de fala direta, emocional e fortemente ideológica. Andrew Ward escreveu de Copenhague, para o *Financial Times*, definindo-o como o "beligerante líder do

G77". John Vidal, editor de ambiente do *Guardian*, o descreveu como um "economista radical, treinado em Oxford e na McKinsey, capaz de conseguir alta visibilidade na mídia e que esteve parcialmente por trás da proposta de George Soros" de usar centenas de bilhões de dólares dos direitos especiais de saque do FMI para financiar o acordo do clima. Foi dele a cena mais teatral no espantoso final da COP15.

No segundo dia da COP15, em que Di-Aping foi um dos protagonistas da revolta dos países que se sentiam excluídos e prejudicados pela proposta dinamarquesa, começou uma guerra de papéis. Escrevi no meu Twitter, no dia seguinte, que "chovia não documentos no Bella Center, vazados de acordo com a conveniência das diferentes partes" daquela tumultuada negociação.

Na manhã seguinte, diplomatas falavam de "propostas de determinados países em circulação". Assim, sem sujeito definido. O secretário executivo da Convenção, Yvo de Boer, em sua coletiva de imprensa de rotina, disse que o documento dinamarquês era

> um texto informal, prévio à conferência, distribuído a um grupo de pessoas com o objetivo de fazer consultas. Mas oficial é o que é formalmente entregue ao Secretariado da Convenção do Clima. Os únicos textos formais no processo da ONU são aqueles colocados na mesa pelas presidências desta conferência de Copenhague em nome das partes.

O documento chinês tinha pelo menos uma marca registrada. Propunha que o Banco Mundial fosse o agente do fundo de financiamento das ações de longo prazo. O governo brasileiro sempre se opôs a essa solução, porque considerava que o Banco Mundial era controlado pelo governo dos Estados Unidos. A China, por sua vez, segundo comentavam os analistas, pretendia ocupar a presidência do Banco Mundial, quebrando a hegemonia dos Estados Unidos e da Europa. Aquela cláusula era como uma impressão digital, denunciando que o documento era obra de Pequim, não uma realização coletiva dos países do BASIC. Brasil, Índia e África do Sul apenas subscreveram o texto, sem se comprometer com seu conteúdo.

Uma fonte oficial bem situada e informada me disse que o texto dado como iniciativa dos países do BASIC era de inteira responsabilidade da China. Disse também que os negociadores brasileiros não tinham gostado de seu conteúdo. Um diplomata brasileiro me disse que o Brasil continuava contra aquela proposta, mas só apoiara o texto chinês para ter um documento de contraposição ao dinamarquês, criar o impasse e forçar a negociação.

Por trás dos pesados rolos de fumaça saídos do novo incêndio produzido pelo "texto do BASIC", havia uma história de conspirações e contraconspirações entre países, na antevéspera da COP15.

Segundo várias fontes, diplomáticas, de ONGs e de delegações, o governo chinês tomara conhecimento do "rascunho dinamarquês" ainda na reunião de Cingapura. Descontente com os rumos indicados pelo documento, convidou Brasil, Índia e África do Sul, seus parceiros no BASIC, para uma reunião em Pequim. Nela, foram informados pela China sobre o texto da Dinamarca e consultados sobre sua contraproposta. Ficou acertado que a alternativa chinesa seria apresentada, se necessário, como uma proposta do BASIC.

O que os textos da Dinamarca e da China/BASIC tinham em comum era a linguagem. Ambos objetivavam substituir a proposta preliminar negociada pela via formal, que tivera sua última versão, de duzentas páginas e numerosas indefinições, aprovada em Barcelona. Seriam sumários de um comunicado de decisão.

Falava-se, também, na existência de um não documento da União Europeia. Mas, quando uma grande ONG inglesa vazou seu texto, deu para perceber que não se tratava de mais um "*draft*" (proposta preliminar) com as mesmas características dos não documentos atribuídos à Dinamarca e à China. Era um "texto de orientação", um documento para ajudar os países a firmar suas posições sobre os vários temas do futuro acordo.

COPENHAGUE: ANTES E DEPOIS

Ele se detinha muito na questão do financiamento e deixava explícita a preferência por um mecanismo de curto prazo, com a finalidade de permitir que alguns dos compromissos assumidos em Copenhague pudessem ter imediata implementação. Esse dinheiro rápido e curto poderia financiar medidas de todos os blocos de interesses: potências florestais tropicais, via REDD; economias de rápido desenvolvimento, como a China e a Índia, via financiamento de tecnologias de mitigação; e países menos desenvolvidos, via financiamento para formulação de planos de ações nacionais de mitigação (NAMAS) e adaptação.

Mesmo com tanto "cala-boca", a reação negativa a esse fundo rápido e curto foi generalizada. A principal razão é que as menções ao financiamento de longo prazo haviam desaparecido do discurso oficial da maioria dos países desenvolvidos. Havia rumores de que Obama falaria disso em Copenhague e de que o primeiro-ministro Hatoyama, do Japão, apresentaria um compromisso que poderia ser substancial, dependendo de seus termos. A União Europeia, também, poria toda ênfase no dinheiro rápido e daria tratamento muito genérico ao fundo de longo prazo. O que se afirmava é que o financiamento de curto prazo substituiria em definitivo o fundo de longo prazo. Este ficaria para uma data a ser fixada no futuro e se tornaria uma ideia aprovada, mas congelada por longo período. Pelo menos até a superação definitiva da crise econômica global e a retomada do crescimento nos Estados Unidos e na União Europeia.

Esses não documentos explicitavam parte dos conflitos que levaram a Convenção do Clima ao impasse. Mas havia prenúncio de novas clivagens. O G-77+China (um conglomerado heterogêneo de 130 países), por exemplo, começava a se dividir. O Brasil havia apoiado o documento chinês, como tática de negociação. Mas temia que Estados Unidos e China estivessem formando um "G2" por baixo dos panos. Havia, também, divergências separando os grandões do grupo (Brasil, Índia e China) dos pequenos, a União Africana e os "Estados-ilha". A África do Sul tentava fazer a ponte entre a União Africana e o BASIC, desagradando o presidente do G77+China, Lumumba Di-Aping. A Etiópia também teria papel decisivo na aproximação entre os africanos, os desenvolvidos e o BASIC, após a chegada de seu primeiro-ministro, Meles Zenawi.

Um dos principais pontos de contrariedade entre os mais pobres e o BASIC era sobre financiamento. Os menos desenvolvidos viam as potências emergentes como máquinas de desenvolvimento que não precisavam mais de ajuda internacional. Ao contrário, podiam até ajudar no financiamento.

Entre os observadores e negociadores do Brasil, a maioria insistia que o país precisava receber financiamento. Uma minoria dizia que o Brasil já teria até condições de financiar países mais pobres, para se fortalecer como ator global. O presidente Lula resolveria essa dúvida, numa última tentativa de salvar o acordo, como se verá.

VAZAMENTOS PROGRAMADOS

Como e por que esses documentos vazavam?

Antes de receber o documento da China por e-mail, tive um encontro com a pessoa que o enviaria. Ele estava em seu iPhone, que consultava durante nossa conversa. Primeiro, me explicou a posição de sua organização; depois o que havia conversado com negociadores de vários países. Em seguida, detalhou o documento, pedindo que não publicasse seu inteiro teor no blog. Ele continha palavras específicas e pequenos erros, que identificavam a cópia de cada país, e isso podia denunciar uma de suas fontes dentro do BASIC. Alguns minutos depois eu já o tinha em meu iPhone. Era a vantagem de ter uma rede wi-fi disponível em todo o Bella Center.

Assisti a outra cena de vazamento, dentro da sala de imprensa. Estava próximo do ponto em que se deu um interessante e revelador contato entre jornalista e ONG. Ouvi o seguinte diálogo:

— Como você chegou aqui?

— Pelo banheiro, vim te trazer este documento. Preste atenção nos parágrafos que estão marcados, é neles que está o interesse da União Europeia.

O observador de uma importante ONG europeia havia se aproveitado de um furo no esquema de controle da ONU. Só jornalistas podiam entrar na sala de imprensa, e para isso tinham de apresentar seu crachá a jovens que guardavam a entrada do salão. Podiam levar convidados, "para entrevistas", e isso era feito frequentemente com observadores, delegados, ambientalistas e especialistas. Nos cantos da grande sala era possível conversar mais confortavelmente, e ela dava uma locação interessante para gravar entrevistas para a TV ou a webmídia em tempo real. Mas, se alguém quisesse falar com um jornalista que estava dentro da sala de imprensa, só chamando pelo celular ou mandando recado.

O banheiro dos homens ficava logo na entrada da sala de imprensa. Tinha uma porta que dava para o saguão e outra já dentro da sala de imprensa. Ninguém verificava crachá na entrada do banheiro. E o diretor da ONG europeia — e vários outros ambientalistas e lobistas, diga-se de passagem — entrava pelo banheiro, quando queria ter acesso aos jornalistas com quem falava. Havia também uma porta de emergência frequentemente usada por eles para burlar a vigilância dos aplicados jovens na entrada principal.

Todas as ONGs de porte tinham vários assessores de comunicação, que eram autorizados a entrar na sala de imprensa. Diariamente eles passavam para chamar a atenção dos jornalistas para os eventos que suas organizações estariam promovendo naquele dia. Às vezes abordavam um jornalista, em particular, para dizer "fulano" — sempre uma pessoa graduada da organização — "quer falar com você, está esperando na mesa do café em frente".

As delegações oficiais, os negociadores, tinham, obviamente, assessores de comunicação. Eles passavam várias vezes por dia, para oferecer um *briefing* aos jornalistas, para falar com aqueles com quem tinham relações mais próximas, ou para indicar a alguém que um negociador ou diplomata queria lhe falar em particular, em determinada hora.

Como se vê, eram muitos e sutis os canais pelos quais vazavam documentos e informações.

O objetivo era influenciar o debate na mídia e captar reações, antes de tornar públicas as posições. Algumas organizações não governamentais e os negociadores mantinham relações estreitas e de confiança recíproca. Tanto ONGs quanto negociadores tinham, também, suas conexões na imprensa.

Por isso, contar diariamente o que se passava na COP era um trabalho difícil e frenético. A maioria das informações precisava ser checada e verificada. Documentos aparentemente iguais, oriundos de fontes distintas, precisavam ser confrontados. Foi dessa forma que pude publicar o documento chinês no meu blog. Obtive duas cópias de outras fontes e comparei as três, eliminando pequenas discrepâncias que não alteravam o sentido e, provavelmente, serviriam para identificar cópias ou versões. Não encontrei nenhuma diferença de conteúdo, como havia, por exemplo, nos documentos de negociação, em que cada versão era diferente, porque entravam ou saíam expressões, frases, parágrafos, ao sabor dos impasses e dos entendimentos.

A guerra de papéis era intencional e marcava um momento tenso de circulação de balões de ensaio e de muito blefe por parte de todos os principais protagonistas da COP. Permitia que cada um fortalecesse seu cacife para a rodada final de negociações, quando os "políticos" chegassem. Mas acabou tendo como resultado o surgimento de novos e velhos conflitos, que revigoraram impasses que se esperava superáveis em Copenhague.

Os negociadores levavam à imprensa e a observadores o desconforto com o rumo da COP15, em direção ao desfecho em uma cúpula de chefes de Estado. Temiam que longos anos de negociação e preparação fossem perdidos em um acordo puramente político e sem possibilidades de consequência durável.

Sentia-se o crescimento do ressentimento dos "negociadores" contra essa invasão dos "políticos". Nas outras COPs, o chamado "segmento de alto nível", a cargo dos ministros do Ambiente — ou de outros ministros — simplesmente dava sequência ao que os "negociadores" haviam preparado no "segmento técnico". Chegavam ao limite do possível na via diplomática e deixavam as decisões finais para os ministros. Agora não: os "políticos", no caso os governantes, negociariam diretamente e deixariam para os "técnicos" um texto puramente político, quase impossível de ser transposto para o canal oficial da Convenção. Mas negavam firmemente essa contrariedade quando indagados à luz do dia.

Essa guerra sem fim de bastidores marcou a COP15 desde suas primeiras horas. Nada nela seria pacífico. Começos de megarreuniões como essa tendem a ter muito mais fumaça do que fogo, muito mais rumor e balão de ensaio que notícia real. No caso da COP15, o que parecia fumaça sem fogo era mesmo o resultado de um grande incêndio, que devoraria a confiança entre negociadores e queimaria os laços entre velhos parceiros.

TUVALU PARALISA A COP

O fogo da guerra de papéis nem havia baixado quando chegou a notícia de que Tuvalu (pronuncia-se tuválu) havia bloqueado a primeira sessão plenária da Convenção do Clima.

Na manhã do segundo dia, a sala de imprensa do Bella Center estava cheia. Nas telas de TV — que Connie Hedegaard sempre chamava de "TV da Mudança Climática" —, a programação indicava que a primeira sessão plenária da Convenção do Clima começaria em poucos minutos. Muitos dos principais negociadores nem sequer haviam chegado a Copenhague. A maior parte dos países ainda era representada pelos substitutos dos negociadores oficiais. Apenas jornalistas obcecados com a ronda da notícia se davam ao trabalho de ir até a sala Tycho Brahe para assistir às plenárias. A colunista Míriam Leitão, de *O Globo*, foi um desses poucos. Mal começara a reunião, que tinha tudo para ser burocrática, ela voltou com a bomba. "Tuvalu parou a sessão e dividiu de tal forma os países que a presidente, Connie Hedegaard, teve de suspender os trabalhos para negociações ao pé do ouvido."

Um número considerável dos presentes no Bella Center nem sabia da existência de Tuvalu, um arquipélago de ilhas de coral na Polinésia, entre o Havaí e a Austrália. Mas essas ilhas do Pacífico, hoje conhecidas oficialmente como Estados-ilha, extremamente vulneráveis à mudança climática e à elevação do nível do mar, formam delegações com negociadores profissionais muito qualificados. A maioria é recrutada fora das ilhas. Atuam como consultores estratégicos e são nomeados negociadores autorizados. Dessa forma, essas pequenas nações se qualificam para lidar com os complexos meandros das reuniões globais, onde vão defender sua própria existência. Não poucas vezes ouvi de representantes de pequenos países a ideia de que decisões pouco ambiciosas poderiam condená-los à extinção.

O representante de Tuvalu, Ian Fry, usou um procedimento regimental para agitar uma plenária fria. Havia proposto formalmente, seis meses antes, a revisão do Protocolo de Kyoto para definir seu segundo período de compromissos. Queria que ele contivesse metas de 350 ppm de concentração de gases estufa na atmosfera e limite de 1,5 grau Celsius do aquecimento médio global até o final do século. Defendia também um novo acordo legalmente vinculante que alcançasse os grandes emissores fora do alcance do Protocolo de Kyoto. Era a essa proposta a que Di-Aping se havia referido em sua coletiva de imprensa. Ela abriria outra linha de desentendimentos entre os países.

Tuvalu tinha o direito regimental de pedir preferência para o exame de sua proposta sobre qualquer outro item da agenda. Ian Fry fez um emocionado discurso pedindo a conclusão da convenção com dois acordos legais: o segundo período de compromisso do Protocolo de Kyoto e um novo Protocolo para os países restantes. Terminou dizendo que o "destino de meu país está em suas mãos".

Fry disse também que não era apenas Tuvalu que pedia isso, nomeando dezenas de outros países pequenos que são "tremendamente afetados pela mudança climática". Encabeçavam sua lista as ilhas Maldivas e as ilhas Marshall, que também incluía países do Caribe e da África ocidental.

Por que a diferença de 0,5 grau Celsius — entre os 2 já aceitos e o 1,5 proposto por Tuvalu — no limite ao aquecimento médio, até 2050, tinha o poder de bloquear as negociações da Convenção do Clima? Porque, embora pequena aritmeticamente, ela é muito significativa no sistema climático, que não é linear. As distâncias não são aritméticas. Uma diferença de meio grau significa muito mais consequências climáticas. Como é uma média, com grande variação entre os extremos, as regiões nas pontas inferiores do intervalo sofrem muito menos e as no extremo oposto, muito mais.

Do ponto de vista político, a diferença é enorme, maior ainda que nos modelos climáticos, porque adquire uma dimensão humana, que a transporta do texto técnico para o enredo de um drama. Uns países miravam na média que colocava suas metas no limite mais aceitável de redução de emissões. Outros olhavam para o desvio da média e as consequências trágicas para sua população. Nesse desvio, seus territórios enfrentariam muito mais mudança climática adversa e teriam temperaturas médias muito mais altas.

Os 2 graus Celsius admitidos pelos países do G20, desde a reunião do Fórum das Maiores Economias, em Londres, não tinham apoio total. Para se ter alguma chance de manter o aquecimento na vizinhança dos 2 graus Cesius, seria preciso um esforço bem maior do que os países do G20 estavam dispostos a oferecer em Copenhague. Muitos cientistas manifestaram, naqueles dias, ceticismo em relação à possibilidade de sucesso. A política conspirava contra a coerência, mostrando que, em política, tudo é possível, mesmo o que é matematicamente irrealizável.

Para conseguir o 1,5 grau Celsius seria necessária uma mudança muito mais rápida e radical no padrão energético e de desenvolvimento urbano e industrial da totalidade dos países do G20. Isso significaria praticamente dobrar as metas da União Europeia. Exigiria que os Estados Unidos fizessem compromisso semelhante — bem acima do que o governo e o Congresso estavam dispostos a aprovar. E implicava que China, Brasil e Índia aceitassem metas de redução real de suas emissões, não apenas na velocidade de crescimento delas. Eles estavam propondo apenas que trabalhariam para que suas emissões futuras fossem menores do que o previsto sem as ações prometidas. Para esse limite de temperatura mais exigente isso não seria suficiente. Teriam que reduzir emissões no tempo presente.

Para as pequenas ilhas, o aquecimento médio de 2 graus Celsius significaria uma elevação provável do nível do mar que as levaria a desaparecer submersas. Seriam as Atlântidas do século XXI.

Para os países africanos, como dizia Di-Aping, correspondia a uma média de 3,5 graus Celsius, transformando a maior parte de seu território em savanas áridas, improdutivas. Condenaria a África pobre a mais pobreza e fome.

Como diz Jonathan Swift em seu magistral *As viagens de Gulliver*, "não há grande, nem pequeno, senão por comparação". Essa comparação trágica permitia a uma ilha de dimensões liliputianas ter um efeito político gigantesco.

Tuvalu tem menos de 12 mil habitantes e um PIB próximo dos 15 milhões de dólares. Sua renda vem, fundamentalmente, de remessas suas para famílias de cidadãos que deixaram a ilha, ajuda internacional e pesca. Nem uma receita relevante de turismo, como as Maldivas, ela tem. Seu território fica muito próximo do nível do mar.

O característico sotaque australiano de Ian Fry, seus cabelos e olhos claros indicavam que não era natural da ilha que representava com tanta garra. Isso não diminuiu a emoção com que defendeu seus interesses, nem o impediu de se referir a Tuvalu como "meu país". Fry é um negociador profissional, com bacharelado em biologia, mestrado em estudos ambientais, pela universidade australiana Macquarie, e em direito ambiental pela Universidade Nacional da Austrália (ANU). Exerce há mais de dez anos o cargo de funcionário ambiental internacional do Departamento do Ambiente do governo de Tuvalu. Nessa qualidade, tem representado o governo da ilha em vários fóruns internacionais, entre os quais as negociações da Convenção do Clima, da Convenção sobre Diversidade Biológica e na Assembleia Geral das Nações Unidas. É um dos porta-vozes da AOSIS, a aliança dos pequenos Estados-ilha. Como consultor, tem trabalhado para vários países menos desenvolvidos e Estados-ilha, como as ilhas Cook, os estados federativos da Micronésia, Fiji, ilhas Marshall, Nepal, Samoa, Senegal e a própria Tuvalu, especialmente em treinamento de funcionários para negociações internacionais de acordos multilaterais.

Fry é direto, inteligente, preparado e sanguíneo. Quando emocionado, gagueja levemente. Tem a típica personalidade dos australianos, própria de nativos de países-fronteira, de cultura nova. Movia-se com tranquila intimidade, tanto pelos tensos salões e salas de negociação do Bella Center como por seus rumorosos corredores. Um dia, compartilhamos a longa fila do cachorro-quente, a melhor opção de almoço disponível. Ele estava sozinho, cumprimentava quem o abordava com o jeito risonho e ligeiramente irônico dos *"aussies"*.[87] Não parecia o responsável pela bomba que paralisou a plenária da COP15.

A proposta defendida por Fry na primeira plenária da COP15 era inaceitável para a China, a Índia e o Brasil. A China, por exemplo, temia que um segundo Protocolo permitisse que os países desenvolvidos encontrassem uma forma de escapar da

---

[87] A forma diminutiva pela qual são conhecidos os australianos.

compulsoriedade do Protocolo de Kyoto. Os três emergentes viam em tudo uma manobra para retirá-los protetora situação de "países em desenvolvimento Não Anexo I", que os isentava de metas compulsórias.

A presidente, Connie Hedegaard, tentou evitar o impasse, propondo que se formasse um "grupo de contato" para negociar formalmente a proposta, mas teve de suspender a sessão por causa da divisão dos países. A China e a Índia comandaram a rejeição à proposta, secundados por países como a Arábia Saudita e a Venezuela.

Do lado de Tuvalu ficaram as ilhas Salomão e Cook, Senegal, Mali, Bahamas e Costa Rica, entre outros. Quase só países pequenos. Contra estavam China, Índia, Venezuela, Arábia Saudita, Argélia, Nigéria e Equador. Países grandes ou produtores de petróleo. O Brasil não se manifestou nesse primeiro dia. Depois fez um voto confuso, que não definia com clareza de que lado estava. Concretamente, contribuiu para derrubar a proposta de Tuvalu.

Tuvalu e seus parceiros faziam questão de que o acordo fosse legalmente vinculante, logo um novo tratado, e que limitasse o aquecimento a 1,5 grau Celsius — considerando os 2 graus Celsius do documento dinamarquês inaceitável — e a concentração de carbono na atmosfera em 350 ppm.

Tudo era emocional naqueles primeiros dias de COP, que muitos haviam imaginado seriam mornos e burocráticos. Não eram só Di-Aping e Fry que usavam termos extremados para defender seus pontos de vista e atacar os países desenvolvidos. A diplomata Dessima Williams, de Granada, outra porta-voz da AOSIS, defendeu o limite inferior de crescimento, dizendo o seguinte:

> Temos duas estações de pesquisa, uma no Pacífico, outra no Caribe. Ambas sugerem que uma elevação de 2 graus Celsius seria completamente insuportável para nós. Nossas ilhas estão desapa-

recendo, nossos bancos de coral, descorando, estamos perdendo nossos suprimentos de peixe. Nós trazemos provas empíricas a Copenhague sobre o que a mudança climática está fazendo com nossos Estados.[88]

O repórter da TV Brasil, Roberto Maltchik, ouviu uma diplomata das ilhas Solomão dizer em prantos: "Eles estão decretando a extinção do meu país."

China e Índia reagiram fortemente contra a proposta de Tuvalu e dos pequenos Estados-ilha. A China, o país que mais se expôs nesse conflito, enquanto o Brasil se mantinha em terreno ambíguo, considerava que a proposta decretaria o fim do Protocolo de Kyoto. Tinha razão. No seu formato original, Kyoto jamais permitiria que se atingisse o limite de 1,5 grau Celsius por eles defendido. É preciso registrar, todavia, que o Protocolo de Kyoto tampouco seria suficiente, por si só, para levar ao cumprimento da meta de redução de emissões implícita no limite de 2 graus Celsius. Ele exclui quatro dos dez maiores emissores do mundo: Estados Unidos, China, Brasil e Índia. Os três líderes do BASIC defendiam a continuidade de Kyoto como dogma inatacável. No fundo, o que queriam era garantir a isenção de metas compulsórias que o Protocolo de Kyoto lhes assegurava.

A China argumentava, ainda, com apoio da Índia e do Brasil, que essa proposta significaria o enfraquecimento das metas para os desenvolvidos. Representaria a imposição de compromissos aos países em desenvolvimento de economias avançadas, com destaque para seus países. Era um argumento parcialmente falso. O limite de 1,5 grau Celsius obrigaria os países desenvolvidos a adotar metas bem mais duras de redução de emissões. Mas era verdade que imporia compromissos muito mais exigentes às economias mais avançadas entre os países em desenvolvimento.

---

[88] John Vidal, "Vulnerable nations at Copenhagen summit reject 2C target", *The Guardian*, quinta-feira, 10 de dezembro de 2009.

O embaixador Yu Qingtau, representante especial da China para Mudança Climática, disse em coletiva de imprensa, na tarde do terceiro dia, que a China simpatizava e se solidarizava com a situação dramática dos pequenos Estados-ilha, os mais vulneráveis à mudança climática. Afirmou que, embora as "circunstâncias básicas" da China não se assemelhassem fundamentalmente às daqueles países pequenos, todos os países em desenvolvimento estavam unidos no comprometimento com o princípio das "responsabilidades comuns, porém diferenciadas" da Convenção do Clima. Apesar dessa unidade, entretanto, deixou claro que a China se opunha à formação de um "grupo de contato" para negociar a proposta da AOSIS.

DIVÓRCIOS À DINAMARQUESA

Os grandes entre os países em desenvolvimento se opunham à proposta de Tuvalu, que no entanto tinha o firme apoio dos países da AOSIS e de várias nações africanas, os pequenos e mais vulneráveis. Essas duas atitudes opostas ampliaram as fissuras no G77+China. Fissuras que se transformaram, em poucos dias, em fraturas expostas e incuráveis, pelo menos no âmbito das negociações do clima. Não havia unidade possível, ao contrário do que dissera o diplomata chinês.

O G77 sofreu um golpe em sua espinha dorsal. A voz unificada do grupo não poderia sobreviver às coletivas destoantes de imprensa de Di-Aping e de Yu Qingtau. O chinês repercutia as declarações do diplomata sudanês, na qualidade de presidente do G77+China, no final do dia anterior, e dava a posição de seu país a respeito da proposta de Tuvalu que bloqueava a pauta da COP. A soma das duas coletivas tinha como resultado a implosão inexorável do G77+China.

Aquele tríduo nervoso, marcado por disfarces e emoções desabridas, nada teve de carnavalesco. Ele inaugurou, de fato, uma nova geopolítica da mudança climática, mais real, mais transparente, mais expressiva dos interesses em jogo e, por isso mesmo, mais fragmentada e mais conflituosa.

Mas os petardos políticos que esquentariam de vez os ânimos na COP15 naquele terceiro dia não vieram apenas de Tuvalu e da China. Outra bomba, de grande efeito político e moral, explodiu pelas mãos do negociador-chefe da Casa Branca para Mudança Climática, Todd Stern.

O desembarque de Stern em Copenhague causou grandes expectativas. Chegava "o cara do cara", o enviado de Obama. Muitos sonhavam com a possibilidade de que ele viesse adiantar os movimentos que todos esperavam de Obama para salvar a COP15. Esperava-se que, como ele havia prometido em campanha, viesse para assumir a vanguarda do esforço mundial de enfrentamento da mudança climática.

Mas esse não era o propósito de Todd Stern. Sabedor dos impasses e polaridades que haviam surgido nos três primeiros dias da reunião e das expectativas inalcançáveis em relação a seu país, recorreu a um velho truque diplomático. Radicalizou. Adotou uma posição extremada, para abrir espaço para negociação daí em diante. Na primeira coletiva de imprensa, atacou o dogma central dos países em desenvolvimento. Rejeitou "completamente" a noção de responsabilidade histórica dos países desenvolvidos. "Tomamos consciência do problema há pouco tempo", disse. Para ele, "não havia fundamento para se querer criar uma dívida com o resto do mundo a ser saldada com metas mais agressivas de redução de emissões ou por meio de algum tipo de reparação".

Stern também acertou um golpe direto nos brios dos grandes países em desenvolvimento e particularmente nos da China. Em relação aos primeiros disse:

> Se há preocupação com a ciência — e nós nos preocupamos —, não há como resolver esse problema [da mudança climática] dando um passe livre aos maiores países em desenvolvimento.

Não estamos falando da mesma necessidade de ação para a vasta maioria dos países em desenvolvimento. Mas, para os maiores, isso é essencial.

Com relação à China, Stern deu duas estocadas:

a China — e não estou sendo crítico — tem uma economia extraordinariamente bem-sucedida, e está em estágio de desenvolvimento diferente do nosso. Mas emissões são emissões. É preciso fazer as contas. Não é uma questão de política ou de moralidade, ou qualquer outra coisa. É só matemática. E não se pode chegar à redução de emissões necessárias globalmente se a China não for um grande ator nesse esforço. Essa é a realidade.

E foi além: "Eu não vejo fundos públicos, certamente não dos Estados Unidos, indo para a China."

Com relação ao Protocolo de Kyoto, foi taxativo: seu país jamais aderiria a ele. Stern falava com a autoridade de quem negociou o Protocolo de Kyoto em nome dos Estados Unidos, para vê-lo rejeitado pelo Senado, que nunca o ratificou. Afirmou que trabalharia por uma estrutura paralela, na qual tantos países desenvolvidos quanto em desenvolvimento teriam de se comprometer a reduzir as emissões de gases estufa.

Era um míssil de grande poder de destruição. No lugar do esperado avanço, retrocesso. Ao invés de posição de vanguarda, uma rígida defensiva pela retaguarda. Stern bombardeou a cidadela central da argumentação dos países do BASIC: a da responsabilidade histórica, pilar da ideia-força das "responsabilidades comuns, porém diferenciadas". Esse princípio dava aos países em desenvolvimento o direito ao progresso, mesmo com aumento das emissões de carbono. Criava para os países desenvolvidos a obrigação de abrir espaço, reduzindo suas emissões ao nível necessário, para que os países em desenvolvimento pudessem crescer por mais três ou quatro décadas. E ainda teriam de financiar esses países para que crescessem emitindo menos carbono. Stern sabia disso. Sua entrevista mirava a mesma coisa que o vazamento dos documentos dinamarquês e chinês: definir uma posição de jogo a partir da qual pudesse negociar.

Os chineses reagiram prontamente. O vice-ministro das Relações Exteriores da China, He Yafei, rebateu com dureza: "Acho que ele não demonstrou bom-senso quando fez esses comentários sobre a China. Ele não tem bom-senso ou é extremamente irresponsável."

A coletiva quase simultânea dos Estados Unidos e da China traçaria uma vereda de confrontos e polaridades entre os dois países que também seria decisiva para o destino da COP15.

Todd Stern é nativo de Chicago, alto e esguio, dá a falsa impressão de timidez. Frio e pragmático, segundo muitos que trabalharam com ele, era a segunda vez que se envolvia nas negociações globais do clima. É bacharel em direito por Dartmouth e doutor por Harvard. Trabalhou muitos anos como advogado de um escritório de Nova York, que deixou, em 1993, para se tornar assessor do poderoso presidente da Comissão de Justiça do Senado, o democrata Patrick Leary, de Vermont. Começou aí sua carreira na política. Quatro anos depois, foi chamado pelo presidente Clinton para ser seu assessor e secretário de staff, um cargo de poder, com acesso à agenda do presidente. Era assessor em muitas das matérias sobre as quais o presidente devia deliberar. Exerceu muitas missões especiais para Clinton, entre as quais a de coordenar a iniciativa governamental em mudança climática, e foi o negociador oficial em Kyoto, na COP3 e em Buenos Aires, na COP4.

Em 1999, deixou a Casa Branca para se tornar assessor do controvertido Lawrence Summers quando este assumiu a Secretaria do Tesouro. Summers, como se sabe, teve de renunciar à presidência de Harvard, que assumiu após deixar o governo, por ter dito que as mulheres não tinham aptidão para ciência. Stern se envolveu em várias questões importantes e se dedicou, especialmente, a medidas contra lavagem de dinheiro.

Depois que deixou o governo, Stern se tornou influente consultor em gestão de risco e em delicadas questões legais e de relações públicas.

Ele sabia que a insistência de China, Brasil e Índia nada tinha a ver com metas para os desenvolvidos, mas com a isenção de metas para eles. E isso era inegociável. O Congresso dos Estados Unidos jamais aprovará qualquer tratado que não inclua pelo menos a China, com um programa de metas que aponte, no médio prazo, para reduções efetivas de emissões. Como não é viável pensar na inclusão da China, deixando de lado Índia e Brasil, um acordo, para ter o apoio dos Estados Unidos, teria de alcançar a maioria dos países do G20.

Qualquer analista isento reconheceria que o Protocolo de Kyoto jamais teve papel preponderante na imposição de compromissos aos países desenvolvidos, como argumentavam China, Índia e Brasil. As metas do Protocolo são irrisórias e ele não tem mecanismo algum que force os países a obedecê-las. É legal, mas não tem mecanismo de força ou coação para se impor. O que funciona bem no Protocolo é a separação entre países do Anexo I, que têm metas compulsórias, e os países "Não Anexo I", que não têm obrigações legais de redução de emissões. É essa segunda característica do Protocolo que interessa mais aos países do BASIC. E é ela que não tem aceitação política no Estados Unidos.

Também é patente que os Estados Unidos fazem exigências desproporcionais ao que estão preparados para oferecer. Seus negociadores pressionam e trabalham para persuadir, mas oferecem muito pouco em troca. O país vai para as negociações com muito recurso de poder e pouca moeda de troca, especialmente quando o preço a pagar é maior esforço interno. Por isso havia mais esperança na melhora da oferta dos Estados Unidos no campo financeiro do que nas metas de redução de emissões.

Essas posições produziam vetos cruzados, que dificultavam a formação de coalizões vitoriosas. Os países da AOSIS e os Estados Unidos queriam outro tratado, em substituição ao Protocolo de Kyoto ou que fosse paralelo a ele. Mas tinham visões muito distintas do que deveria ser seu conteúdo. Os pequenos países queriam metas ambiciosas para os Estados Unidos, que estavam fora de Kyoto. E queriam que os grandes emissores em desenvolvimento, China, Brasil e Índia, também adotassem metas. Incluir o BASIC, os Estados Unidos também queriam. Mas o que Washington tinha a oferecer em metas de redução de emissões era muito menos do que todos pediam. Os três grandes emergentes, por sua vez, não queriam qualquer acordo que ameaçasse a arquitetura de Kyoto, que lhes era extremamente conveniente. Mas concordavam com a demanda da AOSIS de que os Estados Unidos adotassem metas ambiciosas. Estados Unidos, China, Brasil e Índia diziam, porém, que os limites de 1,5 grau Celsius e 350 ppm eram irreais e impróprios. Os países da AOSIS e do BASIC insistiam que os países desenvolvidos tinham responsabilidades históricas e que lhes cabia reparar os danos já causados ao sistema climático.

O quarto dia, 10 de dezembro, começou com a COP15 suspensa no ar. Tuvalu conseguira obstruir a plenária do dia anterior. Diante da profunda divisão causada pela proposta de um grupo de contato, a presidente Connie Hedegaard decidiu suspender os trabalhos da COP e da MOP, o encontro das partes do Protocolo de Kyoto, para que se encontrasse uma solução negociada informalmente. A moção de Tuvalu, para vários negociadores, entre eles os chineses, punha em xeque a própria continuidade do Protocolo de Kyoto, ao sugerir um tratado complementar. A China dava claros sinais de desconfiar das intenções de Tuvalu. Talvez reflexo de outras indisposições com a ilha, que reconhece Taiwan oficialmente, o que contraria profundamente os chineses.

Nos corredores, discutia-se intensamente a qualidade da presidência oferecida por Connie Hedegaard. Muitos países e várias ONGs criticavam sua decisão de suspender os trabalhos, criando o risco de atraso insuperável nas negociações formais. Diziam que a falta de liderança e autoridade a impediam de mediar adequadamente os frequentes conflitos naquele plenário.

A criação do grupo de contato voltaria a votação e mostraria uma divisão inegociável e incomum. Contra Tuvalu ficaram China, Índia, Arábia Saudita, Venezuela e outros países com interesses no petróleo e no carvão. A favor estavam os países da AOSIS, os Estados-ilha, como ela, e a maioria dos países africanos. O Brasil, que não havia votado no dia anterior, fez um voto confuso, no qual se solidarizava com Tuvalu, mas ficava com a China. Mantinha esse discurso entre o ambíguo e o ambivalente, porque sempre teve a ambição de liderar o G77+China no governo do presidente Lula da Silva. Essa divergência produzia uma cisão no cerne do G77.

Numa última tentativa, a presidente Hedegaard suspendeu temporariamente a sessão e convocou os principais países em conflito para uma conversa no canto do plenário. Uma jornalista brasileira que assistiu à conversa a uma distância conveniente me contou que todos falavam ao mesmo tempo. Connie Hedegaard tentava persuadir Tuvalu a deixar a questão para a plenária do sábado e seguir votando os outros itens. Diante da impossibilidade de consenso, acabou decidindo nesse sentido. Ao final da tumultuada sessão, essa jornalista se aproximou e perguntou o que acontecera. "Não houve acordo. Ficou para sábado." Perguntou como o Brasil havia votado, na opinião dela, que registra os votos. "O Brasil ficou com a China", respondeu Connie Hedegaard.

A equação para um acordo global do clima em Copenhagen continuava, ao início do quarto dia de COP, a ter muitas incógnitas. Por isso não podia ser fechada. A principal delas continuava sendo a posição final dos Estados Unidos. Os negociadores europeus e dos países emergentes queriam saber se a meta anunciada em Washington poderia ser melhorada e qual seria sua contribuição para o financiamento de ações de mitigação e adaptação dos países em desenvolvimento.

Todd Stern não falava muito. Mas, diante da indignação provocada por suas declarações na coletiva de imprensa do dia anterior, ele se retratou. Disse que não havia se expressado bem. Concordava que seu país tinha uma obrigação histórica e que o princípio do acordo de Copenhague deveria ser o de "responsabilidades comuns, mas diferenciadas". Adiantou que a interpretação desse princípio pelos Estados Unidos era de que isso significava que grandes emissores em desenvolvimento não podiam mais se recusar a colaborar com o esforço global de redução das emissões de carbono. Uma colaboração "diferenciada, mas efetiva", disse. Com relação ao que dissera sobre a China, admitiu que suas afirmações haviam sido "um pouco infelizes".

Stern abrandou as declarações radicais da coletiva anterior, sem porém mudar muito de posição sobre os pontos fundamentais da posição de Washington. Tampouco avançou em relação aos compromissos que seu país poderia assumir em Copenhague. É claro que, com a experiência em contenciosos e na política que sua biografia registra, Stern não cometeria erros primários, nem faria improvisos impensados. Nele, até os erros e os exageros eram estratégicos. Nessa coletiva, foi menos radical e beligerante que na primeira. Estava preparando o terreno para a chegada de Hillary Clinton, que precederia o presidente Obama.

UM TEXTO SUSPENSO NO AR

Coletivas de imprensa se sucediam e esclareciam pouco. A posição dos Estados Unidos ainda não estava clara. Não se sabia qual o verdadeiro grau de adesão dos países a pontos conflituosos dos dois documentos oficiosos e antagônicos, o da Dinamarca e o da China. Com o vazamento desses documentos polares, os principais grupos de negociadores demarcavam as posições mais extremas. Havia muito esforço para se encontrar o meio do campo. Nenhum dos dois papéis tinha reconhecimento formal, nem se esperava que entrassem no processo de negociação como documentos de base.

Numa tentativa desesperada de restaurar a confiança entre os países, o primeiro-ministro Lars Rasmussen divulgou uma declaração, na qual negava existir um documento secreto. A nota dizia que

> em nenhuma circunstância este é um "rascunho dinamarquês secreto" de um novo acordo do clima. Tal texto não existe. Nesse tipo de processo, muitos documentos de trabalho diferentes circulam entre as muitas partes que participam dele. Esses documentos servem de base para consultas informais que contribuem como insumos usados para testar várias posições. Portanto, vários papéis existem. Isso é bastante normal. O comentário do *Guardian* [dizendo que se trata de um rascunho secreto] apenas mostra como é evidente o nervosismo nesse momento.[89]

O circunlóquio do ministro revelava como já era difícil, naquele ponto, negar o que parecia aos olhos da maioria uma articulação de um pequeno grupo de países para impor à maioria sua própria versão do acordo. Rasmussen jamais conseguiria recuperar a confiança perdida. Muito menos com declarações como essa, que mais confirmavam do que desmentiam as suspeitas.

Um observador com acesso a vários negociadores me disse que existia um documento oficial, que poderia ser divulgado para apagar o incêndio provocado pela guerra de papéis oficiosos. Seria uma versão preliminar do acordo, cuja redação havia

---

[89] Ele se referia à matéria que publicava a íntegra do documento por ele patrocinado, que dizia "o assim chamado texto dinamarquês, um rascunho secreto feito por um grupo de indivíduos conhecido como o 'círculo do compromisso' — mas que se presume incluir o Reino Unido, os Estados Unidos e a Dinamarca — só foi mostrado a um punhado de países e foi finalizado esta semana". John Vidal, "Copenhagen climate summit in disarray after 'Danish text' leak", *The Guardian*, terça-feira, 8 de dezembro de 2009.

sido coordenada a quatro mãos pelos "copresidentes" do grupo de trabalho sobre cooperação de longo prazo para mudança climática (AWG-LCA), Michael Zammit Cutajar e Luiz Alberto Figueiredo. O texto, redigido com consulta a outros membros do grupo, reduzia as duzentas páginas saídas da reunião preparatória de Barcelona a pouco mais de vinte, e poderia resolver vários pontos. Ele corrigia os principais defeitos do não documento chinês, endossado parcialmente pelos países do BASIC (Brasil, África do Sul, Índia e China). Também adotava alguns dos elementos considerados mais positivos da proposta europeia. Dessa forma, desviaria o foco das atenções dos dois documentos oficiosos. Era essa expectativa que se recolhia de conversas com diplomatas e com observadores bem informados dos bastidores das negociações.

O embaixador Figueiredo, negociador-chefe do Brasil e copresidente do grupo, vinha mantendo consultas com Todd Stern, dos Estados Unidos, e negociadores da União Europeia, sobretudo do Reino Unido e da Comissão Europeia, para fechar o texto. Os países do BASIC também eram consultados permanentemente.

A penosa rotina da entrada no Bella Center nunca mudou. Ia ficando mais lenta à medida que aumentava o número de pessoas querendo entrar ao mesmo tempo e a segurança apertava. Depois que se vencia a barreira de gente aglomerada do lado de fora do centro de convenções, passava-se pelos guardas do portão, depois pelos escâneres da segurança e, finalmente, pela checagem dos crachás, antes de chegar ao vão central, onde havia um longo balcão de informações. Nele, jovens recrutados para trabalhar na convenção, sem muito treino e malícia, distribuíam documentos ao público, como o programa do dia, discursos, textos técnicos e documentos reservados apenas aos delegados oficiais. Quem chegasse com cara de autoridade, tivesse a sorte de escolher um atendente menos atento e pedisse com firmeza um texto reservado podia conseguir. Dessa forma, o documento do AWG-LCA, como o identificava o jargão da ONU, acabou nas mãos de vários jornalistas, antes de sua discussão formal ao longo daquele dia.

O documento seria uma surpresa para muitos que não haviam participado de sua negociação e mais uma decepção para a maioria. Deixava as principais questões em aberto, entre colchetes. Com ele surgia um novo personagem, que fazia o máximo para se manter fora dos holofotes.

Michael Zammit Cutajar, presidente do grupo de trabalho sobre a Convenção do Clima (LCA), tinha a palavra final sobre o momento em que divulgaria o documento. Entretanto, desde o vazamento dos textos da Dinamarca e da China, havia discreta pressão sobre ele e Figueiredo para que divulgassem logo um rascunho do LCA. Cutajar, nascido em Malta, era outro profissional experiente e com muita senioridade. Havia sido o primeiro secretário executivo da Convenção do Clima. Fez a maior parte de sua carreira na ONU, como representante diplomático ou no seu staff. Foi da UNCTAD e do UNEP. Em 1991, foi encarregado de organizar o secretariado da Convenção do Clima, à frente do qual ficou até o começo de 2002, quando se aposentou. Era muito influente, mas, como os outros antecessores de Yvo de Boer, tinha pouco espírito de liderança e era cauteloso demais. Politicamente, esperava-se mais de Figueiredo. Apesar das posições contidas que assumia como negociador do Brasil, como copresidente do LCA Figueiredo mantinha certa independência, distinguindo a função institucional de suas obrigações como negociador nacional. Corria pelos corredores que ele estaria em velada campanha para suceder Yvo de Boer, que havia contado aos negociadores, em Barcelona, que pretendia deixar o cargo logo após a COP15.

Luiz Alberto Figueiredo Machado, o negociador brasileiro do clima no governo Lula, é melhor de conversa ao pé do ouvido do que em coletivas. Nas coletivas, tem o hábito de responder a perguntas constrangedoras com um meio sorriso, dizendo "não entendi a sua pergunta", mesmo quando o significado da pergunta é cristalino. Ou, "não vou responder sobre hipóteses", mesmo sabendo que está sendo

COPENHAGUE: ANTES E DEPOIS

inquirido sobre fatos concretos e sabidos. Às vezes tem um ligeiro gaguejar, que consegue dominar muito bem. Não deve conseguir esse controle com a fácil naturalidade que aparenta. Meu pai também gaguejava, um pouco mais que Figueiredo, e fui testemunha do esforço pessoal que representava para ele dominar sua fala em sustentações orais nos tribunais superiores de Brasília. O que aprendi com meu pai é que esse esforço pode se transformar em um poderoso auxiliar do raciocínio. Figueiredo é um diplomata profissional, que adquiriu mais que experiência nas negociações do clima, representando o Brasil. Tornou-se um interlocutor respeitado e influente.

Esse prestígio não é apenas decorrência do poder e da influência conquistados pelo Brasil no cenário internacional, em grande medida por força de ter uma das diplomacias mais profissionais e mais bem formadas intelectual e tecnicamente do mundo. Essa presença de bastidor é pessoal e intransferível. Outros representantes do Brasil não eram admitidos nesse clube seleto dos que transitam e negociam em conversas que não chegam ao público. Vi Figueiredo sendo discretamente afastado de grupos de conversa, nos corredores do Bella Center, para ser consultado sobre questões pendentes ou para ajudar a resolver conflitos. Numa dessas ocasiões, vi o ministro da Energia do Reino Unido, Ed Miliband, puxá-lo pelo braço para uma conversa ao pé do ouvido. Não poucos o colocavam na lista de possíveis sucessores de Yvo de Boer na Secretaria Executiva da Convenção do Clima.

Figueiredo não gozava de bom conceito entre os ambientalistas, porque era o porta-voz oficial da resistência intransigente do Brasil em aceitar qualquer compromisso firme de redução de emissões. Operadores políticos importantes, dentro e fora do governo, que tinham acesso a ele, diziam que sabia separar a representação do Brasil de suas funções institucionais. Ele havia antecedido Cutajar na presidência do grupo de trabalho sobre ações de longo prazo (AWG-LCA), que negocia os acordos fora do Protocolo de Kyoto, mas sob a Convenção do Clima. Por isso agora era seu copresidente, uma espécie de vice graduado. Teve também papel importante nas negociações do "mapa do caminho", para salvar a conferência de Bali.

Figueiredo foi quase totalmente imobilizado pela ministra Dilma Roussef quando ela chegou para chefiar a missão brasileira, como contarei mais adiante. Naquelas horas aflitivas, um delegado me confidenciou: "Veja a que ponto chegamos. Temos de defender o Figueiredo e torcer para ele conseguir segurar a Dilma e evitar um desastre diplomático e o naufrágio do Brasil na negociação."

O DESTINO ENTRE COLCHETES

Figueiredo, Cutajar e alguns outros negociadores haviam se reunido na madrugada do dia anterior para redigir uma nova versão do documento. Uma redação penosa e desgastante, negociada frase a frase, para chegar a uma proposta preliminar (*draft*) que tivesse mais substância e pudesse dar algumas definições mais concretas. Mas, apesar das noites insones, o acordo não foi possível. Os impasses nos pontos-chave vieram demarcados por colchetes, assim: [xxx]. Toda a conversa dos dias futuros seria para tentar trocar alguns desses colchetes por frases substantivas ou números.

Um dos pontos centrais de divergência continuava sendo o financiamento. Essa versão inicial propunha a criação de um fundo com três janelas: uma para mitigação, ou seja, metas de redução de emissões; outra para adaptação, ou seja, financiamento para os mais pobres; e uma terceira para transferência de tecnologia, que interessava fundamentalmente a China, Índia e Brasil, e tinha a ver com controle de patentes pelos países desenvolvidos.

Fora impossível definir valores para o fundo. Circulavam rumores de que os Estados Unidos vinham evitando falar em montantes de financiamento, porque essa seria a carta principal que o presidente Obama traria no bolso para tentar fechar a negociação. Aceitar qualquer valor, no momento, só criaria ruído desnecessário.

Outro ponto também em aberto era o das metas de mitigação. Havia generalizado descontentamento com a meta dos Estados Unidos para 2020 e muita expectativa sobre o grau de abertura do governo para alterá-la. O documento também não avançava nas garantias de que as metas dos países emergentes fossem reportáveis e verificáveis, uma exigência dos Estados Unidos, secundados pela União Europeia. Do jeito que estava, não atendia minimamente ao que queriam os países responsáveis pela maior fatia de financiamento. Os países desenvolvidos usavam essa incerteza sobre as metas dos emergentes para justificar a indefinição da questão do financiamento das ações de mitigação e adaptação.

Mas havia avanços importantes. Essa era a visão geral. Ele fixava uma meta global de reduções de emissões de 50-95 por cento até 2050 e de 25-40 por cento para os países desenvolvidos até 2020, nos dois casos tendo 1990 como ano-base. Deixava para decisão posterior o percentual que seria adotado em cada caso. Traçava, como disse, o esquema de financiamento, sem porém definir valores. Introduzia o REDD, que permitiria o financiamento da conservação de florestas e desmatamento evitado.

Essa seria, de qualquer forma, a base para as consultas aos ministros dos países, que chegariam no final de semana, e para a redação da resolução a ser submetida aos chefes de Estado, no final da semana seguinte. Para o acordo político na cúpula de governantes, o texto preliminar não podia ser extenso como o aprovado em Barcelona, com duzentas páginas e dezenas de colchetes. Nesse ponto, o documento divulgado já avançava muito. Era bem mais curto — em torno de vinte páginas — e com muito menos colchetes que o de Barcelona. Mas ainda tinha páginas e colchetes demais para cumprir o papel que se esperava dele, de reconstituir a confiança nas negociações e superar os papéis apócrifos, de fato de responsabilidade da Dinamarca e da China.

A recepção ao documento foi positiva, mas muito menos calorosa do que se esperava. A Europa disse que era uma boa base para se trabalhar. Todd Stern considerou que era "sob muitos aspectos um passo construtivo" e uma "boa base para negociações". Mas fez uma exceção: "a seção sobre mitigação era muito desequilibrada em muitos aspectos". A declaração de Stern é um exemplo precioso de como o que parece filigrana esconde conflitos reais. Para ele, o vício do documento era ter "podem" (*may*), onde se devia ler "devem" (*shall*). O texto, com relação aos países desenvolvidos, dizia que "devem adotar (*shall adopt*), de forma individual ou conjunta, metas ou ações nacionalmente apropriadas legalmente vinculantes". Com relação aos países em desenvolvimento, porém, dizia: "podem adotar (*may adopt*) ações autônomas de mitigação". Na lei internacional, argumentou Stern, "*devem* é legalmente vinculante, *podem* não é".

Pronto, a velha questão do Protocolo de Kyoto reaparecia. Os Estados Unidos não aceitariam um acordo que não fosse vinculante para os grandes países em desenvolvimento, e estes não aceitariam uma cláusula vinculante para seus compromissos. Stern disse que havia gastado mais tempo negociando com a China do que com qualquer outro país e que não estavam "tão distantes assim. Tem de haver uma palavra com a qual possamos concordar e fechar um acordo. Pelo menos espero que sim".

Quem encrencou mesmo foram o Japão e a Austrália. Logo eles, entre os países mais vulneráveis à mudança climática no mundo desenvolvido. Disseram que o texto não dava nem para começo de conversa. Na reunião, Brasil e China disseram ter gostado do documento.

No seu *briefing* à imprensa, o embaixador Figueiredo seria mais reticente. Quando lhe perguntaram se o Brasil havia finalmente concordado com a meta global de 50 por cento, disse que não. "Eu aceitei colocar no documento, porque a maioria dos países consultados queria, mas o Brasil é contra e eu vou votar contra." A China e a Índia também eram radicalmente contra a fixação dessa meta global.

Em diplomacia, nada é o que parece. Frases mansas podem esconder objeções duras e frases duras, recados de possibilidades de negociação. Textos consensuais são fluidos e vagos. O importante está entre colchetes e não foi decidido. Um negociador pode escrever uma frase que seu país vetará na mesa de negociações. Outro, pode votar a favor de um texto que está vendo pela primeira vez. É um teatro, mas a encenação tem sempre consequências reais.

Dou um exemplo concreto. A comparação entre possibilidades abrigadas pelos colchetes dá uma boa visão de como se pode, do mesmo texto, tirar uma resolução vazia ou um acordo forte.

Um parágrafo do texto apresentado pelo LCA, limpo de tudo que está entre colchetes, seria lido assim:

As Partes países em desenvolvimento deverão adotar ações de mitigação nacionalmente apropriadas, viabilizadas e apoiadas por financiamento, tecnologia e capacitação providos pelas Partes países desenvolvidos, e poderão adotar ações autônomas de mitigação que, em conjunto, objetivem alcançar um desvio substancial nas emissões relativas às que ocorreriam na ausência de mitigação ampliada.

Esse primeiro texto seria vago demais para servir para alguma coisa mais que um frouxo manifesto de intenções.

Mas, incluindo as palavras entre colchetes, em itálico, ficaria bastante diferente e bem mais explícito:

As Partes países em desenvolvimento deverão adotar ações de mitigação nacionalmente apropriadas, viabilizadas e apoiadas por financiamento, tecnologia e capacitação providos pelas Partes países desenvolvidos, e poderão adotar ações autônomas de mitigação que, em conjunto, objetivem alcançar um desvio substancial [*da ordem de 15-30 por cento até 2020*] nas emissões relativas às que ocorreriam na ausência de mitigação ampliada.

A adoção da segunda versão dependia de duas decisões cruciais. Primeiro: o documento fixaria ou não um número para os objetivos de redução de emissões dos países em desenvolvimento? Se a decisão fosse sim, então a segunda decisão seria que percentual definir no intervalo entre 15 e 30 por cento. Se os colchetes viessem a ser removidos e o texto completo adotado, pela primeira vez os países em desenvolvimento aceitariam a quantificação de suas ações de mitigação.

Figueiredo, coautor do texto, disse que o Brasil era contra o parágrafo completo, apesar de a meta brasileira ir além disso. "O Brasil e o G77 não aceitam quantificar seus objetivos sem saber se terão financiamento", disse.

Outro exemplo: os colchetes faziam enorme diferença na questão de quem seria o sujeito da cláusula que criava o compromisso de provisão de recursos para o fundo de financiamento. O texto começava com o sujeito entre colchetes, portanto, indefinido:

[As Partes países desenvolvidos] deverão, começando em 2013, prover recursos baseados em uma [avaliação] [indicação] da escala de contribuições a ser adotada pela conferência das partes.

Nessa versão, o parágrafo obrigaria apenas os países desenvolvidos. Mas, nesta outra, todos, exceto os países menos desenvolvidos, teriam compromissos financeiros:

[Todas as partes, exceto os países menos desenvolvidos] deverão, começando em 2013, prover recursos baseados em uma [avaliação] [indicação] da escala de contribuições a ser adotada pela conferência das partes.

Os colchetes delimitavam duas escolhas cruciais e opostas. Uma limitava apenas aos países desenvolvidos a contribuição para o fundo climático, a começar em 2013. A outra incluía países como China, Índia e Brasil como doadores para o fundo.

Além disso, uma vez decidido quem deveria contribuir, seria preciso decidir se essa contribuição seguiria uma escala indicativa de contribuições ou uma escala baseada na avaliação da capacidade financeira de cada parte.

O mundo, como se vê, tinha seu destino entre colchetes em Copenhague. Para que ele fosse definido em um acordo efetivo e real, seria preciso que duras decisões políticas rompessem com as aparências da diplomacia e escrevessem com a clareza das pessoas comuns: se os países assumiriam metas, se essas metas seriam vinculantes e quem pagaria a conta, em que proporção.

Havia outras decisões fundamentais em suspenso. Por exemplo, se houvesse um acordo com metas vinculantes, este deveria ser revisto periodicamente, para que essas metas fossem atualizadas à luz de novas indicações científicas e do que se tivesse alcançado em termos de mitigação até aquele ponto. "A ciência anda muito rápido", disse Todd Stern, negociador dos Estados Unidos, "por isso a revisão periódica é uma ideia importante que apoiamos e que permite o ajustamento das ações, com base nas necessidades de cada momento". O negociador brasileiro, Luiz Alberto Figueiredo, disse que o Brasil também achava boa a ideia da revisão periódica, pois queria um "acordo bom para o clima e de acordo com a ciência".

Tanto Stern como Figueiredo, porém, se disseram contrários aos termos propostos para o acordo que teria revisão periódica. Aceitavam a revisão futura, mas não o conteúdo dos textos que deveriam ser revistos no futuro.

Confuso? Contraditório? Pois é assim mesmo na diplomacia do clima.

MARCANDO POSIÇÃO

No final do dia, terminou a reunião da União Europeia, em Bruxelas, onde foi decidida a proposta definitiva para a COP15, causando mais decepção. Contrariando as expectativas dos corredores do Bella Center, os europeus não aumentaram unilateralmente a meta de 20 para 30 por cento de redução das emissões de 1990 até 2020. A decisão foi manter o caráter "condicional" da meta de 30 por cento. Isto é, os europeus só a adotariam se houvesse compromisso correspondente dos outros países no acordo de Copenhague. Um sinal de que a União Europeia não estava mais apostando em um bom desfecho para a COP15.

O financiamento de longo prazo não obteve mais que uma vaga menção no comunicado oficial, que tratou em maior detalhe do financiamento de curtíssimo prazo. O comunicado dizia que a União Europeia estava confiante de que se chegaria ao montante de 10 bilhões de dólares por ano e se comprometia a contribuir com 3 bilhões de dólares por ano para o período 2010 a 2012. Confirmando os temores de todos, pressionada pela crise, a União Europeia trocava o financiamento de longo prazo — que se imaginava deveria alcançar progressivamente os 100 bilhões de dólares por ano — pelo fundo de curto prazo e uso imediato. Representava a mobilização de um décimo, anualmente, dos recursos que se planejava para o fundo principal.

Pela manhã, o primeiro-ministro do Reino Unido, Gordon Brown, e o presidente da França, Nicolas Sarkozy, haviam dado uma coletiva à imprensa defendendo o financiamento rápido de curto prazo (*fast track finance*). Brown disse que o Reino Unido contribuiria com 800 milhões de dólares por ano e Sarkozy, que a França daria 600 milhões de dólares. Dessa forma, os dois se responsabilizavam por metade do compromisso europeu, deixando o restante para a Alemanha e os países da Escandinávia.

Estava montado o cenário político para a segunda semana da COP15. Para o cenário físico, o Bella Center seria fechado à imprensa e às ONGs, no final de semana, para arrumações, principalmente por causa da segurança dos chefes de governo e de Estado. Era o reconhecimento de que os dinamarqueses e a secretaria executiva da UNFCCC haviam subestimado o tamanho da reunião e não tinham acreditado na presença dos principais governantes do mundo.

COPENHAGUE: ANTES E DEPOIS

No sábado pela manhã, houve reuniões plenárias. O documento-base apresentado pelo grupo LCA seria objeto de reuniões bilaterais e em pequenos grupos. Nas plenárias, não passaram de intervenções dos vários países, para marcar posições em relação ao documento e dar sinais da direção que desejavam para as negociações. Tuvalu, por exemplo, levantou questão de ordem para dizer que a sessão tinha que continuar analisando sua moção e não o texto do LCA. Mas, sentindo a pressão sobre Connie Hedegaard, seu representante aproveitou para elogiar o grau de comprometimento pessoal que estava empenhando para o sucesso de Copenhague.

Falando em nome do G77+China, o Brasil disse que o grupo estava disposto a continuar trabalhando com base no texto apresentado pela presidência do grupo de trabalho, mas identificava a necessidade de rever determinados pontos, incluindo a melhoria do tratamento dado à adaptação dos países em desenvolvimento à mudança climática. Em outras palavras, não estava satisfeito com o financiamento das ações de adaptação. Disse também que uma estrutura garantindo a continuidade do Protocolo de Kyoto tinha importância crítica para o grupo e seria essencial para o bom resultado das negociações de Copenhague. Cutajar, o presidente do grupo de trabalho, fez uma síntese do ponto em que se encontrava a conversa sobre o documento que coordenara junto com o negociador brasileiro. Disse que uma tremenda quantidade de trabalho havia produzido um pacote substancioso e rico de proposições, condensadas no documento, com progressos importantes no financiamento das florestas, REDD+ e em tecnologia. Mas havia percebido divergências acentuadas em relação ao formato legal — se o resultado deveria ser apenas um instrumento legal, portanto substituindo o Protocolo de Kyoto, ou dois instrumentos, preservando o protocolo. Disse que a decisão sobre essa importante matéria estava fora do mandato do grupo que presidia e sugeria que a presidente da COP desse atenção a ela.

O representante dos Estados Unidos elogiou o "esforço heroico" de incorporar os pontos centrais do acordo em um texto conciso, e anotou o progresso nas áreas de tecnologia, florestas e adaptação. Disse que seria preciso, entretanto, maior clareza em como avançar nessas negociações, especialmente no capítulo sobre mitigação — redução de emissões —, e que os ministros poderiam trazer o necessário sentimento de urgência para as decisões da semana seguinte.

Era isto: marcações protocolares de posição. A COP15 já estava no compasso de espera para o início de seu segmento de alto nível, na segunda-feira. Até lá, só conversas informais e reuniões bilaterais e de pequenos grupos de países, para afinar posições comuns e desenhar estratégias para o segundo tempo do jogo.

A presidente Connie Hedegaard, num derradeiro esforço para salvar sua posição como presidente da COP15, convidou os ministros que já se encontravam em Copenhague para uma reunião informal no domingo à noite. Ela enfrentava contestação dentro do governo, e suas relações com o primeiro-ministro Rasmussen haviam se esgarçado ao limite do rompimento. A condução dos trabalhos pela Dinamarca sofria duras críticas de delegados e ONGs. Se conseguisse convencer os ministros a iniciar a segunda semana dispostos a romper os impasses que paralisavam a negociação, talvez conseguisse sobreviver na presidência até a chegada dos chefes de governo.

A ministra Dilma Roussef chegou no sábado e foi direto para o Hotel D'Angleterre. Convocou a delegação brasileira para que a inteirasse dos assuntos. Segundo pessoas presentes à reunião, sua primeira pergunta foi: "Como está a agenda do Serra e da Marina?" Desde o primeiro instante deixou claro que sua presença na longínqua e gelada Dinamarca nada tinha a ver com a negociação do clima. Sua atenção estava voltada para a disputa político-eleitoral interna. O desempenho da delegação da qual o presidente lhe havia delegado o comando e cujo único objetivo eram as negociações do clima sofreu muito com essa atitude da ministra. O Brasil perdeu o papel de protagonista nas negociações críticas que desempenhou na primeira semana. As atitudes e exigências da ministra deixariam a equipe em estado de tensão e levariam alguns dos membros centrais da delegação à beira da exaustão.

Na noite de domingo, Dilma convocou uma coletiva de imprensa. Havia acabado de participar da reunião informal com os ministros que já estavam em Copenhague. Mas não tinha muita informação relevante a dar. Reiterava, quase sempre minimizando, as posições do Brasil, sem novidade ou brilho. Quando o ministro do Meio Ambiente, Carlos Minc, tentava intervir na entrevista, ela o impedia, com gestos bruscos e indelicados.

O DIA DA FLORESTA

O domingo foi marcado por manifestações: um grande evento dedicado ao debate das mudanças climáticas e florestas, o Dia da Floresta, organizado pelo CIFOR, o Centro Internacional para Pesquisa em Florestas, e de festas turbinadas, promovidas pelas grandes ONGs. Não fui a nenhuma das festas das ONGs. Pelo que soube, foram animadas.

Uma das manifestações foi particularmente notada. O bispo Desmond Tutu e o arcebispo Rowan Williams, de Canterbury, fizeram um culto ecumênico, e as igrejas em todo o mundo tocaram seus sinos 350 vezes, para simbolizar o limite de 350 ppm de carbono equivalente na atmosfera.

Fiquei toda a manhã e a tarde nas reuniões do Dia da Floresta. Era o terceiro que o CIFOR promovia e havia atingido uma escala sem precedentes. Claramente, surfava na onda de apoio e entusiasmo que a COP15 havia provocado entre cientistas, especialistas, ambientalistas, ONGs, empresas e grupos de interesse.

Na sessão de abertura, falaram várias celebridades, entre elas a cientista política, prêmio Nobel de economia, Elinor Ostrom, e a ex-primeira-ministra da Noruega Gro Bruntland, que presidiu a famosa Comissão Mundial para o Ambiente e o Desenvolvimento. Conhecida como a "Comissão Bruntland", produziu um dos primeiros relatórios de prestígio sobre desenvolvimento sustentável. Nas subplenárias, cada uma sobre um dos grandes temas — mitigação, adaptação, degradação —, foi possível ouvir grandes figuras da cena ambientalista mundial, como a prêmio Nobel da Paz, Wangari Maathai. Na sessão dedicada às Visões Globais sobre Florestas e Mudança Climática, falaram os ministros do Ambiente do Reino Unido, Hillary Benn, do Vietnã, Pham Khoi Nguyen, e da Dinamarca, Troels Lund Poulsen. Estava também o prêmio Nobel de Economia e autor do importante relatório Stern, o economista Nicholas Stern. Nessa sessão, o governador do Amazonas, Eduardo Braga, apresentou, em inglês, o programa de conservação florestal de seu estado.

Todas as grandes questões em jogo na COP15 foram debatidas naquele domingo, pela sociedade civil global, pelos governos, pelos cientistas. Se o consenso daqueles plenários pudesse ser transferido para o Bella Center, o mundo teria tido um grande acordo climático global. A proximidade física dos eventos, porém, contrastava com a enorme distância política entre o que demandavam a ciência e a sociedade organizada e a capacidade coletiva de decisão dos países líderes do mundo. Nos corredores era possível conversar mais detidamente com cientistas, ambientalistas e delegados. Sentia-se a carga de expectativa ansiosa com relação à segunda semana da conferência, com a chegada dos ministros.

Não eram só ministros e prêmios Nobel que desembarcavam em Copenhague naquele movimentado final de semana. Milhares de ambientalistas, jornalistas e lobistas chegavam à capital dinamarquesa para a rodada final das negociações do clima. Nas ruas de Copenhague, dezenas de milhares de militantes manifestavam seu descontentamento com os impasses entre os países. Foram entre 40 e 100 mil, dependendo da fonte. Quem esteve lá, como a repórter Afra Balazina, do *Estado de S. Paulo*, e o repórter Roberto Maltchik, da TV Brasil, me atestou que foi enorme. Uma marcha basicamente pacífica, com um ou outro grupo de provocadores, me contou um jornalista que a acompanhou em vários trechos da cidade. A polícia agiu com truculência além do justificável e fez muitas prisões. Era o começo de uma sucessão de confrontos entre militantes e polícia, que persistiria até os últimos dias da COP.

Por toda parte se via que o número de pessoas que tentariam acesso à segunda semana da COP aumentava exponencialmente naquele final de semana. Centenas transitavam pelo metrô, vindas da estação ferroviária e do aeroporto, trazendo suas malas e mochilas. As ruas estavam tomadas por pessoas de todas as naturalidades, com bótons e camisetas alusivas ao clima e à convenção. Aquela cidade fria, coberta pelo branco da neve, pulsava, cheia de energia e tensão. O sol apareceu, afinal, naquele fim de semana invernal, como se quisesse revigorar as energias e iluminar os espíritos. O inverno se imporia, de novo, sombrio e gelado, nos dias seguintes, e enfrentaríamos várias nevascas.

CAPÍTULO 5   A cúpula partida

REFAZENDO TUDO

A segunda semana da COP15 começou mais fria, mais tensa, mais confusa e mais lotada. Os metrôs estavam abarrotados de gente. Os participantes da conferência, que portavam seus crachás à vista para circular de graça pelo sistema público de transporte, se misturavam aos locais, aos ambientalistas e aos manifestantes. As filas de espera dos trens ficaram enormes e, a cada parada, saía pouca gente e entrava mais. Ia-se no embalo da massa. A aflição se devia aos constantes avisos pelos alto-falantes da estação, em dinamarquês e inglês, de que a nevasca estava provocando grandes atrasos, com mais de três horas de espera em algumas estações. Passadas as estações mais centrais, saíam os locais e poucos se atreviam a entrar naqueles carros lotados de estrangeiros de toda parte.

Quando cheguei à porta, ninguém cedia espaço à frente, e eu estava sendo empurrado por trás por tanta gente que não dava para resistir. Deixei o corpo ir sobre a massa comprimida, que acabou se ajeitando para que eu entrasse. Mas era menos do que eu e minha mochila precisávamos. Resultado: a mochila ficou presa na porta, o trem não saía. Constrangido, forcei um pouco mais as pessoas, puxei a mochila e o trem partiu. Fiquei peito a peito com uma bem fornida senhora local, cujo hálito exalava os vapores da boa quantidade de vodca que tomara, não fazia muito tempo, talvez para espantar o frio. Estava de bom espírito e olhava aquela invasão dos bárbaros do clima com um sorriso. Ela saiu na estação seguinte.

No alto-falante do trem, avisos em dinamarquês e inglês davam conta de que uma composição havia quebrado, interrompendo um trecho das linhas, e explicando as baldeações a fazer. Não era nosso caso. Continuaríamos direto até a estação que ficava bem na frente do Bella Center, que ficava aberta por algumas horas na parte da manhã. Depois, as autoridades a fechavam até o final do dia. Quem quisesse chegar pelo metrô tinha que descer aproximadamente 2 quilômetros antes e caminhar o resto do trajeto, no frio e na neve.

Na chegada, a aglomeração na porta era muito maior que em qualquer um dos dias anteriores. As filas eram enormes e lentas. Na entrada da sala de imprensa, dois escâneres de metais acoplados a máquinas de raio x, instalados lado a lado logo após a porta do banheiro masculino, anunciavam mais dificuldades para a circulação e o acesso dos jornalistas nos dias seguintes. As filas de credenciamento eram as maiores e as mais lentas. Quem havia se credenciado com antecedência, mas chegava para a segunda semana, teve problemas sérios para pegar os crachás. Jornalistas, observadores de ONGs e de instituições acadêmicas estavam tendo crachás recusados. Tudo estava mais lento.

A explicação das autoridades era que o número de pessoas em busca de registro havia ultrapassado em muito a capacidade do centro. O número de crachás concedidos já era, a essa altura, muito superior à lotação máxima considerada segura. Isso resultaria em uma escalada de limitações para as ONGs, que receberiam cotas decrescentes de passes, a serem usados junto com os crachás. Jornalistas sem credenciamento prévio tiveram seus pedidos recusados. As delegações oficiais aumentariam inevitavelmente de tamanho com a chegada dos chefes de governo, que trariam mais auxiliares e até repórteres. A improvisação na organização era visível. Não tinha havido planejamento para a segurança dos dirigentes governamentais na montagem do Bella Center para a conferência.

A espera de horas e o tratamento bastante áspero dos seguranças na formação das filas provocavam muita indignação.

COPENHAGUE: ANTES E DEPOIS

Um jornalista contava exasperado aos colegas: "Fomos tocados o dia todo como gado, não pude nem pegar uma xícara de café." Jornalista sem café, geralmente, é um caso grave.

Chegavam, também, várias celebridades para eventos paralelos, aumentando a confusão: Al Gore, Arnold Schwarzenegger, a princesa Victoria da Suécia, o príncipe Charles.

Os ambientalistas aumentavam a intensidade e o tamanho das manifestações na porta do Bella Center e nas ruas de Copenhague. Agora protestavam contra os obstáculos a um acordo ambicioso e as crescentes restrições à participação das ONGs na conferência. Argumentavam que isso reduziria drasticamente a transparência e a qualidade das decisões.

Os manifestantes ficavam cara a cara com uma barreira de policiais e iam tentando forçar a passagem. Os policiais resistiam o quanto podiam. Quando perdiam terreno, atacavam os que estavam à frente da multidão, para forçá-la a recuar. Ficavam horas nesse cabo de guerra, sob frio rigoroso. Ninguém se retirava, nem mesmo quando começava a nevar intensamente.

Esses flagrantes do duro e truculento confronto entre ambientalistas e polícia podiam ser vistos em vários sites, que transmitiam imagens ao vivo das manifestações. Contribuíam para aumentar a tensão interna e serviam de ilustração para o que se passava nas mesas de negociação. Era outro cabo de guerra, mas com vários grupos forçando o avanço e outros bloqueando. Avançava-se um pouco e, de repente, recuavam-se várias posições. Concretamente, avanços e recuos se anulavam. A negociação estava parada, bloqueada.

As ONGs fizeram uma reunião com a presidente da COP15 e o secretário executivo da Convenção, para tentar algum afrouxamento das restrições. Sucesso em negociação era, porém, exatamente o recurso escasso no Bella Center. Conseguiram muito pouca concessão. As grandes ONGs ganharam pelo menos a garantia de acesso de seus principais diretores. As menores saíram perdendo. Algumas ficaram sem nenhum observador nos últimos dias. O máximo que obtiveram foi a revisão diária das cotas. Um adicional de emissões dos países do Anexo I. Os pedidos eram apoiados pelo G77. Os países desenvolvidos consideravam essa postura inadmissível. A intransigência ameaçava levar a COP15 a uma ruptura.

Qual a razão desse pedido? Era a desconfiança causada pela decisão de que as reuniões dos ministros que comandavam o "segmento de alto nível" seria dedicada à discussão dos temas relativos a um novo acordo, usando o documento sobre "ações de longo prazo" (LCA) como base. Ficavam de fora da pauta as questões relativas ao Protocolo de Kyoto. Os países africanos suspeitavam que esse acerto era sinal da existência de um plano para encaminhar a proposta de um acordo político não vinculante aos líderes governamentais e abandonar o Protocolo de Kyoto. A saída encontrada pela presidente da COP15 foi manter consultas informais sobre os pontos cruciais dos trabalhos dos dois grupos centrais: longo prazo (LCA) e Kyoto (KP). Essas consultas seriam conduzidas por dois ministros, um dos países desenvolvidos e outro dos países em desenvolvimento.

Esse vagalhão de dúvidas, contrariedades, desconfianças varreu a agenda oficial. Com as conversas formais suspensas outra vez, horas a fio foram dedicadas a contornar atritos, restabelecer um terreno mínimo de entendimento e definir procedimentos para que os trabalhos pudessem recomeçar. A primeira urgência era evitar a saída das delegações africanas da conferência.

No final do dia, a África do Sul conseguiu persuadir as delegações africanas a não tomar nenhuma atitude extrema antes de pelo menos mais um dia de negociações. O dia seguinte seria a data-limite para aprovação do texto a ser encaminhado aos ministros. Após o exame político dos ministros que chefiavam as delegações, o texto seria, então, submetido aos chefes de governo.

A África do Sul conseguiu convencer os africanos recorrendo à força das relações continentais de solidariedade. Mas foi difícil, porque sofria muitas críticas no G77 e de algumas lideranças africanas mais exaltadas por sua participação nas reuniões desses diretores, analista influente da diplomacia do clima, me disse que saíra da reunião com a sensação de que, quando chegassem os governantes, as coisas ficariam muito difíceis para eles. Tinha razão.

COMEÇO AFLITO

Foi um dia nervoso em todos os ambientes da COP15. As negociações quase entraram em colapso, mas o dia terminou com um acordo geral para a continuidade das conversas. Delegações africanas deixaram todas as mesas de negociação, reclamando de falta de transparência e ação efetiva na cúpula do clima. Ameaçavam, também, abandonar a própria cúpula, no dia seguinte, se não houvesse progresso real nessas duas dimensões.

O problema não estava diretamente ligado aos dois temas que impediam um acordo geral: compromissos mensuráveis, reportáveis, verificáveis (MRVs) e financiamento. Tinha a ver com a quebra original da confiança. Os africanos reagiam a rumores de que os países desenvolvidos negociavam em paralelo um novo documento, que seria apresentado diretamente aos chefes de Estado na quinta-feira. Apesar de a presidente Connie Hedegaard garantir que de modo algum isso aconteceria, a falta de confiança e credibilidade entre as delegações criava um clima de suspeita e contrariedade.

As conversas continuavam contaminadas por conflitos e impasses não resolvidos nas sessões finais da semana anterior. Connie Hedegaard passou a manhã em consultas nervosas para decidir como prosseguir. O nó central era o pedido da União Africana e dos países menos desenvolvidos para que todas as negociações do grupo de trabalho sobre ações de longo prazo (AWG-LCA) — o mais importante — fossem suspensas. Pedido semelhante foi feito no grupo de trabalho sobre o Protocolo de Kyoto (AWG-KP) para todas as negociações, exceto a que dizia respeito à redução dos países do BASIC — Brasil, África do Sul, Índia e China. Eles acertavam à parte uma estratégia comum nas negociações.

O G77 não conseguiu sobreviver ao estresse. Com o BASIC negociando de um lado e a União Africana bloqueando de outro, implodiu. Um resultado esperado. Era previsível que rachasse numa reunião dessas. Essa divisão seguiu a linha dos quatro grandes grupos ou subgrupos que já recortavam o G77 internamente: o BASIC, a AOSIS/SIDS, a União Africana e o (LDC) Grupo dos Países Menos Desenvolvidos. Os países do BASIC, bloco formalizado em novembro de 2009, já haviam apoiado o documento chinês em contraposição ao dinamarquês. O texto não obteve a concordância dos demais. A União Africana, constituída por 53 países do continente, em Lome, no Togo, em julho de 2000, tinha posições próprias desde o começo. A AOSIS, Aliança dos Pequenos Estados-ilha, uma coalizão de 39 países da Ásia-Pacífico, América Latina-Caribe e África, criada em 1990, era a plataforma política dos Pequenos Estados-ilha em Desenvolvimento (SIDS), formalmente reconhecido como grupo específico desde a Rio 92. No episódio com Tuvalu, havia ficado clara a distância de posições entre o BASIC e a AOSIS. O LDC, Grupo dos Países Menos Desenvolvidos, é um agrupamento oficialmente reconhecido pela ONU, que reúne 49 países, de acordo com critérios de renda *per capita*, capital humano e vulnerabilidade econômica. Alinha-se muito mais frequentemente com a União Africana e a AOSIS do que com o BASIC.

O BASIC terminou se cristalizando na COP15 como o grupo politicamente mais eficaz extraído do G77, afastando-se em definitivo dos demais. Com duas potências regionais, China e Brasil, mais a Índia, país emergente estratégico na geopolítica regional e global, e a África do Sul, que tem posição geopolítica relevante no continente africano, o BASIC já é parte da elite global. Foi imediatamente incorporado ao núcleo central de decisores da COP15, no topo da diplomacia global do clima.

COPENHAGUE: ANTES E DEPOIS

Desse desenho saíram os principais jogadores da semifinal da COP15: os desenvolvidos, os Estados Unidos jogando individualmente; o BASIC, grupo das potências emergentes, com a China com frequência em jogadas individuais; a União Africana, com a África do Sul servindo de ponte entre os africanos e o BASIC; os Estados-ilha, a maior parte do tempo aliados aos africanos e aos LDCs. O G77 mantinha papel protocolar no processo da ONU e acabava ocupando um espaço político residual, fundamentalmente em função da liderança de Lumumba Di-Aping, sempre dizendo falar "pelos mais pobres".

Superado o bloqueio africano, o resto da segunda-feira foi de trabalho concentrado nas várias frentes de redação de documentos preliminares a serem levados a plenário. Foram intensas as consultas ministeriais, em grupos, bilaterais ou multilaterais. Os grupos mais importantes vararam a noite, parando apenas na madrugada de terça-feira.

Dessa forma desconjuntada e aflita, a COP15 amanheceu na terça-feira, dia da abertura oficial do segmento de alto nível. O dia parecia decisivo para o rumo das negociações. Havia um enorme esforço em busca de um acordo "politicamente vinculante". Em política, não existem "prazos fatais". Nem formatos predefinidos. Em outras COPs, o segmento de alto nível seria o estágio terminal. Nesta, ficaria como uma disputada semifinal. A cúpula de chefes de governo seria a fase superior e decisiva.

Foi um dia inesquecível e atribulado. Havia pelo menos duas grandes frentes de impacto. Os procedimentos protocolares, dos quais saíam recados em linguagem diplomática, mas claros o bastante para bom entendedor. As tormentosas conversas informais, idas e vindas de delegados, reuniões febris de grupos. Os discursos protocolares foram abertos pelo anfitrião, o primeiro-ministro Lars Rasmussen, que já ficara marcado por ser repetitivo. Seu mantra dos "dois tempos" era sempre recebido com inquietação e suspeita.

Em seguida, falou o secretário-geral da ONU, Ban Ki-moon. Pediu um acordo ambicioso e abrangente, que incluísse metas mais fortes no médio prazo, para os países desenvolvidos, e mais ações por parte dos países em desenvolvimento para reduzir suas emissões. Também defendeu um quadro mais claro para a adaptação à mudança climática, com financiamento adequado e apoio tecnológico. Ressaltou a necessidade de um mecanismo de governança equitativa e transparente. Expressou o que era o desejo manifesto da maioria das delegações, mas não se conseguia condensar em um conjunto concreto de decisões.

Connie Hedegaard alertou para a possibilidade de fracasso e ressaltou a importância de concessões de parte a parte. "Somos responsáveis pelo que fazemos, mas também teremos que prestar contas pelo que não fizermos", disse. Ela já reagia às dificuldades que enfrentava.

Yvo de Boer falou em seguida, dizendo que todo o trabalho preparatório já havia sido feito. "Está na hora de entregar resultados." Pediu que os países se esforçassem para resolver as pendências que os separavam de um bom acordo.

Falaram ainda o príncipe Charles e a prêmio Nobel da Paz Wangari Maathai.

DE OLHO NA CAMPANHA

A chefe da delegação brasileira, ministra Dilma Roussef, cujo assento ficava em posição de grande visibilidade, preferiu ausentar-se a maior parte do tempo. Tinha algo mais importante a fazer. Convocou uma coletiva de imprensa paralela à cerimônia. Nela, aproveitou para desqualificar a posição da senadora Marina Silva e do governador José Serra de que o Brasil deveria contribuir para o fundo climático em negociação para financiar a adaptação dos países menos desenvolvidos. Declarou que os países ricos queriam que as nações em desenvolvimento contribuíssem em parcelas iguais para o fundo climático. Coisa que não se ouviu em nenhuma das declarações. Ao contrário, o que se passou, em se-

COPENHAGUE: ANTES E DEPOIS

guida, foi que vários países desenvolvidos — como França, Reino Unido e Japão, por exemplo — assumiriam diretamente responsabilidade por parcelas significativas do financiamento.

Essa questão do financiamento levou a delegação brasileira a um improviso despropositado. Marina Silva foi a primeira a dizer que o Brasil devia contribuir com 1 bilhão de dólares para o fundo que seria criado com o Acordo de Copenhague. Em seguida, em um evento paralelo sobre biocombustíveis e etanol, falaram José Serra e Carlos Minc. Serra e Marina se encontraram e o governador deu declaração concordando com ela.

Esses episódios causaram grande irritação na parte da delegação brasileira que acompanhava a ministra Dilma. O mínimo que diziam é que era eleitoreira. Por isso a ministra Dilma convocou a coletiva para responder à senadora Marina. Nela disse que 1 bilhão de dólares era uma merreca. Mandou os assessores calcularem quanto o Brasil já investia em ações de mitigação e adaptação. E passou a brandir números mirabolantes sobre os supostos "gastos verdes" do Brasil. Os assessores do Meio Ambiente e do Inpe defendiam o uso de outros números para argumentar que o Brasil já contribuía com as ações climáticas dos mais pobres. Reforçaria o papel de liderança do Brasil.

Levaram a questão ao presidente Lula assim que ele chegou. Lula não estava convencido. A delegação oficial brasileira se reuniu para discutir o que fazer. Os contrários batiam na tecla de que era eleitoreiro e poderia colocar o Brasil numa posição delicada. Os favoráveis argumentavam que o Brasil já fazia mais. Só da decisão de destinar 20 por cento do Fundo Amazônia aos outros países amazônicos, eram 200 milhões de dólares. Vários milhões beneficiavam países africanos no programa contra desertificação. O Inpe estava instalando capacidade de monitoramento de desmatamento via satélite na África, beneficiando África do Sul, Angola e Moçambique. Fazia sem custo para os países. Apropriando-se esses custos, seriam mais vários milhões de dólares. Conclusão: o Brasil já destinava em torno de 1 bilhão de dólares a ações climáticas de países em desenvolvimento. Lula se convenceu. Mandou Dilma Roussef e Carlos Minc anunciarem que o Brasil aceitava o princípio de que os países de economias avançadas do mundo em desenvolvimento deveriam contribuir. Tanto que já ajudava países em desenvolvimento mais pobres em ações de mitigação e adaptação.

Antes de Lula chegar, em preleção aos jornalistas Dilma defendeu posições que, caso mantidas nas negociações, corresponderiam a um veto desastroso do Brasil a qualquer acordo. Enunciou ideias já superadas pelas próprias decisões do Brasil, da China e da Índia, ao anunciarem medidas de redução de emissões. Disse, por exemplo, que o Brasil tinha direitos de emissão, por ser um país em desenvolvimento, e que tinha emissões muito baixas. Referia-se às emissões *per capita*. Música para os ouvidos da China e da Índia.

É preciso entender como se comportam esses países, particularmente a China. Sob pressão e correndo o risco de ficarem isolados numa posição de defesa da economia de alto carbono, avançam. Tendo quem tome a iniciativa de bloquear o avanço, usam o pretexto para voltar à retranca. Era o que Dilma Roussef estava oferecendo, o pretexto para o recuo. Mas os negociadores não acreditavam que o presidente Lula seguisse a posição de sua ministra. Em telefonemas com vários chefes de governo, Lula sempre defendeu a importância de um bom acordo e se mostrou disposto a contribuir para ele. Dilma não era ouvida pelas Partes da COP15. Mas também não falava para elas. Só falava para seu público interno.

Durante o tempo em que esteve em solo dinamarquês, a ministra muitas vezes foi um estorvo para a delegação. Preferia conversas bilaterais às reuniões multilaterais. Só se interessava em conversar com representantes de países que pensavam como ela. Dificultava o trabalho dos especialistas e desprezava aconselhamento técnico sobre questões relevantes. Ouvi reclamações e manifestações sobre sua conduta de vários membros da delegação oficial. Em uma reunião, um dos especialistas mais importantes da delegação tentou explicar determinado ponto dos temas em discussão e recomendar certo procedimento. Ela interrompeu dizendo: "Deixa eu lhe explicar... Isso aqui é coisa de peixe grande, de profissional, pessoas sem experiência política como você nem percebem o que está se passando." Mas quem não estava percebendo muita coisa era ela, com os olhos postos na cena brasileira.

Em sua primeira coletiva à imprensa, Dilma havia conseguido falar "voluntário", "voluntária" e "voluntariamente" seis vezes, em trinta segundos. Era uma entrevista de confronto, contra supostas ameaças dos países desenvolvidos. Agressivamente, disse em tom mais alto e batendo no peito que "a nossa política foi definida de acordo com nossos interesses". E completou: "Acontece que ela é a melhor política ambiental apresentada, e até agora a mais completa, apresentada aqui." Era um discurso sem consistência e alheio ao que se passava nas mesas de negociação. Atribuía inteiramente aos países desenvolvidos a contribuição para a redução das emissões, quando os países emergentes, inclusive o Brasil, já haviam anunciado que contribuiriam.

A diferença entre obrigatório e compulsório era muito tênue naquele momento, pois os Estados Unidos, não tendo ratificado Kyoto, também estavam apresentando metas voluntárias e definidas de acordo com seus interesses. Como de resto todos os outros. Não havia filantropia naquela reunião. O Japão, por exemplo, ameaçava abandonar o Protocolo de Kyoto se os emergentes não entrassem.

A ministra também estava mal informada. Várias propostas eram, por definição, superiores às do Brasil. Isso era da própria lógica do acordo, das "responsabilidades comuns, porém diferenciadas". Dilma não conseguia deixar a política interna para se dedicar à política externa.

José Serra e Marina Silva também estavam lá de olho na campanha. Serra fez um evento com o governador da Califórnia, Arnold Schwarzenegger, e participou de uma reunião promovida pela indústria brasileira do álcool, com o ministro Carlos Minc. Marina

Silva participou de um dos eventos paralelos mais disputados pelos ambientalistas. Sala lotada, com fila nos corredores de pessoas tentando entrar de qualquer maneira para ouvi-la. Natural, aquelas eram reuniões de ambientalistas; dos três candidatos, só ela tinha intimidade e história com aquele público. Aquele era o mundo em que Marina havia militado por trinta anos. Jornalistas estrangeiros procuravam os brasileiros na sala de imprensa, querendo saber onde podiam encontrar "Marina Silva".

Dilma Roussef tinha uma plateia quase cativa na enorme delegação brasileira. Em Copenhague, a informação que obtive foi de que era a maior de todas. Informação confirmada. Pelo que apurei lá, a delegação tinha seiscentas pessoas. Quando retornei ao Brasil, um diretor da Fiesp que havia feito parte da delegação me disse que foram novecentos os delegados oficiais do Brasil. "Nem todos pagos pelo governo", apressou-se em dizer, "mas todos acreditados pelo Itamaraty."

Os eventos a que Serra compareceu foram muito disputados, mas por razões menos ligadas à atração pessoal do governador. Na apresentação sobre biocombustíveis, só havia praticamente brasileiros. Sala muito cheia e muitos aplausos. No caso daquela que compartilhou com Schwarzenegger, a entrada era por convite. Obviamente o público internacional era muito maior que o brasileiro. Serra participava do evento porque, como Schwarzenegger, havia promulgado uma lei estadual de mudanças climáticas, com metas de redução de emissões de gases estufa, mais avançada do que a lei federal. No caso dos Estados Unidos, não havia legislação federal. No brasileiro, a lei federal é confusa e chega ao cúmulo de dizer que a meta é voluntária. A lei paulista tem uma meta clara e direta: 20 por cento de redução de emissão de gases estufa, em relação às emissões de 2005, até 2020. A lei federal propõe um desvio para baixo da tendência futura das emissões em relação ao cenário sem ações de mitigação (*business as usual*).

Para a imprensa, foi distribuído um número limitado de senhas, que provocou um episódio de muito bom humor envolvendo os jornalistas. O comitê de imprensa anunciou pelo alto-falante que as senhas para o evento do governador Schwarzenegger seriam distribuídas a partir daquele momento. A distribuição seria no balcão de informações, entre a entrada e o átrio principal, na base de quem chegasse primeiro. Houve grande correria. Momentos depois, os jornalistas retornaram, alguns mostrando as senhas obtidas como se fossem troféus, outros com cara de decepção. Horas depois, o comitê informou pelo alto-falante que novas senhas seriam distribuídas. Eram perto de 3:00 da tarde, a sala estava vazia, muita gente ainda no almoço. Um pequeno grupo se dirigiu ao balcão de informações. A jovem dinamarquesa que atendia no balcão não sabia de senha alguma. Diante da informação de que a distribuição havia sido anunciada na sala de imprensa, pediu auxílio a uma companheira, que também de nada sabia. Alguns jornalistas mais exaltados reclamavam da desordem e falta de informação e que dessem um jeito de achar as senhas. As moças chamaram um colega, um jovem dinamarquês, parrudo, com seus 1,90 m de altura, voz forte. Inteirado da confusão, levantou a voz e disse:

— Não há mais tíquetes para Schwarzenegger!

Um jornalista dos Estados Unidos, perguntou, para gargalhada geral:

— E para a Disneyworld, tem?

BAIXO ASTRAL

A solenidade de abertura não contribuiu para melhorar os ânimos. Entre os negociadores, não havia lugar para tiradas de bom humor. Ao contrário. Muitos viram nos discursos de Rasmussen, Hedegaard e Ban Ki-Moon sinais de que continuavam com a ideia de um acordo político para salvar a face. A menção pelo primeiro-ministro da "solução em dois tempos" foi vista como indicação de que ele continuava defendendo o documento dinamarquês. O secretário-geral causou inquietação ao comemorar o financiamento de curto prazo e ao dizer que o objetivo seria estabelecer os fundamentos para que um acordo legalmente vinculante pudesse ser celebrado o mais cedo possível, em 2010. Adiantou pouco dizer que, até lá, o Protocolo de Kyoto continuaria sendo o único instrumento legal da política global sobre mudança climática e, nessa qualidade, deveria ser mantido.

Em um ambiente de desconfiança generalizada, qualquer frase podia ser mal interpretada e tomada como sinal para confirmar as piores suspeitas. Era o que estava acontecendo. Foi nesse contexto, marcado por suspeitas e sobressaltos, que os grupos de redação trabalharam durante toda a terça-feira. O dia começou em suspenso. O que parecia ter avançado retrocedeu. O que estava travado ficou mais travado. Em algumas delegações baixou certo desespero.

No início da noite anterior, por exemplo, os negociadores interessados na inclusão das florestas no novo acordo estavam à beira da euforia. O documento sobre REDD — financiamento de reduções de emissões por desmatamento e degradação florestal — estava quase todo negociado, havia poucos pontos em aberto. Uma nova rodada de negociações, com o objetivo de fechar esses itens, em poucos minutos virou um pesadelo. A Colômbia reabriu uma questão para que fosse decidida pelos ministros. Imediatamente, outras delegações reabriram outros pontos. À meia-noite, o texto havia retrocedido ao grau de indefinição de 48 horas antes. Era o efeito dominó, que assombrava os negociadores o tempo todo. Tudo pode ser reaberto, se tudo não estiver fechado e referendado.

Reuniões informais de alto nível continuavam apressadas tentando resolver os pontos travados. Às 17:00, a plenária ainda não tinha sido aberta. O grupo sobre a Convenção do Clima (AWG-LCA) deveria entregar nova versão do documento-base para os ministros às 19:30. O grupo sobre o Protocolo de Kyoto, meia hora depois. Os ministros teriam o dia seguinte para dar forma final aos textos, para submeterem à decisão dos chefes de governo. Ninguém cumpriu os prazos fatais.

COPENHAGUE: ANTES E DEPOIS

Delegações inteiras manifestavam desolado pessimismo. Os mais calejados diziam que o melhor que havia acontecido é que os pontos de impasse estavam identificados e os ministros focariam seus esforços neles. Imaginavam que ainda fosse possível resolver esses pontos até sexta-feira. Mas o sentimento crescente era que os ministros não seriam capazes de desatar todos os nós políticos. Os principais impasses chegariam à cúpula de chefes de governo.

Os ânimos estavam tão negativos que de várias fontes saíam notícias, comentários, tentando reanimar os delegados.

Fontes do Reino Unido informaram que o primeiro-ministro Gordon Brown faria um apelo veemente pela negociação, na reunião de chefes de Estado logo pela manhã. O presidente Lula chegaria à meia-noite. Havia a esperança de que ele daria outro ritmo à participação do BASIC nas negociações. Praticamente toda a delegação brasileira via sua chegada como uma salvação. A maioria esperava que alguém fosse capaz de persuadi-lo a pôr um ministro mais experiente no comando das negociações. Elas haviam se tornado muito complexas para serem conduzidas pela ministra Dilma Roussef. Ela não tinha intimidade com negociações multilaterais desse porte e complexidade e se mostrava muito rígida em suas posições.

A regra básica das COPs é que nada está negociado até que tudo esteja negociado. É um duro tudo ou nada que dificulta qualquer acordo. Todas as Partes têm poder de veto, podem derrubar ou reabrir qualquer ponto a qualquer momento. Mas o corolário é que os "políticos" podem tudo, inclusive fechar, em algumas horas, o que os "técnicos" (diplomatas profissionais que chefiam o segmento chamado técnico das negociações) não conseguiram fechar em uma semana. A rigidez de alguns "políticos" podia derrubar de vez a conferência.

Foi um dia de trabalho frenético. A tensão era tão densa que quase se podia pegá-la na mão. O dia mais trabalhoso e tenso de todos. E nessa COP não houve um só dia relaxado. Para os jornalistas era um espanto. Rumores, boatos, fatos, documentos, informações chegavam, ao mesmo tempo, de fontes distintas. Era um trabalho incessante, a checagem das informações era dificultada pela quantidade e simultaneidade do que chegava. Quem tinha prazo de fechamento precisava descartar muita informação, selecionar aquelas notícias que lhe parecessem mais relevantes e enviar. Quem operava em tempo real virava uma espécie de metralhadora de notícias e notas. Eu usava as informações mais importantes do final da manhã para meu comentário para a CBN. Na parte da tarde, escrevia análises para o blog. Pelo Twitter, transmitia as informações mais perecíveis.

Os ambientalistas também estavam muito nervosos. A frustração com o bloqueio das negociações se somava à indignação com as notícias de que não seriam admitidos observadores à fase final das negociações. O número de observadores admitidos já estava reduzido a um mínimo. Do lado de fora, os milhares barrados protestavam pela falta de resultados concretos e pelo fechamento do Bella Center. *"Hey-hey ho-ho Bella Center here we go"*, gritavam do lado de fora, em marcha rumo à entrada da conferência. Em volta do Centro, uma enorme barreira policial.

Os grupos de trabalho começavam a dar sinais de exaustão, física e política. Haviam jogado a toalha na discussão dos principais pontos de impasse em reuniões que atravessaram a noite de segunda até a alvorada da terça-feira. Ficou claro que os principais negociadores iriam passar mais uma noite sem dormir. Vários deles foram aos hotéis apenas para cochilar um par de horas, tomar um banho, trocar de roupa, tomar um café da manhã melhor do que conseguiriam no Bella Center e voltar para as mesas de negociação. Antes do almoço já estavam todos de volta. Eram tantas idas e vindas que estavam perdendo o controle do que era decidido nos vários grupos. Em algum momento seria preciso reunir os coordenadores e consolidar o resultado de todas as conversas em um texto-síntese.

A decisão de transferir para os ministros chefes de delegações as definições sobre os pontos mais difíceis de entendimento havia desagradado profundamente os mais importantes negociadores e, sobretudo, a presidente da COP15, Connie Hedegaard, e o secretário executivo da Convenção do Clima, Yvo de Boer. Os principais negociadores decidiram trabalhar na madrugada para tentar preencher as lacunas das negociações de uma semana e chegar a um esboço completo. Nele poriam o que estava definido sobre todas as questões técnicas, deixando apenas as escolhas políticas centrais para o segmento de alto nível. No caso de falharem, a presidente havia avisado que interviria de forma mais agressiva, usando suas prerrogativas. Significava indicar um grupo de redação e levar um documento completo direto ao plenário de ministros.

A cúpula do clima estava à beira de um colapso. Poderia ser salva pela decisão política dos chefes de governo. Mas não sem que o impasse em torno de um documento-base fosse resolvido de alguma maneira.

Que pontos estavam em aberto? Exatamente os que definiriam o grau de ambição e alcance do acordo. As metas quantitativas para os países desenvolvidos; as ações de mitigação dos países em desenvolvimento (NAMAS); o financiamento, inclusive REDD; e o monitoramento e verificação das metas e das ações (MRVs).

RECOMEÇO

Na quarta-feira, dia 16 de novembro, pela manhã, finalmente a sessão plenária foi aberta. Os principais negociadores trabalharam toda a madrugada para tentar ter um novo esboço de documento-base para a plenária. Alguns deles só deixaram o Bella Center às 7:00 da manhã, quando os outros delegados começavam a chegar.

Entre eles estava o embaixador Figueiredo, que continuava sendo a figura central da delegação brasileira. Pajeava a ministra Dilma durante o dia, o que o impedia de participar de mediações importantes, como fez na primeira semana. Participava das negociações do grupo de redação nas madrugadas.

Quando cheguei com um grupo de jornalistas madrugadores, o Bella Center já estava cercado pela polícia. Havia notícia de confrontos violentos com manifestantes. A entrada foi menos penosa, porque não havia a enorme aglomeração habitual, porém mais nervosa.

O primeiro-ministro Gordon Brown desembarcou em Copenhague para tentar intermediar o impasse, mas alertou para o perigo de fracasso das negociações. Reconheceu que "é possível que não consigamos um acordo e é verdade que ainda há muitos pontos a serem resolvidos".

Lula chegou na madrugada da quarta-feira e passou o dia no Hotel D'Angleterre, onde ficou hospedado. Reuniu-se logo cedo com a delegação brasileira, para tomar pé da situação. Durante esse dia, teve encontros com quase todos os chefes de governo já em Copenhague. Um dos primeiros que recebeu foi Gordon Brown. Esteve também com Angela Merkel e Wen Jiabao. Mandou o ministro Celso Amorim conversar com Hillary Clinton. Lula contou que, nessas conversas, sentiu enorme pessimismo de todos e grande preocupação em evitar que Copenhague fosse um fracasso.

Dentro do Bella Center, embora o G77 continuasse a se reunir, já não era mais ouvido nas negociações. A União Africana havia passado a atuar diretamente, como grupo isolado, desde o bloqueio das sessões, em protesto pela falta de transparência e efetividade. Os países do BASIC (Brasil, África do Sul, Índia e China) negociavam por conta própria e eram reconhecidos como a elite dos países em desenvolvimento. Os pequenos países-ilha só falavam por meio da AOSIS. A União Europeia tinha voz institucional própria, mas o Reino Unido, a Alemanha e a França atuavam autonomamente. O Reino Unido se empenhava muito na intermediação das diferenças entre Europa e Estados Unidos.

Ao final das negociações, o máximo que os grupos de trabalho e de contato informal haviam conseguido fora eliminar os retrocessos mais recentes. Segundo um membro de uma das delegações envolvidas, voltou-se ao texto apresentado pelos presidentes dos dois grupos, Protocolo de Kyoto (AWG-KP) e Convenção do Clima (AWG-LCA), que haviam sido postos em discussão entre o final da primeira semana e o início da segunda.

A maior parte das conversas girava em torno de procedimentos. Era consequência direta da quebra de confiança ocorrida logo no início. O ministro da Energia do Reino Unido, Ed Miliband, irritou-se e disse à imprensa: "Isso aqui vai virar uma farsa se falharmos por causa de desentendimentos sobre procedimento."

O bloqueio persistia. Mas já se sabia o que dava e o que não dava para conversar. Os Estados Unidos, por exemplo, disseram não ter condições de aumentar a meta para 2020. O Reino Unido concordou, dado que o presidente Obama teria de respeitar os limites impostos pelo Congresso. A contraproposta de alguns países foi que os Estados Unidos aumentassem a meta para 2050 e ajudassem a resolver o impasse no financiamento.

O primeiro dia da fase de alto nível da COP15 começava com os ministros chefes de delegação em dificuldades e uma expectativa muito mais sombria que a do início da semana.

NO CÓRNER

A manhã chegou embalada em rumores insistentes: "Connie vai cair." Tinha problemas com o primeiro-ministro e havia perdido apoio dentro do governo dinamarquês. O que se dizia é que Connie Hedegaard seria afastada, mas, por pressão de delegações influentes e da União Europeia que a apoiavam, manteria uma função formal nas negociações.

Alheia aos rumores, ela participou da coletiva de imprensa habitual, junto com Yvo de Boer, sobre os problemas do final do dia anterior e os planos para o dia em curso. Essas coletivas haviam sido pensadas para oferecer aos jornalistas um apanhado das decisões anteriores e a visão da agenda do dia. Mas haviam se transformado, de fato, em uma revisão dos problemas "de ontem" e uma avaliação sobre quais seriam os problemas "de hoje". Connie não foi questionada sobre sua saída, embora só se falasse disso na sala de imprensa.

Sua renúncia à presidência da COP15 foi, contudo, o primeiro ato de impacto do dia. Foi substituída por Lars Rasmussen. Ao renunciar, Connie Hedegaard cedia ao primeiro-ministro, com quem vinha vivendo intensa rivalidade política. Mas sua saída também era o primeiro marco da transição entre um evento diplomático formal e uma reunião de cúpula política. Nos corredores, as delegações mais hostis a Rasmussen viam na saída de Hedegaard mais um ato da conspiração de alguns países desenvolvidos para emplacar a proposta dinamarquesa de acordo simbólico. Outros diziam que ela havia ficado sem alternativa, dado que não conseguira fazer valer sua autoridade na presidência. Os mais moderados diziam que sua saída era inevitável, por causa da cúpula. Não era possível que primeiros-ministros e presidentes fossem presididos por uma ministra. Criara-se uma questão hierárquica com a chegada de tantos chefes de governo, que tornava inviável sua permanência na presidência da COP15. Cada uma dessas explicações contava um pedaço da verdade.

Connie Hedegaard é uma dinamarquesa loira e alta, como quase todas as dinamarquesas, esguia como poucas. Veste-se com elegância funcional, quase sempre em *tailleurs* ou ternos. Formou-se em história e literatura. É direta, franca e tem os olhos brilhantes de inteligência. Não caiu na presidência da COP15 de paraquedas, aos cinquenta anos de idade. Era talvez a única personalidade política da coalizão dominante em seu país com credenciais para assumir o posto.

Em 1984, foi eleita para o parlamento aos 24 anos, pelo Partido Conservador. Antes dos trinta tornou-se líder de seu partido no parlamento para assuntos de defesa nacional. Dois anos depois, foi promovida a líder. Em 1990, deixou a política para se dedicar ao jornalismo, onde fez uma carreira de muito prestígio, trabalhando simultaneamente em jornal e como âncora de rádio e televisão. Em 2004, retornou à política como ministra do Clima e Energia. Em 2005, voltou a eleger-se para o parlamento. Seu desempenho como ministra da Energia foi muito elogiado, pela economia de energia que conseguiu e pelo avanço no uso de fontes renováveis.

Em 2008, Connie convidou seus colegas ministros do Ambiente para um *trekking* no glaciar de Perito Moreno, na Argentina. Queria que todos vissem de perto os efeitos da mudança climática.

Àqueles que estranham que uma conservadora possa ter ideias ambientalistas avançadas, ela sempre responde, entre um suspiro e um sorriso, que não vê motivo para o ambiente ser um tema da esquerda. Em uma entrevista para o *New York Times*, em setembro de 2009, ela disse que "as pessoas acham que o ambiente é um tema menor, mas não é. É sobre fontes de energia, segurança e crescimento econômico. Eu sou uma conservadora e me preocupo muito com tudo isso".[90]

Ela não sairia da presidência da COP15 para a obscuridade. Com habilidade, usou a conferência na Dinamarca como plataforma para se lançar na política europeia. Teve sucesso. Em 10 de fevereiro de 2010, foi nomeada por Durão Barroso para o cargo recém-criado de comissária da União Europeia para Ação sobre o Clima.

Connie ainda causaria outra comoção naquela quarta-feira ao anunciar que o plenário seria convocado a deliberar sobre dois textos, que estariam à disposição das delegações em breve e seriam apresentados formalmente pelo presidente Rasmussen. O anúncio causou furor entre os que suspeitavam de conspiração de uma pequena elite, desde o vazamento do "documento dinamarquês", no começo da COP15. No plenário, várias delegações protestaram formalmente e com veemência. Toda hora chegavam notícias de nervosas reuniões reservadas, consultas

---

[90] Elisabeth Rosenthal, "Danish conservative prepares for climate debate", *The New York Times*, 19 de setembro de 2009.

informais, acertos por fora. Nada que ajudasse a melhorar os humores, ainda mais ao verem formalizada a substituição de Hedegaard por Rasmussen.

Durante a abertura dos trabalhos do segmento de alto nível por Rasmussen, várias delegações o interpelaram imediatamente sobre sua decisão de apresentar dois textos. Uma delas foi a do Brasil. Queria que o documento do LCA fosse considerado pelo plenário. A China apoiou, dizendo que a forma pela qual o presidente da COP estava conduzindo a questão dos documentos deixava a impressão de que os textos tão duramente negociados pelas partes não seriam a base das decisões. Disse, diretamente, que se abria uma questão de confiança na relação entre o país anfitrião e as Partes da Convenção do Clima, porque Rasmussen não estava agindo com transparência. O delegado chinês afirmou que a única base legítima para decisão eram os documentos apresentados pelos grupos de trabalho e que o presidente não podia simplesmente trazer um texto "caído do céu". A Índia apoiou a posição do Brasil e da China.

Rasmussen estava no córner. Suas explicações não convenceram e a inquietação permaneceria até a reunião seguinte. A COP15 estava em um beco sem saída. Não escaparia dele pelas vias diplomáticas formais, nem dando as mesmas voltas que todos já haviam dado durante mais de uma semana. O chamado segmento técnico, formado por negociadores diplomáticos e funcionários de alto nível, não conseguiu resolver os impasses que paralisavam as negociações desde o início da conferência. O segmento de alto nível, formado pelos ministros chefes das delegações nacionais, já começou batido. Não fez mais que reproduzir, e em alguns casos agravar, os mesmos impasses e polarizações. Agora, só os líderes globais, já em consultas entre si, poderiam salvar a COP15 do fracasso.

Os negociadores e vários ministros passaram a madrugada inteira tentando uma solução para que pudessem ter um documento preliminar que servisse de base para a reunião dos chefes de Estado.

Não conseguiram. Durante a noite, por exemplo, a delegação dos Estados Unidos endureceu o jogo e entrou em confronto direto com a China, interrompendo inteiramente as conversas.

A secretária de Estado dos Estados Unidos, Hillary Clinton, desembarcou em Copenhague para tentar destravar as negociações no plano político, quando os principais chefes de governo já estavam lá. Era um sinal claro da vacilação de Obama em relação ao encontro. Hillary deveria informá-lo sobre a possibilidade de um acordo de cúpula. A secretária de Estado disse que, se fosse possível desatar os nós que impediam progresso real, Obama passaria cinco horas em Copenhague para as conversas finais. Se não houvesse saída, ele não compareceria apenas para anunciar o fracasso. Pegou muito mal. Os chefes de governo já estavam em Copenhague. Enviar a ministra foi interpretado como atitude arrogante e de desrespeito aos colegas.

CÚPULA EM SUSPENSO

A presença dos chefes de governo neutralizava o chamado segmento de alto nível. Ele deixara de ser a última instância e perdera a capacidade de resolver conflitos. Diante de qualquer obstáculo maior, em lugar de buscar pontos de passagem aceitáveis de parte a parte, optava-se por transferir o problema para os governantes que já conversavam entre si.

Com as conversas nesse estado de suspensão, no plenário Tycho Brahe a convenção continuava ouvindo discursos de chefes de Estado. Nos hotéis e salas reservadas, intensas negociações de cúpula procuravam encontrar rumo alternativo para a reunião. Do lado de fora, sob a neve, milhares de manifestantes protestavam por terem sido proibidos de entrar no Bella Center por razões de segurança e pediam um acordo real e ambicioso.

Uma coisa era certa. Ficava praticamente impossível montar uma declaração apenas para salvar a face. A opinião pública global e a mídia denunciariam a farsa. Ela seria imediatamente definida como fracasso. Ou bem os líderes anunciavam um acordo real, ou bem reconheciam a derrota.

Obama dizia que viria para fechar um acordo, mas não para anunciar o fracasso. Se não chegassem a um acordo, transformariam em realidade o cartaz com que o Greenpeace recebeu os participantes da COP15. Os líderes encanecidos, em 2020, pedindo desculpas por não terem feito um tratado em Copenhague e assumindo a responsabilidade pela tragédia climática decorrente da falta de ação.

Um acordo com substância e efetividade, dentro das regras formais da Conferência das Partes, ficara praticamente impossível. São 192 países dispostos a usar o poder de veto. A maioria de votantes muito circunstanciais, sem papel relevante nas negociações, deliberava sobre assuntos de grande complexidade, alto impacto e interdependentes, com os olhos postos no curto prazo ou em seus interesses específicos. Alguns reagiam de forma puramente ideológica. A elite da cúpula, composta por grandes emissores e potências globais, desenvolvidas ou emergentes, revelava não estar madura ainda para enfrentar o principal desafio global do século XXI.

Nada estava fechado antes que tudo estivesse fechado. Parecia uma charada premonitória. O segmento de alto nível perdeu força antes mesmo de começar. Enquanto os ministros se reuniam, já estava claro que haviam perdido o controle. A bola já estava no campo dos chefes de governo. Essa certeza teria várias consequências, e uma delas seria mudar a atitude do presidente Obama.

Como desatar um nó criado por vetos cruzados e reabertura em dominó de temas já dados por decididos?

A única maneira seria retirar a negociação desse contexto e levá-la para outro ambiente, no qual as regras fossem flexíveis e onde se pudesse negociar previamente o alcance dos vetos. Esse ambiente só podia ser o da alta política entre chefes de governo.

NOITE DE ENCONTROS E DESENCONTROS

Com a COP15 inapelavelmente suspensa de fato como instrumento deliberativo, o plenário virou um palco de discursos sem importância. Os jornalistas encontravam mais dificuldades para transitarem pela área em que os políticos se encontravam. As ONGs estavam barradas do lado de fora. Era sinal de que governantes já circulavam pelos corredores do Bella Center. A verdadeira cúpula tinha sua pré-estreia nos hotéis, pelo telefone e em videoconferências. Lideranças europeias, africanas e americanas mantinham consultas intensas e decisivas. Entre os mais ativos estavam o premiê britânico Gordon Brown, a chanceler alemã Angela Merkel e o presidente francês Nicholas Sarkozy. O presidente Obama era informado de tudo pelo telefone.

Lula e Obama falaram longamente por telefone. Lula e Sarkozy também trocaram ideias sobre o caminho de um acordo político de cúpula. Lula ainda conversou com Gordon Brown, Angela Merkel e Wen Jiabao. O presidente da COP15, Lars Rasmussen, procurou-o para pedir apoio ao novo "documento dinamarquês", que só faria sentido se essa negociação de cúpula chegasse a bom termo.

O primeiro-ministro Gordon Brown, no Twitter, dava um curto e desalentador sumário de suas andanças entre as delegações. Às 8:12 da manhã, tuitou:

10DowningStreet PM: Negotiations fraught, but determined to get this done. Leaders must put cards on table [Negociações pesadas, mas determinado a fechar isso. Os líderes precisam botar as cartas na mesa].

Às 9:04, dava conta de seu encontro com Hillary Clinton:

10DowningStreet PM: Just met Hillary Clinton. Her support for the 100bn figure should help us shift the dynamic [Acabo de encontrar Hillary Clinton. Seu apoio à soma de 100 bilhões pode nos ajudar a mudar a dinâmica].

Às 11:12, outro tuíte:

10DowningStreet PM PM: *Marathon negotiations with Mexico Australia Indonesia & others. Need 2 keep leaders focused on real world outcomes, not dry texts* [Maratona de negociações com México, Austrália, Indonésia e outros. Necessidade de manter os líderes focados em soluções do mundo real, não textos áridos].

Às 14:55 um tuíte com informação importante:

10DowningStreet PM: *crucial meeting with Premier Wen of China, and then 5 minutes to grab a steak.* [Encontro crucial com o premiê Wen da China, e depois cinco minutos para engolir um steak].

Em política, nenhum espaço é vazio. Nenhuma oportunidade é desperdiçada. Por isso o plenário ainda tinha um papel a cumprir, mesmo com as decisões bloqueadas. Era onde os chefes de governo podiam dar seus recados públicos, frequentemente calçados por conversas informais reservadas. Ao reabrir a sessão, a vice-presidente da COP, Christiana Figueres Olsen, ministra do Ambiente da República Dominicana, explicou que a conferência das partes continuava suspensa, na dependência de consenso sobre procedimentos. Disse também que, embora tivesse havido progresso na redação dos documentos que deveriam ser levados à deliberação do plenário, o trabalho não estava completo e demandava esforço adicional.

"No pacote, nada está acertado enquanto tudo não estiver acertado", concluiu usando a máxima fatal que tornava as conferências do clima prisioneiras do impasse por mais de uma década. Segundo ela, havia dúvidas sobre como conciliar o que estava sendo feito com o Plano de Ação decidido em Bali. Adiantou que o presidente Rasmussen estava consultando as partes sobre como proceder. Ele informaria a todos na manhã seguinte sobre os resultados dessas consultas, quando a COP suspensa seria reaberta. Questionada sobre a natureza dessas articulações de Rasmussen, ela pouco esclareceu: "Ele está consultando sobre como conduzir as consultas. Este foi um dia extraordinário", disse ela, "e o caminho adiante não está claro."

Não estava mesmo. Tudo era realmente extraordinário e os participantes, nem os que observavam aquela movimentação febril dos políticos, conseguiam ter clareza sobre o que se passava. Extraordinário, por exemplo, era ver o plenário cheio para uma reunião suspensa, na qual dignitários falavam com pompa e circunstância. Ficava clara a enorme distância entre o protocolo e a política. Protocolarmente, a sessão estava suspensa. Politicamente, continuava sendo um palco ao qual se tinha que prestar atenção.

PROPOSTA CONCRETA

Como, por exemplo, quando o primeiro-ministro da Etiópia, Meles Zenawi, falando em nome dos "africanos", tentou desatar um dos nós cegos mais antigos da diplomacia do clima. Dele veio o primeiro sinal concreto e positivo daqueles dias de brumas e intempéries. Acabou exercendo papel fundamental nos entendimentos posteriores, ao propor um modelo de financiamento que tinha tudo para levar a um acordo. Feita oportunamente em nome da África e reservando a maior parte dos recursos para os mais pobres, a proposta afastava as resistências dos desenvolvidos e dos emergentes.

Era um esquema que garantia recursos suficientes, com um cronograma que atendia às dificuldades de curto prazo dos países desenvolvidos; cobria as necessidades imediatas dos países em desenvolvimento; provia os volumes financeiros necessários, a partir de 2020; e respondia às demandas de governança equilibrada. Ele propôs o arranjo financeiro que todos apoiariam, com alguns retoques, removendo bloqueios de uma década a um acordo global sobre mudança climática.

Seriam dois fundos, um de curto e outro de longo prazo. Dos recursos de curto prazo, 10 bilhões de dólares ao ano no período 2010-12, 40 por cento iriam para a África. Um conselho formado em partes iguais por doadores e receptores supervisionaria o fundo. O fundo de longo prazo, que deveria alcançar 100 bilhões de dólares anuais até 2020, teria 50 por cento destinados à África e aos pequenos países-ilha. A parcela da África seria administrada pelo Banco Africano de Desenvolvimento.

Meles Zenawi era o ponteiro político de uma iniciativa basicamente europeia, em aliança com algumas lideranças africanas. Entre os formuladores da proposta se destacava o prêmio Nobel de Economia, Nicholas Stern. Após o discurso, Zenawi detalhou suas ideias em uma coletiva de imprensa, ao lado do presidente da Comissão Europeia, José Manuel Durão Barroso. Durão Barroso declarou apoio oficial da Europa à proposta. Sarkozy a caracterizou como um "trabalho notável" e a apoiou inteiramente. No fim, seria aceita por todos.

O primeiro-ministro japonês Hatoyama divulgou uma nova proposta financeira do Japão para os países em desenvolvimento, caso houvesse acordo. Era também uma tentativa de lubrificar as engrenagens da negociação no delicado tema do financiamento. Ele se comprometeu a contribuir com 11 bilhões de dólares em fundos públicos e 4 bilhões de dólares em recursos de mercado, para o período 2010-12. Representava um terço do fundo de curto prazo, de 30 bilhões de dólares. A condição era que os grandes emergentes — leia-se China, Índia e Brasil — também participassem como partes ativas no acordo. Cada manifestação seguinte sobre financiamento mostraria que a articulação dessa proposta financeira vencedora havia sido mais ampla e chegara aos ouvidos de Hatoyama, Obama e Lula.

COPENHAGUE: ANTES E DEPOIS

Negociadores bem articulados, como o brasileiro Luiz Alberto Figueiredo e a negociadora oficial da Espanha Alicia Montalbo, cumpriam missões específicas, para eliminar resistências de aliados mais próximos. A África do Sul continuava tendo importância fundamental na negociação com a União Africana, para evitar vetos às negociações por cima e por fora da COP15. Foi a forma encontrada para responder à desconfiança dos países africanos em relação ao que se passava na cúpula da COP15, que denunciavam como sem transparência e pouco representativa.

O primeiro-ministro José Luis Zapatero foi informado das negociações por Alicia Montalbo. Ele concordou imediatamente e a encarregou de manter conversações com os países da América hispânica, com os quais o governo espanhol tem uma relação de confiança. Durão Barroso e o primeiro-ministro de Portugal, José Sócrates, mantinham consultas com os países da África que haviam sido colônias portuguesas.

Todos trabalhavam intensamente para destravar o acordo. Os governantes envolvidos na articulação conversavam com os pares com os quais tinham mais ligações, para explicar o acordo e remover vetos. O consenso em torno das linhas gerais do esquema financeiro dava alguma esperança de que seria possível encontrar fórmulas semelhantes para as duas outras questões espinhosas: metas quantificadas e seu monitoramento e verificação.

Uma parte da regulamentação concreta desse acordo ficaria, inevitavelmente, para uma próxima cúpula política. O premiê da Etiópia propôs que a regulamentação do esquema financeiro fosse apresentada ao G20, em junho de 2010. Só dessa forma, negociando por fora e pelo alto, seria possível obter algo substantivo e efetivo em Copenhague. As regras da Convenção do Clima foram feitas para proteger interesses nacionais. Não serviam para acordos que exigissem mudanças estruturais e nova prioridade para as políticas de governo.

HORA DE CONSOLIDAR

A quinta-feira amanheceu sob neve. Nevava muito quando saí para a estação do metrô de Lergravsparken. Tinha de andar duas longas quadras até chegar à estação. As escadarias estavam cobertas de neve e gelo, perigosas.

Mas a neve era a menor das preocupações. À noite, a maioria dos chefes de governo estaria na cidade. Em algumas horas, as delegações teriam de terminar seu trabalho para que, no dia seguinte, os governantes de seus países tivessem um acordo para assinar. A dificuldade dos problemas à frente era certamente maior do que enfrentar a nevasca, o frio de 10 graus negativos e o risco de escorregões na neve.

Para os jornalistas que chegaram comigo cedo ao Bella Center, estava reservada uma péssima surpresa. Na entrada do átrio principal, seguranças pouco gentis barravam nossa passagem e nos indicavam a porta lateral, de emergência. A mesma que muitos ambientalistas e lobistas haviam usado nos dias anteriores para burlar o controle de passes na entrada da sala de imprensa. O acesso dos jornalistas ao átrio principal, onde ficavam os restaurantes, estava proibido. Ao entrar na sala de imprensa, os escâneres na passagem para o pátio central estavam aparentemente em operação, mas não se conseguia atinar muito bem para quem. Os jornalistas foram informados de que não poderiam circular pelo vão principal do Bella Center. Para as coletivas de imprensa, seriam escoltados por seguranças, que passariam de vinte em vinte minutos, e deveriam seguir em caravana até o auditório. Depois, seriam escoltados de volta.

O banheiro dos homens, que tinha entrada pelo átrio, estava fechado para os jornalistas. Todos usariam o banheiro das mulheres. Não poderíamos ir aos restaurantes. Teríamos apenas a lanchonete da sala de imprensa que, obviamente, não tinha capacidade para atender a todos. Não conseguiria servir refeições, só os quase intragáveis sanduíches e umas tortas ou bolos doces, passáveis, mas pouquíssimo recomendáveis.

COPENHAGUE: ANTES E DEPOIS

Era um arranjo de improvável viabilidade, que representaria absurdo sacrifício do bem-estar para mais de 3 mil jornalistas. Enquanto as explicações eram transmitidas pelo alto-falante, gritos em inglês de "deixem-nos trabalhar em paz" eram ouvidos por toda a sala de imprensa. Um grupo de jornalistas de grandes órgãos da imprensa dos Estados Unidos e da Europa foi reclamar com Connie Hedegaard e Yvo de Boer. O esquema de segurança seria admissível, se ele houvesse sido pensado com antecedência e previsto condições adequadas de trabalho em confinamento. Aquele espaço exíguo e sem serviços representava uma situação intolerável, uma prisão. Havia clara ameaça de interromper a cobertura do evento.

Do jeito como apareceu, o absurdo esquema de segurança sumiu. Pouco tempo depois, fui testar como seria a divisão do banheiro entre homens e mulheres. O desconforto seria delas, claro, porque na maioria do mundo os homens são muito pouco educados para compartilhar o banheiro com as mulheres. Mas não foi preciso. Os escâneres e raios x já estavam desativados novamente. Pelo que sei, nunca foram usados. O banheiro dos homens, aberto. O acesso à parte principal do Centro, liberado. A única diferença em relação aos outros dias eram os espaços vazios no grande átrio e nos largos corredores, usualmente lotados de gente. Era a ausência dos ambientalistas, que vinham ocupando cada metro quadrado do Bella Center, colorindo o ambiente com suas roupas, faixas, fantasias, representações. As mesas onde seus técnicos se sentavam, notebooks ligados, estavam quase todas vazias.

A explicação dada pela erupção de segurança é de que fora exigência dos serviços de segurança de alguns dirigentes, principalmente Obama. Mas não era muito verossímil. Vários dirigentes já vinham circulando pelo Bella Center, sem grandes aparatos de segurança. No final ficou a convicção de que fora excesso de zelo dos dinamarqueses e da ONU, misturada a enorme improvisação, mau planejamento e desorganização. Era um bom flagrante daquela COP, em que tudo era inesperado, improvisado, agitado.

Finalmente, os trabalhos oficiais seriam retomados. Rasmussen assegurou aos delegados, na plenária da COP, que o acordo seria transparente e baseado nos textos oficiais dos dois grupos centrais de trabalho, LCA (novo tratado) e KP (Protocolo de Kyoto). Ficou acertado que os grupos de redação voltariam a trabalhar informalmente. Havia a sensação de que, em muitos temas, parte da resistência começava a ser vencida.

Eu estava em pé, diante do café da sala de imprensa, quando começou a coletiva da secretária de Estado de Obama, Hillary Clinton. Ela havia conversado com alguns dirigentes, que conhecia pessoalmente, e com colegas ministros de Relações Exteriores, entre eles o brasileiro Celso Amorim. Na conversa telefônica com Lula, Obama lhe havia dito que "falar com Hillary é o mesmo que falar comigo, o que ela fechar está fechado para mim". Hillary pediu uma conversa com Lula, mas o presidente brasileiro preferiu que Amorim a recebesse.

Na coletiva, ela deu um sinal positivo, apoiando o esquema de financiamento que havia sido proposto e dizendo que os Estados Unidos cooperariam para a obtenção dos fundos, tanto para a janela de curto prazo quanto para a de longo prazo. Mas ela foi enfática e repetitiva no condicionante de que os países em desenvolvimento aceitassem monitoramento e verificação de suas ações, mesmo as voluntárias e com recursos próprios. Mencionou diretamente a China. Com essa referência direta demais e sem muito esforço para ser hábil, provocou o mais agudo e difícil enfrentamento de toda a COP15, opondo a China a seu país. Os chineses se sentiram ofendidos. A China é um país com uma longa história de invasões de seu território e de acordos internacionais lesivos a seus interesses. Considerava a insistência em mecanismos de escrutínio de suas ações uma afronta, uma declaração pública de desconfiança, de que o país seria mentiroso ao reportar suas ações.

Na plenária do meio-dia, Rasmussen havia proposto que Connie Hedegaard, na função de representante oficial da presidência, presidisse um "grupo de contato" para consolidar os textos em negociação. A essa altura ninguém tinha noção do conjunto a que se havia chegado nas negociações aflitas e segmentadas. O grupo presidido por Connie teria delegação para completar a negociação dos temas em aberto e consolidar o trabalho dos grupos de redação, que seriam presididos por "pessoas que conhecemos e nas quais confiamos". As delegações concordaram.

Após tomar pé do estágio em que se encontravam as conversas sobre cada tema, Connie Hedegaard sugeriu grupos de redação sobre temas em aberto. Estes seriam coordenados pelos presidentes dos subgrupos equivalentes aos grupos de trabalho oficiais. Connie pediu que fossem identificadas as questões que podiam ser resolvidas no segmento técnico e as que precisariam ser levadas ao segmento de alto nível, político. Na sequência seu grupo se reuniria com os coordenadores para verificar o resultado das conversas. Era o meio da tarde. Os delegados envolvidos no grupo central sabiam que passariam mais uma madrugada no Bella Center. Quando Connie reuniu os coordenadores, descobriu que o avanço obtido havia sido pequeno. A decisão foi continuar conversando. Criou um novo grupo de "amigos da presidência", que se encarregaria de mais consultas e negociações, em seu nome. Nove outros grupos de redação foram criados. Tudo isso a poucas horas do prazo de fechamento. Na manhã do dia seguinte, sexta-feira, tudo deveria estar pronto para ser encaminhado à decisão política dos chefes de delegação.

Enquanto esses numerosos grupos se davam ao trabalho duro de negociar o que até então havia se mostrado inegociável, o segmento de alto nível seguia seu curso. O chão do plenário era ocupado por chefes de delegação e chefes de governo, para discursos protocolares.

Os dirigentes continuavam conversando, principalmente nos hotéis. Lula recebeu o colega francês, Nicolas Sarkozy, para uma reunião de trabalho. Ao final deram uma coletiva de imprensa, que se tornou o primeiro ato político dos chefes de governo em Copenhague.

OS PRESIDENTES

Os dois já haviam se encontrado em Paris, em novembro, logo após a definição das metas brasileiras, e aprovado um documento franco-brasileiro como subsídio para o Acordo de Copenhague. Na coletiva de imprensa no Hotel D'Angleterre, o presidente francês anunciou a primeira grande iniciativa dos chefes de governo e que teria consequências importantes. Disse que

> após uma longa reunião de trabalho nossa análise da conferência e dos riscos que corremos é estritamente a mesma. Desejamos, pedimos, uma reunião de trabalho, depois do jantar, antes das 24:30, com a presença dos principais países interessados nessa negociação de cada região do mundo.

Sarkozy disse que Brasil e França fariam propostas concretas, baseadas no "documento preparado pelo senhor Cutajar", e que não era intenção substituir nenhum dos documentos, mas "criar um guarda-chuva político, com princípios políticos". Um marco geral que levasse em conta o trabalho já realizado nesses dias de conferência. Adiantou que, falando no âmbito da Europa, Angela Merkel e Gordon Brown estavam de acordo com esse encontro da noite. Concluiu dizendo que "o que eu e o presidente Lula queremos é que Copenhague tenha sucesso".

Lula começou falando do pessimismo reinante e que era preciso enfrentá-lo. O presidente disse que, normalmente, "em conferências como essa", depois de meses e anos de trabalho dos técnicos, quando tudo dá certo, os líderes comparecem para aprovar. "Mas quando não dá certo, é preciso que os líderes assumam os ônus e os bônus do que vamos fazer. Seria imperdoável para a humanidade se nós jogarmos fora Copenhague." Lula resolveu a questão da oferta voluntária do Brasil, informando que a "proposta voluntária foi transformada em lei pelo Congresso". Uma forma de dizer que o voluntário se tornara compulsório. Ele disse que "essa proposta do presidente Sarkozy de fazermos uma reunião após o jantar, uma reunião representativa dos principais interlocutores regionais, permite que possamos chegar na assembleia amanhã com uma proposta que possa ser aprovada". Segundo o presidente, "a única coisa que não podemos permitir é que Copenhague seja um fracasso, que a gente saia daqui pior do que chegamos".

Respondendo a uma pergunta sobre a ausência de Obama na reunião da noite e o conflito Estados Unidos-China, que poderia impedir o sucesso da reunião, Sarkozy informou que

> o presidente Lula falou longamente com Obama pelo telefone, eu também conversei com ele, e nós conhecemos sua posição e os pontos que pedimos ao presidente Obama para fazer um esforço. Lembro que os Estados Unidos estão representados também pela senhora Clinton e nós dois desejamos que ela esteja presente à reunião desta noite.

Já Lula preferiu referir-se diretamente às divergências:

> o fato de nós termos divergências justifica a nossa própria presença na política e a nossa presença em Copenhague. O fato de que temos divergências implica em que os políticos têm que entrar em ação. Temos que superar as divergências e construir as convergências no que for possível construir e, a partir daí, continuar trabalhando para que um dia cheguemos à perfeição.

E fez duas referências importantes:

> eu conversei com o presidente Obama, ele vai chegar amanhã às nove horas, mas no jantar estará a secretária Hillary Clinton. Eu, quando mando meu chanceler Celso Amorim me representar numa reunião, eles certamente tomarão decisões que eu acato e que me consultam. Portanto eu acho que os Estados Unidos estão bem representados. E amanhã, com o presidente Obama,

as coisas ficam mais fáceis. O presidente Hu Jintao não está, está aí o primeiro-ministro.

Para Lula, as discordâncias pediam uma reunião prévia com a representação de mais alto nível possível, dos principais interlocutores da geopolítica do clima. Ele não via possibilidade de retrocesso no tratamento diferenciado do Protocolo de Kyoto entre países desenvolvidos e em desenvolvimento. "Todo mundo sabe que, embora as responsabilidades sejam de todos, elas têm que ser diferenciadas pelo tempo histórico de emissão de gases de efeito estufa. Já há consenso." E reconheceu que "temos que ter metas claras e objetivas". Concluiu dizendo "vamos aprovar o que for possível aprovar".

Sarkozy reconheceu que a "China já fez progressos. O presidente Lula esteve com o primeiro-ministro Wen Jiabao ontem. É preciso ter transparência e considerar o fato de que a China é muito sensível a questões de soberania nacional".

Lula reiterou:

nós temos que construir o amanhã e é por isso que é importante essa reunião de hoje à noite. Eu tive reuniões até quase 11:00 da noite aqui. A China tem seus problemas, temos que respeitar. Todos nós precisamos evoluir a ponto de tornar confortável a situação de todos.

Em um detalhado relato da agência oficial da China, Xinhua, um parágrafo interessante fala do encontro de Lula com Wen Jiabao. Diz o seguinte:

às 11:00 o premiê Wen encaminhou-se para o hotel onde ficava o presidente brasileiro Lula da Silva. O presidente Lula propôs um café da manhã de trabalho entre os líderes dos países do BASIC, mas que foi cancelado devido a dificuldades técnicas com os líderes da Índia e da África do Sul. Quando o premiê Wen soube disso, ele pediu um encontro bilateral com o presidente Lula. Os dois velhos amigos apertaram as mãos, se abraçaram e começa-

COPENHAGUE: ANTES E DEPOIS

ram uma conversa cordial. Eles confirmaram o amplo entendimento entre os dois países sobre mudança climática, e se comprometeram a intensificar as consultas e a articulação com todas as partes relevantes de modo a terem um papel positivo.[91]

No começo da noite, havia algum progresso que podia ser medido pelos relatos de certos grupos. O texto sobre adaptação, por exemplo, fora quase inteiramente fechado por consenso. O que teria de ser submetido ao segmento político eram, porém, dois pontos principais: o princípio de que o poluidor paga e o princípio das responsabilidades históricas. Em tecnologia, praticamente tudo havia sido fechado no grupo técnico. De relevante para os ministros ficou apenas a delicada e dificilmente solucionável questão dos direitos de propriedade intelectual. Um ponto que separava radicalmente Estados Unidos e Europa, de um lado, de China, Índia e Brasil, de outro. Nos grupos que tratavam dos aspectos centrais de um possível acordo, entretanto, as dificuldades persistiam sem muita evolução. A principal continuava sendo a do monitoramento e verificação das metas. No campo do financiamento, o único atrito persistente dizia respeito aos critérios de composição dos conselhos dos fundos. De fato, uma questão mais política do que técnica. Tratava-se da governança estratégica dos fundos, não de sua gestão financeira. Indefinições no financiamento, claramente superáveis, e nos mecanismos de monitoramento e verificação (MRVs), bem mais difíceis, prejudicavam as discussões sobre aspectos importantes. Entre eles o REDD, financiamento da redução de emissões por desmatamento e degradação florestal, e as ações nacionais para mitigação das emissões dos países em desenvolvimento de economia avançada (NAMAS).

---

[91] Zhao Cheng, Tian Fan (Xinhua News Agency) e Wei Dongze (*People's Daily*), "Verdant mountains cannot stop water flowing; Eastward the river keeps on going — Premier Wen Jiabao at the Copenhagen Climate Change Conference", Ministry of Foreign Affairs, 24/12/2009.

A decisão foi que a maioria dos grupos continuasse a trabalhar, especialmente aqueles cujos coordenadores vislumbravam ainda alguma possibilidade de avanço adicional. Connie propôs um grupo de "amigos da presidência", negociadores graduados, para tratar dos temas mais políticos, relativos à mitigação dos países desenvolvidos (metas compulsórias), mecanismos de financiamento de mercado, que sofriam bloqueio ideológico comandado pela Venezuela, e governança do esquema de financiamento. G77 e Venezuela impuseram condições que inviabilizaram a iniciativa. Os grupos já existentes voltaram a se reunir. A última consulta a eles aconteceria pouco antes do primeiro ato cerimonial da cúpula de dirigentes: um jantar com a rainha da Dinamarca.

O INCIDENTE

A verdadeira Cúpula do Clima começou naquela noite, em um jantar com a rainha Margarete II, da Dinamarca. Parece que sempre haverá uma gafe histórica em jantares da nobreza. Neste, uma gafe deu lugar a um mal-entendido com graves consequências políticas.

A cúpula tinha apenas uma tarefa: fechar o Acordo de Copenhague. Foi com esse objetivo que os chefes de governo e de Estado já presentes em Copenhague decidiram se reunir após o jantar, sem hora marcada para terminar. Entre eles estavam lideranças globais como Gordon Brown, Nicolas Sarkozy, Angela Merkel, Luiz Inácio Lula da Silva e José Manoel Durão Barroso. Era o que Lula e Sarkozy haviam proposto em sua coletiva à imprensa. Pretendiam acertar diretrizes para redação do Acordo de Copenhague, que desejavam assinar no final da sexta-feira ou em algum momento no sábado.

Nesse encontro noturno, decidido às pressas, embora convocado na coletiva da tarde por Lula e Sarkozy, houve uma ausência importante. O premiê chinês Wen Jiabao não foi. Mas, além de ausente, Jiabao havia resolvido provocar um incidente político. Enviou seu vice-ministro de Relações Exteriores, He Yafei, para fazer um veemente protesto pelo que a China considerava imperdoável descortesia e falta de transparência. He Yafei foi, durante toda a COP15, o porta-voz dos protestos e desagravos chineses nunca em linguagem polida e sempre muito agressivo. A maioria dos chefes de governo nem sequer entendeu o que se passou e por que a China havia feito aquele gesto.

Meses depois, Wen Jiabao, o primeiro-ministro chinês, em entrevista em Pequim, disse que apesar de ter se esforçado para que o acordo fosse fechado, havia sido ignorado de modo grosseiro e que não o haviam notificado formalmente da reunião de líderes após o jantar. "Por que a China não foi notificada desse encontro?", perguntou na entrevista. "Até hoje ninguém nos deu uma explicação satisfatória sobre isso e continua sendo um mistério", disse. "Eu ainda me espanto com pessoas tentando fazer da China um problema."

Essa reclamação do primeiro-ministro chinês havia sido registrada anteriormente no diário divulgado pela agência Xinhua, que dá uma curiosa versão para o incidente daquela noite.

Às 20:00 do dia 17, o premiê Wen compareceu ao jantar oferecido pela rainha Margarete II da Dinamarca. Este marcou o início do segmento de alto nível da conferência de Copenhague. Algo inesperado, contudo, aconteceu durante o jantar. Um líder estrangeiro mencionou ao premiê Wen inadvertidamente que certo país convocaria um pequeno grupo de líderes para um encontro após o jantar no qual discutiriam um novo texto. Isso chamou a atenção do premiê Wen, porque a lista de países convidados nas mãos desse líder tinha o nome da China, no entanto o lado chinês nunca havia recebido qualquer notificação desse encontro. O premiê Wen, então, buscou confirmação com outros líderes, que lhe disseram que de fato o encontro estava agendado para depois do jantar. Era realmente um absurdo que o país que convocou o encontro nunca tenha informado à China. O premiê Wen concluiu que isso não era uma questão menor. Desde o início da conferência países individualmente ou pequenos grupos de países apresentavam textos desprezando o princípio da abertura e transparência, provocando duras reclamações de outros participantes. Ele imediatamente se retirou para o hotel, onde convocou uma reunião para discutir como deveria responder. Por instrução do premiê Wen, o vice-ministro de Relações Exteriores correu ao local onde estava se reunindo o pequeno grupo de países e levantou sérias objeções à forma como o anfitrião havia providenciado tal encontro, com motivos não revelados. Ele lembrou que o princípio da abertura e da transparência precisava ser respeitado. Ninguém devia tentar formar pequenos círculos ou forçar decisões aos outros, porque estaria arriscando levar a conferência ao fracasso.

Certamente a atitude do melindrado primeiro-ministro chinês foi uma das razões para que a iniciativa Lula-Sarkozy tivesse pouco efeito prático. Também ficou claro que sem a China e sem a presença de Obama não havia avanço possível. O pessimismo entre os líderes aumentou.

Esse episódio com a China é curioso e revelador. É bem provável que não tenham se lembrado de fazer uma confirmação formal da reunião com Wen Jiabao. Dificilmente haveria algum conluio para deixar a China de fora, até porque todos sabiam que ela e os Estados Unidos tinham nas mãos a chave do sucesso ou do fracasso de Copenhague. Na imprensa dos Estados Unidos ficou registrado o estranhamento dos chefes de governo pela ausência de Wen Jiabao e o desconforto com o fato de ele ter enviado o vice-ministro He Yafei. Além do mais, o presidente Sarkozy fez o anúncio público do encontro, junto com o presidente Lula, e ambos se referiram à presença de Wen Jiabao. Foi no máximo uma gafe, porém com consequências políticas muito negativas. Uma informação truncada provocava um mal-entendido com carga política explosiva. É claro que só um país ultraformal e melindroso poderia protagonizar incidente dessa natureza.

O que se via no relacionamento entre aqueles líderes era, em contraste, certa informalidade nascida da intimidade propiciada por numerosas reuniões em fóruns como o G-8, G-8+5, G20 e MEF, o Fórum das Maiores Economias, fora os muitos encontros bilaterais. Mas a China, por razões culturais, demandava dose maior de formalismos. Wen Jiabao ficou amuado o resto da reunião, até o encontro final com Obama.

OBAMA

Barack Obama desembarcaria em Copenhague em poucas horas. Era um sinal forte. Desde o princípio a Casa Branca havia deixado claro que ele só compareceria para fechar um bom acordo. Mudou de atitude. Chegava para negociar. Ele errou no dimensionamento das implicações domésticas e globais da COP15 e errou na escolha da hora em que participaria pessoalmente do encontro. Acabou chegando com preciosas horas de atraso. Gordon Brown liderava o processo de articulação, com apoio de Sarkozy e Merkel, mas acabavam formando um núcleo muito europeu. O processo político atropelou o presidente dos Estados Unidos. Era claro que ele não poderia ficar ausente das conversas finais. Se faltasse, seria culpado pelo fracasso.

Ao enviar a secretária de Estado, Hillary Clinton, elevou o status hierárquico da representação de seu país, mas fora de hora. Todd Stern era enviado especial, portanto, tecnicamente com status inferior ao de Clinton. Hillary, aliás, fez questão de deixar isso claro em sua primeira entrevista coletiva. Disse: "nós nomeamos" Todd Stern como o primeiro enviado especial para a Convenção do Clima. O "nós" dizia tudo. Hillary, porém, tinha status para fazer diferença no segmento de alto nível, de ministros. Não na cúpula. Nesta, só havia lugar para Obama.

A secretária de Estado disse que fora enviada a Copenhague pelo presidente Obama "para negociar o quadro macro do acordo, para além da simples negociação de palavras em um texto". Mas Obama, ao chegar, negociaria com os demais, em horas dramáticas, exatamente as palavras de um texto. Uma negociação que nada tem de simples. A política se faz, em grande medida, com palavras. Elas fazem toda a diferença, e foi negociando palavras que Obama conseguiu reduzir as contrariedades entre Estados Unidos e China.

Ninguém mais falava em um tratado de Copenhague. Aquela pergunta longínqua, feita a Yvo de Boer em Barcelona, se confirmava. Não haveria tratado *de* Copenhague, nem assinado *em* Copenhague. Caminhava-se para o Acordo de Copenhague, estritamente político, cujo encaminhamento futuro poderia desembocar em um tratado, mas com um horizonte superior ao intervalo de seis a 12 meses que Gordon Brown pediria em seu discurso. O limite mínimo seria 12 meses, em Cancún, e com baixa probabilidade de ser alcançado. O limite máximo poderia ser, realisticamente, de até 36 meses. A nova data crítica seria, provavelmente, o final do primeiro período de compromissos do Protocolo de Kyoto, em 2012.

As negociações envolviam o G8, o BASIC, lideranças representativas da África e da AOSIS. A esperança era que, se esse acordo pelo topo saísse, a COP15 poderia abrigá-lo de forma protocolar e trazer suas conclusões para as trilhas multilaterais formais, que permitiriam um protocolo futuro. Seria mais que o Plano de Ação de Bali, porque conteria números para metas e cifras para o financiamento, mas ainda não seria um novo protocolo para o clima.

Erros e gafes à parte, a Conferência de Copenhague ia mudando de clima e ambiente ao sabor de circunstâncias políticas e diplomáticas as mais voláteis possíveis. Tudo era pretexto para desconfiança, qualquer palavra menos pensada podia ser motivo para retrocessos.

QUEM OUSARÁ?

Antes de presidir a primeira reunião da Cúpula de Lideranças, o primeiro-ministro Gordon Brown teve mais de uma dezena de

COPENHAGUE: ANTES E DEPOIS

conversas privadas com lideranças dos países desenvolvidos, em desenvolvimento e menos desenvolvidos, numa última e dramática tentativa de criar condições para um acordo. "A tarefa da política é remover obstáculos", disse ele em seu discurso na plenária da manhã, ao contar seus esforços da tarde e da noite da quinta-feira.

Minhas conversas essa semana me convenceram que, embora os desafios que enfrentamos sejam difíceis e desgastantes, não há barreiras insuperáveis em financiamento, ou um déficit inevitável de vontade política, nenhum muro intransponível ao entendimento que nos impeçam de nos colocar à altura do propósito comum e chegar a um acordo agora.

Ele detalhou cuidadosamente o acordo que estava negociando com outros governantes, entre eles Angela Merkel, Nicolas Sarkozy e Durão Barroso. Na parte de financiamento, basicamente repetiu o que Meles Zenawi havia apresentado antes. Disse, também, que imaginava um acordo político que contivesse reduções de emissões de países desenvolvidos e emergentes. Um acordo fortemente vinculante do ponto de vista político, com números e claras orientações para que pudesse se tornar um acordo legalmente vinculante no intervalo de seis a 12 meses.

Brown terminou com força: "Nestes poucos dias em Copenhague, que serão abençoados ou culpados por gerações, não se pode permitir que os interesses estreitos impeçam a política da sobrevivência humana."

O presidente Sarkozy fez um discurso curto, direto e provocador. Nos sete minutos em que ocupou a tribuna, fez um repto aos colegas, perguntando diretamente quem ousaria negar daquela tribuna os pontos principais do acordo. "Não estamos aqui para um colóquio sobre aquecimento global, estamos aqui para tomar decisões", disse ele. "O fracasso está proibido", era preciso chegar a um compromisso, pedia que todos se empenhassem nas próximas 24 horas em uma negociação séria. Dirigindo-se às lideranças, desafiou:

> Quem ousará dizer que a África e os países pobres não precisam de dinheiro? Quem ousará dizer que não precisamos de financiamentos inovadores? Quem ousará dizer que não nos faz falta um organismo? Quem ousará contestar nossa responsabilidade histórica?

Sarkozy terminou, como Brown, pedindo: "Vamos trabalhar esta noite incansavelmente, vamos nos próximos seis meses transformar esse texto político em acordo jurídico."

Lula nesse dia não fez um discurso inspirado. Leu um texto formatado pela assessoria e pelo Itamaraty, que não tinha a marca do seu instinto. Mas pelo menos terminava pedindo um bom acordo:

> O Brasil participa desta Conferência com a determinação de obter resultados ambiciosos. Mas essa ambição tem de ser compartilhada com todos. As fragilidades de uns não podem servir de pretexto para recuos ou vacilações de outros. Não é politicamente racional, nem moralmente justificável, colocar interesses corporativos e setoriais acima do bem comum da humanidade. A hora de agir é esta. O veredicto da história não poupará os que faltarem com as suas responsabilidades neste momento.

O grande momento de Lula seria no dia seguinte, quando, movido a instinto, afastou o desânimo e falou pela segunda vez. Como Obama só chegou na sexta de manhã, quase todos os líderes importantes já haviam falado, menos Wen Jiabao. Não era conveniente deixar apenas China e Estados Unidos com a palavra. Era preciso criar um espaço no qual falassem os protagonistas das decisões que seriam tomadas ao longo do dia. Ficou acertado que Wen e Lula falariam pelo BASIC. O chinês seria o primeiro no púlpito, para sua única manifestação. Lula falaria antes de Obama.

COPENHAGUE: ANTES E DEPOIS

O premiê chinês não deixou transparecer sua contrariedade com a gafe da noite anterior. Reafirmou em seu discurso o compromisso com as metas que seu governo havia anunciado.

Foi com senso de responsabilidade com o povo chinês e a humanidade como um todo que o governo chinês fixou a meta para mitigar suas emissões de gases estufa. É uma ação voluntária que a China adotou à luz de suas circunstâncias nacionais. Não estabelecemos nenhuma condição para a meta, nem a vinculamos à meta de nenhum outro país.

Era uma crítica à União Europeia, que havia condicionado a meta de 30 por cento à atitude dos outros, e do Japão, que insinuara que poderia retirar a meta se não houvesse acordo. "Nós honraremos nossa palavra com ação real. Qualquer que seja o resultado desta conferência, nós continuaremos inteiramente comprometidos com o objetivo de alcançar e até exceder a meta", disse. Era um sinal sobre o tema da transparência.

Lula estava desanimado com as reuniões da noite de quinta-feira e da manhã daquela sexta. Quando a reunião plenária dos líderes estava para começar, disse a assessores próximos que não voltaria a falar. Estava desiludido com as dificuldades para se chegar a um acordo e com o que chamou de "egoísmo da maioria dos países". Tentavam convencê-lo a falar. Ele resistia, dizia-se desesperançado. De repente, ouve o presidente da Convenção, o primeiro-ministro Rasmussen, chamar seu nome. Levantou-se e foi para o púlpito. Não levava papel algum.

Começou seu discurso reproduzindo — de memória, segundo assessores — o que havia dito na quinta-feira, às 15:00, de Copenhague. Um discurso burocrático, escrito pela assessoria, com a mira posta no marketing. Daqueles cheios de elogios ao país e ao governo, jactando-se até do que não tinha fundamento algum. Não entraria para a história da COP15 com ele. Na remembrança de improviso, Lula cometeu seus proverbiais exageros. Chegou a dizer, por exemplo, que o Brasil estava crescendo pela primeira vez em cem anos. Começou frio e mal, revelando mesmo o estado de ânimo com que havia subido à tribuna. Seu tom estava meio desanimado, expressão do sentimento de desesperança sobre o qual havia falado pouco antes a seus auxiliares. Fez uma pausa, rodou o olhar pela plateia e, ao retomar, a voz já era outra. Lula cresceu, havia decidido fazer uma última tentativa de convencimento.

> Tive o prazer de participar ontem à noite, até as 2:30 da manhã, de uma reunião que, sinceramente, eu não esperava participar, porque era uma reunião onde tinha muitos chefes de Estado, figuras das mais proeminentes do mundo político e, sinceramente, submeter chefes de Estado a determinadas discussões como nós fizemos antes [ontem], há muito tempo eu não assistia. Eu, ontem, estava na reunião e me lembrava do meu tempo de dirigente sindical, quando estávamos negociando com os empresários. E por que é que tivemos essas dificuldades? Porque nós não cuidamos antes de trabalhar com a responsabilidade com que era necessário trabalhar. A questão não é apenas dinheiro. Algumas pessoas pensam que apenas o dinheiro resolve o problema. Não resolveu no passado, não resolverá no presente e, muito menos, vai resolver no futuro.

Com relação ao confronto que já estava posto entre Estados Unidos e China, Lula oferecia um ponto intermediário para o entendimento:

> Eu tive conversas com líderes importantes e cheguei à conclusão de que era possível construir uma base política que pudesse explicar ao mundo que nós, presidentes, primeiros-ministros e especialistas, somos muito responsáveis e que iríamos encontrar uma solução. Ainda acredito, porque eu sou excessivamente otimista. Mas é preciso que a gente faça um jogo, não pensando em ganhar ou perder. É verdade que os países que derem dinheiro

COPENHAGUE: ANTES E DEPOIS

têm o direito de exigir a transparência, têm direito até de exigir o cumprimento da política que foi financiada. Mas é verdade que nós precisamos tomar muito cuidado com essa intrusão nos países em desenvolvimento e nos países mais pobres.

No improviso, ao falar, ele havia tomado uma decisão importante e correta, que espantaria seus auxiliares:

> O que nós precisamos... e vou dizer, de público, uma coisa que eu não disse ainda no meu país, não disse à minha bancada e não disse ao meu Congresso: se for necessário fazer um sacrifício a mais, o Brasil está disposto a colocar dinheiro também para ajudar os outros países. Estamos dispostos a participar do financiamento se nós nos colocarmos de acordo numa proposta final, aqui neste encontro.

A referência à bancada e ao Congresso foi entendida como um recado direto para Obama. Foi quando anunciou que o Brasil contribuiria com 1 bilhão de dólares para o fundo, como pregara sua ex-ministra do Ambiente e contrariando a posição de sua chefe da Casa Civil, as duas pré-candidatas à presidência.

Não era mais hora de truques, Lula entendeu isso. Era hora de gestos concretos. E fez o gesto. Por intuição. Um gesto que derrubava de vez os argumentos sobre financiamento da China. É verdade que a China já havia parado de dizer que queria ser financiada. O primeiro-ministro Wen Jiabao dissera que seu país não tinha a expectativa de ser um dos beneficiários do fundo. Mas ainda estava longe de admitir que não era parte do grupo dos países pobres e, como economia avançada, tinha obrigações morais e políticas diferentes.

Lula foi o primeiro a dar a exata dimensão da situação desesperadora em que se encontravam. Também revelou, como Brown e Sarkozy, que o caminho possível era um acordo político que orientaria um acordo legal mais adiante.

Agora, o que nós não estamos de acordo é que as figuras mais importantes do planeta Terra assinem qualquer documento, para dizer que nós assinamos documento. Eu adoraria sair daqui com o documento mais perfeito do mundo assinado. Mas se não tivemos condições de fazer até agora — eu não sei, meu querido companheiro Rasmussen, meu companheiro Ban Ki-Moon — se a gente não conseguiu fazer até agora esse documento, eu não sei se algum anjo ou algum sábio descerá neste plenário e irá colocar na nossa cabeça a inteligência que nos faltou até a hora de agora. Não sei...

Eu acredito, como eu acredito em Deus, eu acredito em milagre, ele pode acontecer, e quero fazer parte dele. Mas, para que esse milagre aconteça, nós precisamos levar em conta que teve dois grupos trabalhando os documentos aqui, que nós não podemos esquecer. Portanto, o documento é muito importante... Segundo, que a gente possa fazer um documento político para servir de base, de guarda-chuva, também é possível fazer, se a gente entender três coisas: primeiro, Kyoto, Convenção Quadro, MRV, não podem adentrar a soberania dos países — cada país tem que ter a competência de se autofiscalizar — e, ao mesmo tempo, que o dinheiro seja colocado para os países efetivamente mais pobres.

Na sala de imprensa, onde a maioria dos jornalistas acompanhava os discursos, porque haviam limitado a presença da imprensa no plenário Tycho Brahe, Lula foi aplaudido. Dele foi a primeira declaração franca e sincera sobre as dificuldades da negociação. "Só um milagre"...

Depois falou Obama. Um discurso sem brilho e sem gestos de grandeza. Repetiu a posição dos Estados Unidos, igualzinha à que seu negociador Todd Stern já havia anunciado e que Hillary Clinton, sua secretária de Estado, havia reiterado na coletiva de imprensa no Bella Center no dia anterior. Ficou claro que Obama havia decidido por um roteiro predefinido, e dele não sairia.

COPENHAGUE: ANTES E DEPOIS

Nós estamos convencidos de que mudar o modo como usamos energia é essencial, e estamos convencidos de que [essa mudança] é essencial à [nossa] segurança nacional, porque reduz nossa dependência ao petróleo estrangeiro e nos ajuda a lidar com alguns dos perigos expressos pela mudança climática.

Reiterou que por causa disso os Estados Unidos iriam continuar a tomar medidas nessa direção, "não importa o que aconteça em Copenhague".

Mas nós seremos muito mais fortes e seguros se agirmos juntos. Daí por que é de nosso interesse mútuo conseguir um acordo global, no qual possamos concordar tomar determinadas medidas e responsabilizar uns aos outros por nossos comprometimentos. [...] Após meses de conversas e duas semanas de negociações, eu acredito que as peças desse acordo são claras agora.

E quais seriam essas peças?

Mitigação. Transparência. E financiamento. É uma fórmula clara, que adota o princípio das respostas e capacidades comuns, mas diferenciadas. E conforma um acordo significativo, que nos leva muito mais longe do que jamais fomos antes como uma comunidade internacional.

Sabia-se que dificilmente Obama poderia oferecer metas de emissão mais ambiciosas. Ele decidira, talvez acertadamente, que não deveria arriscar uma derrota no Congresso se assumisse compromissos não autorizados em Copenhague. Mas esperava-se que assumisse um compromisso claro e significativo com relação ao fundo de longo prazo de 100 bilhões de dólares. Hillary havia deixado os negociadores mais animados, ao dizer que os Estados Unidos ajudariam na montagem do fundo. A expectativa era que Obama pusesse um número na mesa. O que ele não fez.

Foi vaiado pelos jornalistas de seu país, reunidos próximo ao bar da sala de imprensa, onde quatro telas mostravam tudo.

Nunca vi uma decepção tão avassaladora e imediata. Afinal especulara-se tanto que Obama traria respostas e ele trouxe um enredo predeterminado.

Eu havia acabado de comentar o discurso de Lula ao vivo na CBN. Anunciei que Obama iria falar. Combinamos que a CBN transmitiria a participação dele e eu comentaria em seguida. Fiquei no espaço da lanchonete porque era menos barulhento. Assisti a Obama falar numa das telas espalhadas em torno do café, próximo a vários jornalistas dos Estados Unidos. Eles ouviam com crescente inquietude. Ao final vaiaram. Dava para ler o desapontamento nos seus rostos. Obama era a esperança daquela cúpula. Todos pensavam assim. Bastaria um gesto de largueza ou grandeza de sua parte e o acordo estaria garantido. Um gesto que Obama não fez, sequer prometeu.

Voltei para meu lugar, numa mesa localizada no início do último terço das fileiras de mesas. Significava cruzar um bom pedaço do salão. Os jornalistas tinham surpresa, desolação, irritação, susto nos semblantes. Só não havia a frieza típica da profissão. A demanda de energia física e emocional fora grande também para a imprensa. Ficava difícil conter os sentimentos. Mas o quadro de desalento que se seguiu era simples de explicar. Obama era visto como a peça central da solução. Ele viria, persuadiria, traria novas propostas dos Estados Unidos, para aumentar a substância de sua liderança no processo de negociação. Salvaria o acordo com palavras e novas cartas para pôr em jogo. Mas suas palavras foram protocolares e ele não tinha carta alguma na manga.

Talvez houvesse expectativa demais em relação a ele. Tanto quanto em relação à COP15. Provavelmente houve subestimação do grau de dificuldades no relacionamento entre China e Estados Unidos. A entrevista de Hillary Clinton, em tom bastante arrogante, fora muito dura com a China. O que se ouvia nos corredores é que em muitas reuniões Hillary havia dito, com todas as letras, que seu governo temia que a China fraudasse os dados de emissões. A delegação chinesa se sentiu insultada e estava irritadíssima.

COPENHAGUE: ANTES E DEPOIS

A atitude inicial de Hillary e Obama foi arrogante mesmo. Agiam como representantes da potência hegemônica, *primus inter pares*. Obama, talvez inadvertidamente, por várias atitudes, parecia colocar seus colegas governantes uma categoria abaixo e se colocava num patamar superior, em isolamento imperial. Depois, arregaçaria as mangas e se comportaria com desenvoltura, naturalidade e sem arrogância.

O que se passou nas horas que se seguiram àqueles discursos dos principais protagonistas da negociação final em Copenhague é praticamente inenarrável. Os detalhes todos daqueles momentos dramáticos levaremos anos para conhecer. Saberemos deles como história. Horas extraordinárias, intensas, nervosas e de enorme empenho pessoal. Nelas os homens e mulheres mais poderosos do mundo arregaçaram as mangas, abandonaram o conforto das assessorias e se envolveram diretamente em negociações duras e confrontos tensos. Muitos se revelaram notáveis intermediadores, depois de jogarem muito tempo contra. Há algumas versões conhecidas desses bastidores de conflito e negociação. Eu apurei uma delas com algumas fontes que estiveram presentes em várias dessas conversas. Conheço outras. São discrepantes em alguns detalhes, mas coincidem no essencial.

Aquelas horas dramáticas de líderes globais de mangas arregaçadas, completamente despojados dos aparatos habituais do protocolo, diplomacia e segurança, praticamente se valendo apenas dos tradutores, tiveram lances importantes antes mesmo da sessão de discursos.

CAPÍTULO 6   Um processo à beira da exaustão

SEM ANJOS

Nenhum anjo desceu naquelas horas finais no Bella Center. As lideranças tiveram de se virar com suas fraquezas humanas e suas limitações políticas. Sem milagres. Com a força da persuasão e a consciência de que, como em poucas vezes recentemente, estavam fazendo história, para o bem ou para o mal.

É raro que as lideranças saibam e sejam lembradas que estão escrevendo a história, em tempo real, com as próprias mãos. Aqueles não eram momentos solenes em que, engalanados, os chefes de governo se reúnem protocolarmente para assinar papéis que irão para os museus e tirar as fotos que as gerações futuras verão nos livros de história. Esses momentos cerimoniais são posteriores às decisões, o verdadeiro fundamento da história. Em Copenhague, não. Foram horas de prova pessoal, de recurso à sabedoria e ao instinto, de teste de lideranças. Horas de decisão. A história estava sendo feita ali mesmo, em momentos dramáticos de envolvimento direto das pessoas mais poderosas do planeta. Momentos em que se fica o tempo todo no fio da navalha, entre o sucesso glorioso e o fracasso deprimente.

Obama chegou naquela gelada manhã de sexta-feira com uma agenda protocolar, que previa encontros pessoais com todos os principais líderes presentes e uma coletiva de imprensa. Já no aeroporto, mudaria do protocolar para o informal e o improviso. Foi para o hotel Crowne Plaza, próximo ao Bella

Center, para se encontrar com um grupo de colegas que já estava lá, tentando encontrar um caminho para o acordo. Estavam praticamente todos os líderes fundamentais para resolver o impasse, menos Wen Jiabao. Lula e Singh estavam. Obama se encontraria mais tarde com Wen Jiabao, logo depois de falar para a plenária da COP15.

Antes de começar a plenária na qual falariam Wen Jiabao, Lula e Obama, o Twitter de Downing Street transmitia o sentimento de Gordon Brown sobre o encontro do Crowne Plaza:

10DowningStreet PM: 10am, two more hours of fraught negotiation. Glad that Pres Obama just arrived to keep us focused on big picture [10:00, duas horas mais de negociações pesadas. Feliz que Pres Obama chegou para nos manter focados no quadro mais amplo].

Brown reclamava do bloqueio de uma minoria:

10DowningStreet PM: Tough talks continue. Small minority holding out against consensus [Conversas duras continuam. Pequena minoria impedindo o consenso].

Sarkozy foi mais explícito. Em entrevista à Reuters, sintetizou:

O que está bloqueando as coisas? Um país como a China tem dificuldade em aceitar a ideia de monitoramento. A Índia tem problema em aceitar uma meta limitando suas emissões de carbono... e há posições grotescas de um país como o Sudão. A Europa está completamente unida. Grande parte da África concorda conosco completamente, os Estados Unidos estão muito próximos de nossa posição.

Sarkozy narrava em quase todos os detalhes o que se passaria nas últimas horas da COP15.

A referência ao Sudão foi provocada por declarações cada vez mais inflamadas de Lumumba Di-Aping, que chegou a dizer, para espanto e repulsa da maioria, que os países desenvolvidos queriam um "holocausto climático" na África.

Sarkozy contou à Reuters que "as discussões haviam atravessado a noite sem interrupção. A boa notícia é que continuavam; a má notícia é que não haviam chegado ainda a nenhuma conclusão".

O encontro de Obama e Wen Jiabao durou pelo menos uma hora. Começou por volta das 13:30, numa sala improvisada, com estruturas metálicas fechadas por divisórias, cobertas por cortinas. As informações de bastidores desse encontro são parcas. Sabe-se que Wen Jiabao estava incomodado com o fato de Obama ter dito em seu discurso que os Estados Unidos eram a maior economia do mundo e o segundo maior emissor. Implicitamente dissera que o maior era a China. Os chineses recusam o dado nominal, pelo qual a China é o maior emissor, e fazem questão de usar o dado *per capita*, um índice no qual seu país fica muito abaixo dos Estados Unidos. Mas, ao que parece, mais esse melindre não impediu os dois de terem uma conversa minimamente produtiva. Obama havia dito aos assessores que já havia negociado com Wen Jiabao em Pequim, e que se dava bem com ele.

Fontes da Casa Branca informaram que a discussão havia sido construtiva e que os dois tinham pedido aos negociadores que continuassem a conversar, para avançar mais nos entendimentos. A versão chinesa não é muito diferente. Os jornalistas da Xinhua e do *People's Daily*, responsáveis pela versão oficial das sessenta horas de Wen Jiabao em Copenhague, relataram o episódio assim:

> os dois líderes trocaram pontos de vista sobre o resultado da conferência de maneira franca, profunda e prática, a meta de longo prazo, o MRV e outros temas específicos. Afirmaram suas visões respectivas e também mostraram alguma flexibilidade. Concordaram que a conferência deveria rapidamente chegar a um acordo político e que China e Estados Unidos deviam manter relações de

cooperação. Então instruíram seus negociadores a aprofundar as consultas e concordaram em se encontrar novamente mais tarde naquele dia. Logo após o encontro, o premiê Wen imediatamente instruiu a equipe de negociação chinesa a informar os países do BASIC e do G77 sobre o encontro China-Estados Unidos e encorajar os países em desenvolvimento e desenvolvidos a trabalhar juntos para apressar o processo de negociação.

MRV são as ações "mensuráveis, reportáveis e verificáveis", usualmente tratadas como o tema da "transparência" e que sempre foi um ponto de entrave nas negociações entre os países desenvolvidos e os países emergentes.

No momento em que os dois conversavam, Gordon Brown informava pelo Twitter:

> 10DowningStreet PM: broken into small groups to try to break logjam [Formamos pequenos grupos para tentar romper o bloqueio].

Estava muito difícil obter informação. Os jornalistas ficavam a maior parte do tempo na maior inquietação, na sala de imprensa, tentando falar com assessores pelo telefone, acompanhando tudo que saía no Twitter. Tentavam encontrar alguém que tivesse alguma informação confiável sobre o que se passava nas salas de negociação do mezanino que o governo dinamarquês havia reservado como seu espaço. Os observadores das ONGs ficaram do lado de fora do Bella Center. Falavam com seus contatos pelo telefone a toda hora. Dava para perceber que já não tinham a mesma qualidade de informação que conseguiam antes da chegada dos chefes de governo. Era um sinal de que estes negociavam diretamente, com pouquíssimos assessores presentes. De vez em quando, alguns observadores mais bem articulados recebiam torpedos de dentro das salas, ou dos corredores próximos a elas, onde ficavam de prontidão vários membros das delegações, que só podiam entrar nas salas quando chamados. Esses torpedos pareciam uma gangorra: "Houve avanço, já há um texto", dizia um. Uma hora depois: "O texto caiu, retrocesso, China e Índia estão atrapalhando tudo." Mais adiante: "Saiu outro texto." A melhor oportunidade de obter alguma pista estava ainda nos corredores centrais e nas lanchonetes. De vez em quando, alguns dos assessores de governos circulavam por ali, com alguma informação sobre o que se passava nas salas onde seus chefes conduziam as conversas.

Os textos tentativos iam vazando. O primeiro era pífio: uma dezena de pontos declaratórios, com marcadores (*bullets*). Ao longo da tarde circularam vários rascunhos. Uns melhores que outros. Em alguns apareciam metas e números. Em outros, só palavras. Os traços básicos do Acordo de Copenhague iam aparecendo, aos pedaços, revelando o processo nervoso e o esforço inaudito para encontrar um ponto de convergência.

Era possível captar, nas frases soltas, nas declarações apressadas, que não havia consenso sequer sobre quem era o culpado pela dificuldade em se fechar o acordo. Para os mais ideológicos, como Di-Aping, estava claro: era um conluio dos países desenvolvidos contra os países em desenvolvimento. Para muitos, o principal entrave era a China. Outros identificavam na timidez da posição de Obama o ingrediente fatal que mataria as esperanças de um acordo em Copenhague.

FACE A FACE

Ninguém podia ficar indiferente ao pé da escada que levava àquele mezanino cheio de salas de reunião improvisadas. Nele, os governantes mais poderosos do mundo, face a face, tomavam decisões que afetariam a vida de várias gerações. Divisórias precárias separavam culturas, histórias e interesses muito distintos. Naquele ambiente informal, uma liderança poderia atravessar anos de contrariedades e desentendimentos simplesmente abrindo uma porta e entrando em uma daquelas salas. Nessas andanças, redesenhavam a geopolítica global com poucas passadas. E foi assim mesmo que aconteceu a derradeira negociação para o Acordo de Copenhague.

Nas últimas horas, as conversas foram intensas e desgastantes para a maioria dos chefes de governo. Trabalharam incessantemente por um acordo Gordon Brown, Angela Merkel, Nicolas Sarkozy, José Manuel Durão Barroso, Lula da Silva e Meles Zenawi. Mas o foco das atenções estava em outros dois protagonistas desse drama político: Barack Obama e Wen Jiabao. O confronto Estados Unidos-China parecia condensar todas as inúmeras contradições que haviam alimentado conflitos e impasses naquelas duas semanas. Era sinal de uma inquietante tendência da geopolítica do século XXI: a bipolaridade. Duas potências isoladas decidindo entre elas o destino de todo o mundo. Na verdade, não podiam operar de modo tão isolado assim. Obama havia trabalhado em articulação permanente com a Europa e, particularmente, com Gordon Brown. Wen Jiabao fazia questão de se manter em contato constante com os outros países do BASIC, sobretudo com o primeiro-ministro da Índia, Manmohan Singh.

Mas a polarização era, de qualquer forma, uma força muito presente. A possibilidade de que a nova ordem global se estruture em torno dessa bipolaridade não pode ser descartada. Naquele mezanino era possível vislumbrar o mundo bipolar, repetindo, com alguma originalidade, o século XX do pós-Segunda Guerra até a queda do muro de Berlim. Mas era também possível ver a possibilidade de um mundo multipolar, mais diverso e democrático, destino bem melhor para o século XXI. Uma das diferenças fundamentais é que não há mais a argamassa ideológica para dar sentido às polaridades. O pragmatismo é hoje um elemento central da estratégia chinesa. A sucessão de Bush por Obama eliminou o componente mais ideológico da política externa dos Estados Unidos, dando lugar a uma visão mais aberta e mais pragmática, embora mais conservadora do que se esperava. A intermediação independente do Brasil e da Índia no confronto Estados Unidos-

China e o papel assumido pela Europa na articulação com a União Africana indicavam as potencialidades da ordem multipolar. Estados Unidos e China eram objeto de fortes reações políticas e emocionais. A jornalista Amanda Little publicou, na revista eletrônica *Grist*, sugestiva narrativa de diálogo que manteve com três colegas: um alemão, um dinamarquês e um britânico, no final do encontro. Sentada em uma das lanchonetes do Bella Center, ela ouviu do jornalista alemão a seguinte pergunta:

— O que você tem a dizer a respeito do seu presidente?
— Como assim?
— Por que ele voaria toda essa distância até aqui para ter um desempenho tão pobre? Que desastre. Que tremendo e chocante desapontamento. Ele era nossa esperança e veja o que ele fez. Ele deveria ter ficado em casa. Essa teria sido a atitude honesta, em lugar de fingir que tinha algo — qualquer coisa — a oferecer.

Ela tentou argumentar, e tudo que dizia era rebatido, com fundamento. Por exemplo, ela disse que ele e Hillary haviam defendido o fundo de 100 bilhões de dólares. Eles retrucaram que a oferta inicial tinha sido da Europa e do Reino Unido. Era correto. Ela falou da meta. Eles disseram que era pouco demais, 4 por cento sobre os níveis de emissão de 1990 — o ano-base para a meta europeia —, também tinham razão. "Era só raiva e pesar", escreveu ela.

— Eu sinto como se ele fosse meu presidente e me houvesse traído, disse o britânico, com a concordância dos outros.[92]

Obama enfrentava problema semelhante ao da própria COP15. Por que, afinal, tanta frustração e emocionadas reações ao desfecho da Conferência? Em parte porque as expectativas em relação a esta, formadas ao longo de 2009, foram muito além do que era provável

---

[92] Amanda Little, "Anger management: Why is everyone so pissed at Obama?", *Grist*, 18 de dezembro de 2009 (http://www.grist.org/article/2009-12-18-copenhagen-climate-anger-obama).

que acontecesse em Copenhague. A mesma coisa acontecia com Obama. Sua campanha e eleição criaram esperanças de uma espécie de recriação da América idealizada no "sonho americano". Esse sentimento do jornalista britânico de vê-lo como "se ele fosse meu presidente" é muito comum em muitas pessoas de muitos países. Obama, negro, de origem queniana, está longe de ser o americano típico. Sua imagem suscita essa ideia do "novo americano", de um outro "sonho americano". Esse tipo de identificação, essa expectativa de que ele seja a expressão do desejo de cada um, provoca quase necessariamente os sentimentos de decepção e traição quando a realidade não se encaixa no modelo idealizado.

As escolhas de Obama têm pouco a ver com as expectativas sobre ele. Ele quer mudar, mas por dentro do *establishment*. Quer rever os valores de seu país, mas a partir de uma posição de centro, que evite a alienação da parcela menos conservadora dos republicanos. Sua visão de segurança nacional é bem mais conservadora do que se previa. O problema é que, com Bush, os republicanos foram tão para a direita que mesmo o conservadorismo de Obama parece demais para eles. Por isso ele não conseguiu evitar a radicalização da polarização partidária resultante de sua eleição. Os Estados Unidos, que já se polarizaram com Bush, vivem momentos de tremenda radicalização polarizada. As pesquisas de opinião mostram um verdadeiro abismo entre as posições democratas e republicanas. Os republicanos negam de forma extremada tudo que Obama aparenta representar.

Sua retórica é mais avançada que suas ações, sempre cautelosas. A ousadia da candidatura não se repetiu ainda no poder. Suas limitações, algumas autoimpostas, outras inarredáveis, por estarem enraizadas no modelo político dos Estados Unidos, eram e continuam sendo bastante claras. Ele enfrentava várias batalhas legislativas decisivas para o futuro de seu governo quando desembarcou em Copenhague. A da lei sobre mudança climática era uma delas, mas não a principal na sua agenda de prioridades. A mais importante era a da reforma da Saúde. Além dessas duas, a reforma do sistema financeiro tem destaque em sua pauta legislativa, porque é uma resposta às causas da crise que levou os Estados Unidos à recessão. É também uma contrapartida da transferência de enorme soma de recursos do Tesouro aos bancos.

Obama desembarcou tolhido por essas relações difíceis com o Legislativo. Mas também com restrições voluntariamente adotadas, sobretudo porque tinha maioria nas duas casas do Congresso. Não conseguia exercer liderança plena sobre os democratas, muito menos persuadir a parcela dos republicanos que tem cortejado, desde o princípio, a apoiar suas iniciativas. Orientou Todd Stern a só negociar o que pudessem de fato aprovar internamente. Na sua última coletiva, indagado sobre o que trouxera para negociar, foi claro: havia decidido que só ofereceriam o que pudessem efetivamente cumprir, dadas as condições políticas em Washington. Para ratificar um tratado internacional, obrigação constitucional, são necessários os votos de 67 senadores. Obama não vinha conseguindo reunir o voto de 60 para romper a trava imposta pelos republicanos mais beligerantes na votação das reformas que propôs.

Sem ter o que oferecer em Copenhague, ele só podia contar com seu poder de argumentação e persuasão. Ao contrário do que havia dito a secretária Clinton, tudo que ele podia fazer era negociar palavras em um texto. E foi o que fez. Tentava defender certas palavras, como expressão de determinados compromissos, e aceitava a troca de umas por outras, indicando o abrandamento das condições e exigências de seu governo. Como escreveram de Copenhague David Corn e Kate Sheppard, do site Mother Jones, para o jornal eletrônico *The Huffington Post*, ao final, a conversa entre as mais poderosas pessoas do mundo era sobre a diferença entre dois termos: "exame e avaliação" e "consultas internacionais e análise".[93]

---

[93] David Corn and Kate Sheppard, "The real story behind Obama's Copenhagen deal", *The Huffington Post*, 20 de dezembro de 2009 (http://www.huffingtonpost.com/2009/12/20/the-real-story-behind-oba_n_398461.html).

O poder das palavras na política nunca deve ser subestimado, sobretudo na ausência de valores substantivos de troca. Com recursos de negociação tão parcos, não se podia esperar de Obama muito mais do que ele conseguiu.

A China foi também muito atacada por jornalistas e lideranças, como a responsável pelo malogro de Copenhague.

A situação chinesa era diferente, mas não menos limitada. Seu governo não esperava tanta pressão em Copenhague, nem que tantos governantes estivessem presentes, principalmente Obama. Sua cultura política é muito mais rígida, hierárquica e formalista. O primeiro sinal importante foi a ausência de Hu Jintao, o presidente. A rigor, no sistema de poder da China, Wen Jiabao, o primeiro-ministro, é o segundo na hierarquia. O presidente Lula captou bem esse sinal e o expôs na coletiva de imprensa que deu junto com Sarkozy: "O presidente Hu Jintao não está aqui, mas está o primeiro-ministro..."

A China foi chegando à proposta que levaria a Copenhague por aproximações sucessivas. Não é seu comportamento habitual. As decisões em Pequim seguem caminhos predefinidos, em que não há muito espaço para atalhos. As decisões parecem ter sido tomadas como respostas ao surpreendente avanço nas posições de países sempre recalcitrantes: Brasil oferece metas, Estados Unidos dizem que também terão metas. Pequim foi se ajustando, para não ficar isolada. Mas não foram atos completamente planejados. O raio de manobra de Wen Jiabao era igualmente pequeno e ele também tinha que considerar restrições políticas domésticas.

Estados Unidos e China eram protagonistas de uma decisão global, e ambos estavam limitados por seus próprios sistemas e escolhas. Tanto Obama quanto Wen Jiabao — e Hu Jintao nesse particular — eram muito mais sensíveis à questão climática do que suas posições na negociação faziam crer. Eram casos exemplares de limites políticos ao livre-arbítrio dos dirigentes. Num caso, os limites eram democráticos; no outro, oligárquicos.

COPENHAGUE: ANTES E DEPOIS

Há inúmeros relatos de aumento da insatisfação popular na China por causa do crescimento das desigualdades e da pobreza, da má qualidade do ar, da escassez de água potável e para irrigação, com as regiões agrícolas enfrentando pesadas perdas decorrentes da poluição, da desertificação, da chuva ácida e de eventos climáticos extremos. Também tem havido numerosos casos de repressão a tentativas de mobilização do descontentamento social e de obstáculos políticos ao ativismo ambiental.[94] A repressão dos Uighur, em Xinjiang, foi apenas o episódio mais recente.

O sistema político chinês é muito hierárquico e autoritário, respondendo apenas a pressões internas, de forças que pertencem à restrita estrutura de poder, abrigada no Partido Comunista da República Popular. Essas forças estão, é fato, crescendo em número com as transformações econômicas da última década. Há uma nova elite de influentes líderes empresariais. A elite se expande, o poder se desconcentra um pouco. O poder pessoal do presidente e do primeiro-ministro não é mais tão absoluto como nas eras de Mao ou de Deng Xiaoping. Agora, tanto Hu Jintao quanto Wen Jiabao têm de responder, em alguma medida, a uma coalizão que reúne duas facções muito diferentes da elite no interior do Partido Comunista.[95] A facção "elitista", que consiste nos "herdeiros, filhos de funcionários que ocuparam altos cargos públicos no passado", na sua maioria "tecnocratas, graduados em áreas de alta

---

[94] Fengshi Wu, "Environmental activism in China: 15 years in review, 1994-2008", Harvard-Yenching Institute Working Paper Series, 2009; *People's Daily*, "CASS Report: Two challenges emerging in social harmony and stability", 12 de setembro de 2008 (http://english.peopledaily.com.cn/90001/90780/91343/6498831.html); e Sérgio Abranches, "A brecha do desenvolvimento: Tema crítico nas negociações sobre o Clima", Ecopolitica, 5 de agostode 2009 (http://www.ecopolitica.com.br/2009/08/05/a-brecha-do-desenvolvimento-tema-critico-nas-negociacoes-do-clima/).

[95] Cheng Li, "China's political trajectory: Internal contradictions and inner-party democracy", artigo preparado para a conferência The Rise China, Mount Holyoke College, 7-8 de março de 2008.

tecnologia, como TI [tecnologia da informação]"; e a "populista", que tem no seu núcleo principal "burocratas do partido, que fizeram carreira de baixo para cima na estrutura de poder, através dos canais de liderança provincial".[96]

A maioria dos populistas trabalhou nas províncias, nas áreas mais pobres do país, antes de chegar a Pequim. Hu Jintao e Wen Jiabao pertencem a esse grupo. Ao contrário de Deng Xiaoping e de Jiang Zemin, que queriam o crescimento a qualquer custo, os novos governantes — Wen em particular — estão muito preocupados com a pobreza, a redistribuição de renda e os danos ambientais.

Qualquer observador do teatro político chinês nos últimos dez anos certamente terá notado que as questões ambientais fizeram um longo percurso ascendente na hierarquia do partido-Estado. Preocupações ambientais saíram do status de temas censurados e reprimidos até o cume central do poder político. Hoje estão sob responsabilidade de um dos vice-primeiros-ministros, mas também são objeto de menções regulares e explícitas pelo primeiro-ministro Wen Jiabao e pelo presidente Hu Jintao. Como aconteceu na cúpula de Nova York. A presença de Hu Jintao rompeu a ausência de trinta anos de um presidente chinês numa reunião dessa natureza. Suas palavras prenunciavam o abandono de uma linha de política inflexível que vetava avanços em todas as COPs anteriores.

Enquanto os Estados Unidos, sob Bush, permaneciam em estado de negação, a China não tinha incentivo algum para avançar em suas posições sobre o clima, em qualquer fórum internacional. Agora, com a mudança de atitude no governo Obama, esperava para ver até onde e em que velocidade os Estados Unidos avançariam em sua política sobre mudança climática antes de assumir internacionalmente qualquer compromisso mais substantivo.

---

[96] Cheng Li, *op. cit.*, p. 18-9.

COPENHAGUE: ANTES E DEPOIS

A China está se movendo, não proporcionalmente ao dano que causa ao planeta, mas a uma velocidade em aceleração. Já se classificou, por exemplo, para a liga principal nos mercados de energias alternativas. O problema é que Wen Jiabao chegou a Copenhague antes que as decisões sobre a nova política ambiental chinesa estivessem amadurecidas. Os sinais desse amadurecimento só começaram a aumentar de intensidade depois da COP15 e, não seria errado ou exagerado dizer, por causa do que aconteceu em Copenhague.

Não faltaram acusações aos chineses por sua atitude nas negociações, particularmente na última reunião multilateral, em que pouco mais de trinta países tentaram dar forma final ao Acordo de Copenhague. O ministro da Energia do Reino Unido e chefe da delegação oficial de negociação, Ed Miliband, talvez tenha sido a autoridade que fez declarações mais explícitas de condenação à China.

> Alguns países líderes do mundo em desenvolvimento se recusaram a nos apoiar. Por isso não conseguimos a garantia de que o acordo político a que chegamos em Copenhague deveria levar a um resultado legalmente vinculante. Não conseguimos um acordo sobre reduções de 50 por cento das emissões globais até 2050 ou de 80 por cento de reduções pelos países desenvolvidos. Ambos foram vetados pela China, apesar do apoio de uma coalizão dos países desenvolvidos e da vasta maioria dos países em desenvolvimento.

De fato a China e subsidiariamente a Índia viam nas duas metas limites inaceitáveis ao seu desenvolvimento. É que delas se poderia deduzir a contribuição necessária das potências emergentes. Bastava fazer a conta: dados os 80 por cento de redução das emissões dos desenvolvidos, quanto os emergentes teriam de reduzir suas próprias emissões para se chegar aos 50 por cento de redução global até 2050? Mas, por outro lado, não é verdade que a China tenha saído de Copenhague na mesma posição em que chegou lá. Ela contribuiu para a remoção de alguns impasses importantes. Wen Jiabao, após suas conversas privadas com Gordon Brown, Angela Merkel e Yukio Hatoyama na quinta-feira, instruiu o vice-ministro de Relações Exteriores, He Yafei, a explicar, em coletiva de imprensa, "em que temas a China teria de manter suas posições e em que outros temas a China estaria pronta a mostrar flexibilidade".[97] O caminho para uma política global sobre mudança climática ficou mais fácil depois de Copenhague: menos tortuoso, menos bloqueado. Hoje sabe-se quais são os pontos ainda duros e aqueles nos quais as posições mais recalcitrantes já foram amaciadas. Vários impasses puderam ser removidos.

PROCESSO BIPOLAR

Nos encontros e confrontos entre Estados Unidos e China, havia obstáculos mais e menos visíveis a um avanço consistente de parte a parte. Entre Obama e Wen Jiabao, além da diferença de autonomia política em virtude de uma disparidade hierárquica real, havia enormes diferenças de estilo, cultura e motivação. A informalidade jovial de Obama contrastava fortemente com a sisudez formal de Wen Jiabao. A inflexibilidade do chinês, em grande parte politicamente determinada, fazia par com as limitações que Obama se impusera. Mas o contraste mais marcante talvez tenha sido entre a pertinácia de Obama e a aparente tranquilidade com que absorvia as desfeitas diplomáticas do chinês, e a melindrice de Wen Jiabao.

Em uma das reuniões de negociação multilateral, em que o representante da China se mostrava intransigente, o máximo de contrariedade que Obama se permitiu foi dizer que seria preferível se ele pudesse negociar com autoridades que tivessem autonomia

---

[97] Zhao Cheng, Tian Fan e Wei Dongze, *op. cit.*

política para decidir. Wen Jiabao havia enviado seu negociador Xie Zhenhua, que precisava fazer recorrentes consultas ao telefone sobre os temas mais polêmicos da conversa.

A seus auxiliares Obama teria sido mais explícito, dizendo que não perderia mais tempo com isso, daí em diante só falaria com Wen Jiabao. As obstinadas investidas de Obama e as negaças de Wen Jiabao demarcaram os momentos finais daquela espantosa negociação.

Wen se mostrava muito mais interessado em conversar com os países do BASIC, para combinar ações comuns, dado o contexto de suspeição e desconfiança, o qual os chineses fizeram questão de registrar. No relato oficial das andanças do premiê, há um momento em que a China aparece desconfiada de uma grande conspiração contra os países em desenvolvimento.

Sobre a noite de quinta-feira, 17 de dezembro, os repórteres que acompanharam o primeiro-ministro chinês dizem o seguinte:

> Enquanto isso, predominavam especulações e rumores de todo tipo: alguns países desenvolvidos estavam planejando juntos e privadamente pressionar a China; os maiores países emergentes estavam bloqueando veementemente o processo de negociação e era muito provável que a conferência terminasse em fracasso; os países desenvolvidos, insatisfeitos com a rejeição do MRV pela China, se recusavam a oferecer mais assistência financeira para os pequenos Estados-ilha; o campo dos países em desenvolvimento estava começando a se dividir; determinada grande potência pretendia propor seu próprio texto, e assim por diante. Todos os sinais apontavam para um quadro menos e menos otimista. No fundo da noite, o vento soprava mais forte. Todas as partes estavam fazendo seus preparativos finais.

Na manhã seguinte, Wen Jiabao mantinha o espírito em guarda contra possíveis manobras antagônicas à China. Os repórteres contam o seguinte:

Às 9:45 o premiê Wen chegou ao Centro para o evento com os líderes, com início marcado para as 10:00. O evento atraiu atenção mundial. Contudo, nem o anfitrião, nem o secretário-geral da ONU apareceram até as 10:00, e o palco estava vazio. As pessoas começaram a especular sobre o que havia acontecido, mas ninguém aparecia para dar uma explicação. Alguns líderes vinham dizer olá para o premiê Wen e o premiê Wen conversava amigavelmente com eles. O relógio andava, corroendo o entusiasmo e as expectativas em relação ao evento dos líderes. Vendo aquilo, o premiê Wen imediatamente tomou a decisão de convocar um novo encontro entre os líderes do BASIC. Não havia tempo para chegar às salas de reunião. Os quatro líderes simplesmente sentaram em torno de uma pequena mesa de café, no átrio em frente ao plenário, e começaram sua discussão. Eles estavam resolvidos a trabalhar por um resultado nesse momento final.[98]

Essa conversa se estendeu por mais de meia hora, até que, às 11:30, Rasmussen iniciou a reunião plenária e chamou Wen para ser o primeiro a falar. Depois de seu discurso, ele teria a primeira bilateral com Obama. Nela, segundo relatou um dos principais assessores do presidente, já a bordo do *Air Force One*, eles falaram muito sobre transparência.

No primeiro encontro bilateral com o premiê Wen, o presidente, como vínhamos fazendo ao longo de muitos dos últimos dias, pressionou bastante durante sobre a linguagem de transparência. E nós lhe demos alguns conceitos para transparência e os negociadores do nosso lado foram trabalhar com o lado deles da noção de transparência.

---

[98] Zhao Cheng, Tian Fan (Xinhua News Agency), e Wei Dongze (*People's Daily*), "Verdant mountains cannot stop water flowing; Eastward the river keeps on going — Premier Wen Jiabao at the Copenhagen Climate Change Conference", Ministry of Foreign Affairs, 24/12/2009.

Ao final do encontro, Obama teria dito a Wen que "nossos negociadores deveriam se encontrar durante uma hora e ver se podemos ter algum progresso". Segundo o assessor da Casa Branca, o presidente queria mais que "a concordância em concordar": queria uma forma sobre a qual pudessem chegar a um acordo de fato.[99]

A versão chinesa desse encontro, como mostrei, confirma que os dois trataram do MRV — leia-se transparência — de forma "franca e profunda", e que os dois "mostraram alguma flexibilidade". Esse ponto das ações "mensuráveis, reportáveis e verificáveis" se tornou o principal motivo de contrariedade entre Estados Unidos e China.

Na noite de quinta-feira, ficou acertado que seria formado um grupo representativo, cerca de trinta países, para conversar em torno de um texto. Esse grupo se reuniu na sexta-feira, já com a presença de Obama. Wen Jiabao enviou, novamente, o negociador chinês. Continuava em uma atitude de retaliação por não ter sido formalmente convidado para a reunião depois do jantar com a rainha.

O jornalista Mark Lynas, que esteve na COP15 como imprensa e como assessor das Maldivas, escreveu um relato polêmico sobre essa reunião para o *Guardian*. Ele acusa a China de ter forçado um texto aguado e vazio.[100] Segundo ele, Obama ficou várias horas sentado entre Gordon Brown e Meles Zenawi. A reunião era presidida pelo primeiro-ministro dinamarquês, Rasmussen, ao lado de quem estava Ban Ki-moon. Uma fonte brasileira me contou que, de fato, Obama negociava com empenho, e tudo o que ocorria ali era inédito em sua experiência em reuniões internacionais. As negociações eram conduzidas pelos próprios chefes de governo. Daniela Chiaretti cita, em sua matéria sobre os bastidores daquela sexta-feira, que um diplomata brasileiro lhe disse que "nunca se havia

---

[99] Lynn Sweet, "We weren't crashing" Inside details on Obama's climate change meeting with Wen, Lula, Singh and Zuma", *Chicago Sun-Times*, 19 de dezembro de 2009.

[100] Mark Lynas, "How do I know China wrecked the Copenhagen deal? I was in the room", *The Guardian*, terça-feira, 22 de dezembro de 2009.

visto algo assim, de líderes desse calibre de lápis na mão, botando vírgula, um engajamento muito grande".[101]

O representante da China, Xie Zhenhua, pelo que pude apurar, não tinha autorização para negociar assuntos alheios ao mandato que recebera. Esse mandato era de retirar do texto todas as metas quantitativas de emissão que pudessem configurar, ainda que indiretamente, compromisso da China para além da meta voluntária que oferecera.

Lynas relata que:

> a China, às vezes apoiada pela Índia, começou a retirar todos os números que interessavam: o pico para as emissões globais em 2020, a meta global de redução de 50 por cento das emissões, até 2050, e a meta de redução de 80 por cento das emissões dos países desenvolvidos, até 2050.

Quando o representante chinês insistiu na remoção da meta dos países desenvolvidos, a chanceler alemã Angela Merkel se irritou, contou Lynas, "perguntando, furiosa: 'Por que não podemos mencionar nem mesmo nossas próprias metas?'". O representante chinês teria se limitado a dizer "não", escreve Lynas e "eu vi, chocado, Merkel abanar as mãos em desalento e conceder o ponto".

ENCONTRO DECISIVO

Foi essa limitação da conversa com o delegado chinês que incomodou Obama. No meio da tarde, diante das dificuldades que ainda persistiam e da falta de autonomia dos negociadores chineses, pediu, segundo seus assessores, uma segunda bilateral com

---

[101] Daniela Chiaretti, "Triste madrugada foi aquela", *Valor Econômico*, 22/1/2010.

COPENHAGUE: ANTES E DEPOIS

Wen Jiabao e, em seguida, uma conversa com Lula, Singh e Zuma, os outros presidentes do grupo do BASIC. O que seus assessores contam é que os enviados de Obama começaram a receber informações truncadas e incorretas dos auxiliares dos dirigentes do BASIC. O diálogo entre os jornalistas e o assessor da Casa Branca, no *Air Force One*, confirma em parte a narrativa de Lynas.

Jornalista: — Posso esclarecer só dois pontos factuais? Você disse, em certo momento, que o presidente deixou a multilateral por causa do nível da representação chinesa. É isso mesmo, ele... basicamente ele disse "estou fora"?

Assessor sênior: — Deixe-me dizer o seguinte, eu acho que o presidente se deu conta, baseado numa reunião... em reuniões que ele tinha tido em Pequim com o premiê Wen e na bilateral [em Copenhague], ele sentiu que tinha tido uma boa relação com o premiê Wen e, bem francamente, se os chineses fossem fazer algum movimento, algum avanço na questão da transparência, não seria por intermédio de um ministro-adjunto de mineração, certo?

Jornalista: — Era isso que o cara era? Um ministro-adjunto da mineração?

Assessor sênior: — Não, eu estava apenas, tipo, brincando. Mas não, ele era o... acho que divulgamos isso, ele era o...

Outro assessor sênior: — Embaixador para mudança climática.

Assessor sênior: — Representante para mudança climática do Ministério de Relações Exteriores. Mas, honestamente, é uma posição inferior à da pessoa que estava na multilateral original, quando chegamos lá...

Assessor sênior (respondendo a uma pergunta inaudível na gravação): — Isso, sim... Então, eu acho que nesse ponto, o presidente, eu acho o presidente decide que quer fazer mais uma tentativa, mas ele quer fazer mais uma tentativa com o premiê Wen.

Com relação à tentativa de marcar o encontro com Wen Jiabao, esse diálogo entre jornalistas e assessores de Obama, no voo de volta para casa, revela o seguinte:

nossa equipe chamou a equipe deles para tentar acertar esse encontro e, com toda a honestidade, criar uma chance a mais, fazer mais uma tentativa de conseguir alguma coisa concreta. Os chineses responderam que tinham de nos ligar de volta. Estava claro que levaria algum tempo para conseguir o encontro com Wen.

Quando os chineses ligaram de volta, teriam dito que "Wen já estava no hotel e que o staff chinês estava no aeroporto". Quando conseguiram falar com os indianos, souberam por eles que o primeiro-ministro Singh estava no aeroporto, conta o assessor de Obama. Indagado sobre o que achava disso, o assessor responde: "Bem, eu acho que eles pensaram que o encontro estava acabado. Eu acho que eles pensaram que não havia mais nada que justificasse ficarem."

Tudo era muito confuso nesse meio de tarde. E, como se vê, nas delegações também era grande a confusão de informações. Para quem observava os acontecimentos do Bella Center, o difícil era separar rumores de fatos, factoides de notícias reais. E ainda havia tempo para uma ou outra tirada de bom humor.

Em determinado momento, circulou que a reunião havia sido interrompida. Causou grande nervosismo e aflitos telefonemas para fontes de delegações, para confirmar. Falava-se em crise final, colapso da reunião. O ministro da Energia do Reino Unido, Ed Miliband, de acordo com o Environment blog do *Guardian*, tuitou:

> 4.24pm: *Rumour runs round that the talks have broken up... it's true — but only so we can all go to the loo* [Corre o boato de que as conversas foram interrompidas... é verdade — mas só para que pudéssemos ir ao banheiro].

Segundo o blog, ele disse também que não dormia desde a noite de quarta-feira e que voltaria às negociações logo após se aliviar.[102]

---

[102] Matthew Weaver e James Randerson, "Copenhagen climate change summit — final day live blog", *The Guardian*, Environment Blog, sexta-feira, 18 de dezembro de 2009.

COPENHAGUE: ANTES E DEPOIS

Diante das dificuldades de marcar com Wen, os assessores de Obama tentaram agendar com os outros três líderes do BASIC.

Não tínhamos tido resposta dos chineses, então nos fixamos na ideia de fazer um encontro às 17:30 com os três, Zuma, Lula e Singh. E aí os chineses chamaram de volta, não sabíamos que eles chamariam, quando chamaram e nos fixamos em uma bilateral às 18:15 com o premiê Wen. Zuma originalmente aceitou o encontro multilateral para as 17:30. O Brasil disse que eles não sabiam se poderiam ir, porque queriam que os indianos estivessem presentes. Os indianos, como eu disse, estavam no aeroporto. Zuma estava sob a impressão de que todos iriam. Aí nossa equipe informa aos sul-africanos que, basicamente, os brasileiros não têm clareza sobre o encontro sem os indianos, e Zuma então diz que, se os outros não vão, ele não pode ir.

A impressão que o assessor da Casa Branca passa nesse relato a bordo do avião presidencial, poucas horas depois de tudo ter acontecido, é que a reunião estava se desfazendo. Muitos já estavam deixando o Bella Center. A desconfiança persistia. Os líderes já não queriam mais conversas bilaterais com o presidente dos Estados Unidos.

"Os chineses nos telefonam de novo e perguntam se podemos adiar a bilateral das 18:15 para as 19:00. Colocamos eles na espera, conversamos um pouco, o presidente entra e diz: adiem para as 19:00." A essa altura, segundo ele, os europeus, de cuja reunião Obama havia saído, mandavam e-mails querendo saber onde estavam ele e Wen Jiabao. Obama voltou à multilateral com os europeus e os etíopes, na qual ficou perto de 45 minutos, segundo esse depoimento. Os precursores da equipe de Obama se encaminharam para a sala onde seria a bilateral com a China e a encontraram ocupada, imaginaram, pelos chineses, mas não conseguiram entrar para ver. Retornaram para relatar aos assessores diretos do presidente, que ficaram intrigados. "Então, vários de nós, incluindo Denis [McDonough, chefe de staff do Conselho de Segurança Nacional, um dos principais assessores de Obama para relações internacionais] e eu entramos na sala e descobrimos que nela estavam Wen, Lula, Singh e Zuma." O depoimento é bastante repetitivo nesse ponto, porque há muito questionamento dos jornalistas que acompanham o presidente no avião sobre o fato de Obama ter ou não invadido a reunião do BASIC. "Nós achávamos, até dois minutos antes de Denis e eu entrarmos naquela sala de reunião multilateral, antes de adiar o encontro para as 19:00, que iríamos para uma reunião bilateral."

A versão chinesa confirma o pedido de Obama por um segundo encontro bilateral. Ela procura, também, explicar por que o premiê Wen estava reunido com o BASIC, no momento em que Obama e seus auxiliares imaginavam que eles iriam se encontrar.

No Bella Center, vários líderes foram vistos saindo apressadamente, com expressões carrancudas. Jornalistas estavam guardando seus equipamentos e havia papéis usados jogados no chão por toda parte. Todos estavam atentos apenas ao momento em que e como o governo dinamarquês anunciaria que a maior conferência e de mais alto nível da história da ONU havia terminado em fracasso. Nesse momento final, o premiê Wen Jiabao mais uma vez desempenhou um papel crucial. Ele convocou uma reunião da delegação chinesa e fez uma análise clara e realista da situação. Disse não ser mais possível conseguir um acordo legalmente vinculante e que, no entanto, todas as partes sabiam muito bem o que significaria uma conferência infrutífera e ninguém queria ser responsabilizado pelo fracasso.

Diante dessa constatação, Wen então

decidiu ali mesmo encontrar-se novamente com o presidente Lula, o primeiro-ministro Singh e o presidente Zuma, para fazer um derradeiro esforço. Ao mesmo tempo, o presidente Obama também propôs um segundo encontro com o premiê Wen. Wen concordou encontrar-se com ele depois de conversar com os líderes do BASIC.

COPENHAGUE: ANTES E DEPOIS

Tudo indica que Wen pediu a transferência do encontro das 18:15 para as 19:00, para poder antes se reunir com o BASIC. Daniela Chiaretti, do *Valor Econômico*, conta que um negociador brasileiro lhe disse que Obama não era esperado pelos demais.

> Várias pessoas me perguntaram depois se ele foi convidado ou se ele se intrometeu lá. Eu não sabia que ele viria. [...] Não posso jurar, mas custo a acreditar que numa reunião convocada pelos chineses, que prezam tanto essas formalidades, de cultura milenar, alguém possa chegar de repente...

Ouvi, de uma pessoa que participou dessa reunião, que Wen Jiabao dissera aos líderes do BASIC que esperava Obama para uma reunião após a deles. Wen Jiabao era o anfitrião daquela reunião do BASIC, que, segundo confirmei com diferentes fontes, foi mesmo convocada por ele.

Segundo os assessores de Obama, "nossa presença naquela sala às 19:00 era esperada, baseada no encontro que estava marcado". Certamente a presença de Obama era esperada pelos chineses para as 19:00, embora aparentemente não esperassem que ele se sentisse à vontade para entrar na sala com o BASIC reunido.

A versão de Washington sobre a chegada de Obama é a seguinte:

> O presidente começa a deixar [a multilateral com os europeus] ele demora um pouco — isso deve ter sido justo antes das 19:00 —, o presidente está falando com a chanceler Merkel e Gordon Brown sobre sua ida ao encontro bilateral com o premiê Wen, que eles haviam marcado para as 19:00. Nós ainda achávamos que era uma bilateral. Foi quando nossa delegação chegou lá. Nós paramos e eu acho que Ben [Rhodes, assessor do Conselho de Segurança Nacional] seguiu com o grupo [...] Aí, fizemos o presidente esperar um pouco. [...] Quando o presidente entrou, perguntou: "Vocês estão prontos para mim?" Eu acho que é seguro dizer que eles não pretendiam ter esse encontro [com Oba-

ma] os quatro... O presidente entrou e, quando eu finalmente consegui entrar, ouvi o presidente dizer: "Não há nenhuma cadeira", certo, eu quero dizer, se vocês viram algumas das fotos, basicamente não havia cadeiras. E o presidente diz: "Não, não se preocupem, eu vou me sentar perto do meu amigo Lula", e diz: "Ei, Lula." Ele vai até lá, puxa uma cadeira, senta perto de Lula. A secretária de Estado senta-se perto dele.

Os chineses narram da seguinte maneira a entrada de Obama:

Após um breve momento, os líderes dos países do BASIC chegaram à sala de reuniões da delegação chinesa. Eles compartilhavam a visão de que havia o perigo de uma conferência fracassada e concordaram que os países do BASIC poderiam primeiro formar consenso sobre as questões-chave e depois conversar com os europeus e os Estados Unidos com o máximo de flexibilidade, na base de se manterem firmes nos princípios e na defesa dos interesses dos países em desenvolvimento. Eles afirmaram que se devia fazer todo esforço para conseguir algum resultado na conferência. O premiê Wen Jiabao pôs ênfase particular na necessidade de manter contato e melhorar a cooperação com os países africanos, o G77 e o pequenos Estados-ilha. Às 18:50, quando os líderes dos países do BASIC faziam a revisão final de sua posição comum, ouviram barulho de vozes do lado de fora. A porta foi aberta e lá estava o presidente Obama. Embora a hora marcada para o segundo encontro Estados Unidos-China tivesse passado, a presença de Obama naquele momento e naquele lugar ainda assim foi uma surpresa para os que lá estavam. O presidente Obama deve, também, ter se sentido um pouco constrangido. Com um pé dentro da sala, ele sorriu e perguntou ao premiê Wen se estava adiantado, se devia esperar lá fora ou entrar e se juntar à reunião. O premiê Wen se levantou e lhe deu as boas-vindas cortesmente. O presidente Obama ficou aparentemente tocado. Ele primeiro circulou pela sala, apertando as mãos de todos, e depois se sentou à esquerda do presidente Lula e de frente para o premiê Wen.

Uma fonte ligada ao primeiro ministro Manmohan Singh diz que, quando Obama entrou na reunião do BASIC, ele disse: "Precisamos realmente de um acordo, é melhor dar um passo à frente do que dois para trás. Eu estou disposto a ser flexível."

Consegui reconstituir o que se passou a partir daí com o depoimento de pessoas graduadas que se encontravam naquela sala. Segundo apurei, o inusitado não foi o fato de Obama aparecer, mas ter dito logo na chegada que dispunha de mandato da União Europeia para negociar com o BASIC em seu nome. Isso causou grande surpresa. "Desde o início achávamos que os europeus tinham uma posição mais avançada e os Estados Unidos, mais atrasada, e que a União Europeia iria puxar os Estados Unidos para uma posição melhor."

Segundo relato de uma fonte brasileira, Obama chega, entra com certa comoção e senta entre Lula e Singh. A delegação brasileira ocupava o quadrante inferior esquerdo da mesa. A Índia, ao seu lado, no quadrante inferior direito. No quadrante superior direito estava a delegação da África do Sul e no esquerdo, praticamente em frente ao Brasil, a China. Sentado entre Brasil e Índia, Obama ficava, portanto, de frente para a China. Ele logo mostrou grande desenvoltura na negociação.

A conversa se deteve em três pontos mais complicados. Primeiro, como registrar compromissos diferenciados. Obama dizia que todos precisavam ter compromissos e que era claro que estes deveriam ser diferenciados. "Se países que poluem muito não têm compromisso algum, então nós também não temos", teria dito.

O segundo ponto era o MRV, o monitoramento dos compromissos com transparência. Esse era o ponto mais delicado de confronto entre China e Estados Unidos. A China continuava contra, resistindo ao que considerava interferência em sua soberania. Um dos negociadores brasileiros, presente a essas duas reuniões, me disse:

O Brasil no primeiro momento também tinha sido contra a verificação. Isso nos colocaria iguais aos países do Anexo I do Protocolo de Kyoto. Nas conversas preliminares, o presidente Lula teve duas reuniões importantes, com a chanceler Angela Merkel e com o presidente Sarkozy. Os dois pediram a Lula que revisse essa posição e aceitasse algum tipo de MRV.

Depois dessas bilaterais, Lula continuou a discutir o assunto com seus principais auxiliares. Ouvia posições contrárias e favoráveis à adesão a princípios de verificação e monitoramento. O Itamaraty era contra. O Ministério do Ambiente achava que era razoável aceitar para os NAMAS, as Ações Nacionalmente Apropriadas de Mitigação.

Houve uma reunião da delegação oficial brasileira com o presidente, a portas fechadas, para definir a posição brasileira sobre esse ponto, um dos mais delicados da negociação. Lula via sua equipe dividida e com a maioria pendendo para a posição contrária. Até que cortou a discussão para dizer que estavam

> fazendo tempestade em copo-d'água. Se uma vaca tem febre aftosa no Brasil, eles ficam sabendo na Alemanha, antes de mim. Saber se um poço de petróleo está produzindo mais ou menos, qualquer garoto consegue saber pelo Google.

Nessa reunião, o presidente brasileiro mudou a posição do Brasil, afastando-se muito da posição da China e do que sempre haviam defendido juntos no G77+China. Por isso, o Brasil estava preparado para intermediar o conflito polarizado entre Estados Unidos e China, em torno da MRV, o mecanismo de transparência.

Obama expôs sua proposta durante dez-15 minutos. Os chineses disseram não. Quem discutia eram ministros. Wen Jiabao ouvia. A questão-chave para eles era soberania. Os termos propostos por Obama foram avaliação e exame (*"assessment and examination*"). Os chineses recusaram, não viam diferença entre avaliação e verificação ou auditoria. Propuseram consulta e diálogo. Obama não aceitou. Era pouco e aberto demais. O primeiro-ministro Singh, que tinha experiência na OMC, propôs uma expressão similar à utilizada por esta: "consultas internacionais e análise".

Obama aceitou a proposta do primeiro-ministro da Índia, de um mecanismo semelhante ao da OMC, que prevê verificação a pedido, mas respeita a soberania dos países. Nesse ponto, quem disse não foi o ministro do Ambiente chinês, Zhou Shengxian. Wen Jiabao não se manifestou. O Brasil propôs um arredondamento da fórmula, Obama incorporou a sugestão brasileira e refez a proposta: "consultas internacionais e análise de acordo com diretrizes claramente definidas que garantirão o respeito à soberania nacional" (*"international consultations and analysis under clearly defined guidelines that will ensure that national sovereignty is respected"*).

FIM DO IMPASSE

Obama surpreendeu a todos com sua agilidade e capacidade de reestruturar suas propostas no calor da conversa, disse-me um dos negociadores. Foi tentando conciliar um compromisso efetivo com a verificação ao princípio da autonomia e autodeterminação dos países. Finalmente, chegou à formulação que previa as exigências científicas como fator decisivo para um pedido de verificação, respeitando-se a soberania dos países. A verificação (análise) se faria de acordo com metodologia estabelecida pelas partes de comum acordo, definindo uma contabilidade comum, que orientaria qualquer auditoria. Nesse ponto, Wen Jiabao, disse que aquela forma era aceitável, que se podia seguir adiante na negociação. Obama diria, em sua última coletiva de imprensa, que achara a fórmula plenamente satisfatória. Ela deixaria claro o que cada país estava fazendo ou não para cumprir os compromissos assumidos. "E podemos determinar o que está acontecendo com imagens de satélite."

Foram praticamente duas horas e meia de reunião, na qual Obama, com persistência incomum, tentou salvar o acordo. Sua iniciativa insistente e seu envolvimento pessoal na formulação e reformulação da solução para o impasse em torno da MRV foram decisivos, segundo o testemunho de várias fontes, não apenas dos Estados Unidos. Wen Jiabao, que de início se mostrava frio e distante, foi relaxando ao ver que Obama estava genuinamente empenhado em encontrar um ponto de convergência. A flexibilidade de Obama e seu humor contrastavam com a rigidez de posições e o laconismo do chinês. Mas talvez Obama já estivesse acostumado com esse estilo. Quando decidiu procurar Wen Jiabao, disse aos auxiliares que o conhecia da visita à China e que tinha feito negociações muito bem-sucedidas com ele. Acreditava que podiam chegar a uma solução comum.

Wen Jiabao deve ter percebido, também, que ficou isolado, a partir da proposta da Índia, aceita pelo Brasil e pela África do Sul. Ainda assim, recusou e foi preciso revê-la um pouco mais para atender às objeções chinesas. Essas objeções nunca eram manifestadas pelo primeiro-ministro, mas, em estilo bem chinês, pelo ministro do Ambiente Zhou Shengxian. Jiabao apenas dizia se concordava ou não. Quando Obama propôs a versão que incorporava contribuições da Índia e do Brasil e que ele ajustara para responder às últimas objeções, Wen Jiabao tomou a palavra para dizer: "Assim está bem, podemos seguir adiante."

O relato chinês da reunião é sintético e não se refere aos detalhes do que foi negociado.

Como todos os países do BASIC haviam tido contato bilateral anterior com os Estados Unidos, estavam bem a par da posição de cada um. O premiê Wen começou a discussão defendendo esforços para que se adotasse na conferência uma decisão que

COPENHAGUE: ANTES E DEPOIS

reconhecesse os resultados e chegasse ao consenso. Ele explicou ao presidente Obama a posição dos países do BASIC em várias questões-chave. O presidente Obama também informou aos quatro em que ponto estavam as posições de seu país. Disse que os dois lados estavam muito próximos da formulação de cada um desses pontos. Os líderes dos cinco países continuaram, então, a fazer consultas seriamente.

O segundo ponto com dificuldades era como registrar as metas no anexo do Acordo de Copenhague. O argumento do BASIC, e sobretudo da China, era que a forma pela qual esperavam que eles fizessem seria equivalente a seu enquadramento no Anexo I do Protocolo de Kyoto. Isso equipararia os países em desenvolvimento mais avançados aos países desenvolvidos. Era a velha questão das responsabilidades históricas. Ainda estava fresca na memória do BASIC a rejeição desse princípio por Todd Stern, em sua primeira coletiva de imprensa, apesar de sua retratação no dia seguinte. A suspeita é que os países desenvolvidos estavam usando o anexo do Acordo de Copenhague como armadilha, que lhes imporia metas compulsórias.

Obama sentiu que a desconfiança era o pomo da discórdia. Habilmente, insistiu com toda a ênfase que os Estados Unidos reconheciam sua responsabilidade histórica, que ia muito além da de seus interlocutores. Contudo não falava apenas sobre o passado, mas também sobre o presente e o futuro, e todos ali tinham alguma responsabilidade. Reiterou a adesão de seu país ao princípio das responsabilidades iguais, porém diferenciadas. Os dois mais recalcitrantes eram China e Índia. Brasil e África do Sul já haviam abrandado suas posições e defendiam uma saída muito próxima ao que acabou estabelecido no Acordo. Obama reconhecia a contribuição dos dois, buscando apoio para sua argumentação com China e Índia. Argumentava que não podiam fracassar. O mundo olhava para Copenhague com a expectativa de que suas principais lideranças fechassem aquele acordo. "Estamos muito perto", disse.

Foi então que surgiu a fórmula que permitiria o acordo. Os registros seriam diferenciados, em dois anexos distintos, mas os compromissos seriam encaminhados por escrito e assinados. E se daria um prazo para que os países fizessem esse registro. Desse modo apareceu a data de 31 de janeiro, que seria adotada depois, pelo próprio plenário da COP. Por que o prazo? Por causa da falta de confiança. O que o ministro Ed Miliband havia descrito como a síndrome do "só faço se você fizer". Cada um queria ver o que o outro faria e que rumos finais a COP tomaria antes de assumir seus compromissos em definitivo.

Sobre um ponto não houve acordo possível. A proposta de uma meta global de redução de 50 por cento dos gases estufa até 2050. China e Índia se mostraram irredutíveis. O argumento era que, feitos os cálculos, descontadas as metas dos desenvolvidos dessa meta global, o que sobrava para os países em desenvolvimento era demais. A China argumentava que isso impediria o desenvolvimento do país e condenaria milhões de chineses à exclusão. A Índia dizia que esse limite absoluto aprisionaria as massas pobres de seu país na miséria. Ao ver que não tinha jeito, Obama recuou e deixou o ponto fora do acordo. Ele não defendeu essa meta com muito empenho: não era também satisfatória para os Estados Unidos, diante do que o Congresso estaria disposto a conceder. Refém do Congresso, estava, nesse caso, mais próximo do BASIC que da Europa.

Foram quase três horas de negociação nervosa e exaustiva, conduzidas pelos cinco líderes. Durante todo esse período, Obama ficou com a iniciativa. Essa dramática reunião fechou com uma proposta de acordo possível. Um acordo que ficava aquém do necessário. Faltava uma meta quantitativa global para redução de emissões de carbono, rejeitada pela China e pela Índia. Mas avançava significativamente na solução de alguns dos mais difíceis impasses que emperraram tantas COPs, levando-as ao fracasso, nos últimos cinco anos.

Obama se retirou, para dar conta aos europeus do que havia sido acordado. O grupo do BASIC retornou à reunião multilateral do grupo que havia sido formado para discutir o texto final do acordo e encaminhá-lo ao plenário da COP15.

Os chineses contaram o desfecho da reunião entre o BASIC e Obama dizendo que

> jornalistas que esperavam do lado de fora vinham acompanhando o que acontecia dentro da sala. Alguns tiraram fotos pela porta de vidro. E logo eles ouviram os aplausos vindos de dentro. Após as consultas, os países do BASIC chegaram a um acordo com os Estados Unidos na formulação de vários temas-chave para o documento preliminar. Obama se ofereceu para consultar a União Europeia sobre o que havia acabado de ser acordado. Enquanto ele fazia essa consulta, os países do BASIC também mantiveram discussões com outros países do Grupo dos Trinta. Uma hora depois, veio a notícia de que as partes relevantes haviam chegado a um consenso sobre um rascunho de resolução, e o iriam logo submeter ao voto do plenário. Já haviam se passado nove horas além da hora marcada para o fim da conferência.

O ACORDO POSSÍVEL

Terminada a reunião, os líderes do BASIC se encaminharam para a multilateral em que iriam relatar o resultado das conversas com Obama ao grupo de trinta países criado para acompanhar a redação do acordo. Os europeus estavam reunidos com Obama, como combinado. Quando os brasileiros terminavam seu relato, chegaram os europeus, já cientes da conversa por intermédio de Obama. A reunião do grupo foi retomada e rapidamente houve concordância de que, diante do consenso, o indicado seria interromper, para que um texto que expressasse esses entendimentos pudesse ser redigido e trazido de volta ao grupo para exame final. Uma hora depois, com o texto pronto, a reunião foi retomada. Havia outros pontos a negociar além daqueles fechados na reunião do BASIC. Lula já havia saído para o hotel, de onde seguiria para o aeroporto, com a ministra Dilma Roussef, o ministro Celso Amorim e o embaixador Figueiredo. Ele não falou com a imprensa antes de voltar para casa, ao contrário do que fizeram Obama, Sarkozy, Brown e Merkel.

Não havia dúvida entre os dirigentes de que os trinta chegariam a um acordo. Estavam todos comprometidos com o resultado final. Ninguém estava satisfeito, mas era o melhor resultado possível naquelas circunstâncias. O texto do Acordo de Copenhague foi, de fato, aprovado por eles.

O problema era se o plenário adotaria a decisão desse grupo. Não haviam criado nenhum mecanismo de comunicação entre o grupo e o plenário. As negociações foram tão nervosas e aceleradas que não dava tempo para fazer chegar às outras delegações o que estava acontecendo, muito menos para administrar as reações negativas. Cresciam o sentimento de exclusão e as reclamações de falta de transparência. Nem Ban Ki-moon nem Yvo de Boer, que coordenavam essa conversa paralela, conseguiram perceber o fosso que se abria entre o Grupo dos Trinta e o plenário. No final, faltou liderança a Rasmussen.

Antes de o presidente Lula sair, estava claro que o acertado entre o BASIC e Obama garantia o acordo no Grupo dos Trinta, disse-me um negociador brasileiro. Outros pontos continuavam sendo discutidos: REDD; revisão do acordo em 2015 para ver a necessidade de adotar o limite de 1,5 grau Celsius; o nome do fundo de longo prazo; como dar poderes ao México para propor uma ampliação do Protocolo de Kyoto que abrigasse o Acordo de Copenhague. Os dois últimos não foram decididos. O resto entrou no texto do Acordo de Copenhague.

O principal havia sido decidido na reunião do BASIC. Nessa parte final, em nome da China, ficou um vice-ministro, sem autonomia para decidir. Hillary Clinton ficou na reunião. Quando Lula, Obama e Wen Jiabao saíram, o crucial da negociação entre líderes estava resolvido.

COPENHAGUE: ANTES E DEPOIS

SAÍDA À FRANCESA

O avião brasileiro já estava agendado para ir embora na sexta-feira, dia 18 de dezembro, desde que Lula pousou em Copenhague. O presidente brasileiro deixou imediatamente o Bella Center. Obama passou pela reunião do Grupo dos Trinta, ficou pouco tempo e saiu para o hotel, onde falaria com a imprensa. Angela Merkel ficou quase até o final. O presidente do México, Felipe Calderón, ficou até o final. Ele seria hóspede e responsável pela COP16. Observou tudo muito detidamente. Por certo anotou os erros políticos graves de Rasmussen e a falência final da liderança.

Lula deixou Copenhague levando consigo a ministra Dilma, que deveria continuar chefiando a delegação, o ministro Celso Amorim, que chegara com ele e pela primeira vez não tinha participado de uma COP. Houve um momento, no Hotel D'Angleterre, em que Amorim, cabisbaixo, ia tomar o elevador e foi abordado por jornalistas:

— Ministro, o que está acontecendo? — perguntaram.

— Não sei... — foi sua resposta.

Para surpresa de todos, o embaixador Luiz Alberto Figueiredo, negociador-chefe do Brasil e copresidente do grupo de trabalho sobre a Convenção do Clima, AWG-LCA, deixou Copenhague no avião presidencial. Um funcionário do governo me disse que Figueiredo estava exausto, passara os últimos três dias sem dormir.

O ministro do Meio Ambiente, Carlos Minc, ficou na chefia da delegação, com instruções de Lula sobre os atos finais de fechamento do acordo. Do Itamaraty ficaram com ele André Odenbreit Carvalho, chefe da Divisão de Política Ambiental e Desenvolvimento Sustentável do Itamaraty, e o embaixador extraordinário para Mudança Climática, Sérgio Serra. Para se ter uma ideia da esquisita montagem da delegação brasileira pelo presidente Lula para acomodar Dilma Roussef como chefe, Sérgio Serra só pôde entrar nas reuniões porque herdou o crachá de Marco Aurélio Garcia. Garcia, assessor especial da presidência para Assuntos

Internacionais, fazia parte da delegação brasileira em lugar de negociadores muito mais experientes. Ele tinha ainda menos intimidade com o tema do que a ministra Dilma, estrangeira ao assunto.

Um dos pontos que ficaram para ser negociados no momento final do Grupo dos Trinta foi o REDD, que não fora objeto das conversas entre Obama e o BASIC. O tema acabou tendo de ser votado duas vezes. Outro ponto que a China não queria, mas acabou cedendo, foi a reivindicação dos pequenos Estados-ilha de que em 2015 a COP deveria rever cientificamente o limite de 2 graus Celsius. O representante chinês teve de pedir autorização por telefone. A delegação brasileira apoiou. Acabou entrando.

A sala de imprensa vivia grande inquietação. Sabia-se, pelo que se apurava nos corredores, à porta das salas de reunião, que o desfecho estava próximo. Mas não era possível reconhecer os sinais típicos de um final de cúpula de lideranças globais. Não havia nenhum preparativo para uma grande reunião pública, nem notícias de uma coletiva de imprensa na qual alguns dos líderes, como porta-vozes de seus respectivos grupos, fossem apresentar o resultado final das conversas. Era uma experiência singular. Crescia o sentimento de que o fim estava perto, mas nada acontecia que fosse familiar a quem tivesse acompanhado uma grande reunião internacional como aquela. Tudo parecia fora de esquadro.

As informações eram truncadas. Alguns falavam em estender a reunião até o sábado. Outros diziam que o acordo estava fechado e se preparava um comunicado. Ninguém sabia realmente o que estava acontecendo. De repente, uma correria desabalada, um estouro da boiada na sala de imprensa. Centenas de jornalistas saíram correndo rumo ao vão central. Perguntei o que estava havendo e me disseram: "Lula e Obama vão anunciar o Acordo de Copenhague numa entrevista na sala de coletivas." Uma entrevista conjunta de Lula e Obama será sempre um evento imperdível, naquelas circunstâncias era quase um milagre. Era o que se poderia esperar de melhor. Fui caminhando até a porta do auditório principal onde aconteciam as coletivas de imprensa, pensando

COPENHAGUE: ANTES E DEPOIS

no que poderia justificar que apenas Lula e Obama anunciassem o acordo ou o fracasso da tentativa de fechar um acordo. Afinal, no mínimo, deveriam estar com eles Wen Jiabao, Gordon Brown e Meles Zenawi.

Repórteres, cinegrafistas, fotógrafos passavam por mim correndo. Eram de todas as idades, todos os gêneros, todas as nacionalidades. Uma babel que, ao fim e ao cabo, fala uma língua universal: a da notícia testemunhada, apurada, verificada. Grande parte dos jornalistas recebeu a informação pelo Twitter. Quase todos acompanhavam notícias da COP15 e passavam o que sabiam pelo Twitter.

Quando cheguei à porta, a sala estava abarrotada. Pouco depois, um dos assessores de imprensa da ONU anunciava que, consultada, a Casa Branca informara que não havia previsão de uma coletiva de imprensa de Obama. Voltamos todos um pouco mais desanimados.

De repente, mais uma correria entupiu outra sala de entrevistas. Falariam o presidente rotativo da Comissão Europeia, o primeiro-ministro sueco, Fredrik Reinfeldt, e o presidente da Comissão Europeia, José Manuel Durão Barroso. Mas a entrevista foi adiada. E seria adiada mais quatro vezes, só ocorrendo quase cinco horas depois.

A notícia de que Obama daria uma coletiva de imprensa continuava a circular. A essa altura, ninguém mais tinha certeza de onde ele estava. Eram pouco mais de 20:00. Na sala de imprensa diziam que os líderes estavam deixando o Bella Center. Alguém havia visto as limusines deixando o estacionamento. A coletiva de Obama seria iminente. Todos tentavam falar com suas fontes próximas aos governantes para confirmar o que estava acontecendo. Pouco depois das 20:00, Andrei Netto, correspondente do *Estadão*, conseguiu falar com uma de suas fontes. "Lula está no avião, vai deixar Copenhague em alguns minutos", contou. A notícia de que os líderes estavam saindo à francesa, sem foto, sem coletiva, sem explicação, acentuou o clima depressivo na sala de imprensa.

Diante daquele anticlímax, a exaustão daqueles dias frenéticos, intensos e aflitos tomou conta de todos.

Quando caiu a ficha, antes ainda da entrevista dos dirigentes da União Europeia, de que os líderes haviam debandado sem anunciar o acordo e a COP15 estava à deriva, só uma palavra passou a ser usada por todos para descrever o quadro: "fracasso". Só um sentimento: desencanto.

De repente, vejo no Twitter que Obama estava dando uma coletiva no hotel. Vinha com o link onde a Casa Branca fazia o webcasting em tempo real. Obama falou para a imprensa de seu país e disse que havia negociado um acordo possível, porém significativo. "Todos estão adotando as ações mais agressivas que podem", disse Obama.

> Para mim, o mais importante que podemos fazer agora é criar mais confiança entre os países desenvolvidos, os países emergentes e os países menos desenvolvidos. Isso é difícil dentro dos países, será ainda mais difícil entre países.

Ele elogiou a cooperação de Meles Zenawi, Wen Jiabao, Manmohan Singh, Lula da Silva e Jacob Zuma, os líderes do BASIC e o primeiro-ministro etíope que articulou com os europeus a solução para o financiamento. Disse ainda que não haviam progredido o bastante, mas era um marco importante. "Caminhamos muito e ainda temos muito que caminhar. Devemos capitalizar o esforço que nos permitiu ter sucesso hoje, resolver antigas divisões e criar novas parcerias."

O Twitter registraria um pouco mais tarde, o pensamento de Gordon Brown:

> 10DowningStreet PM: *this is hard work and I haven't got all I wanted. But it is a vital first step towards a greener future* [Foi trabalho duro e eu não consegui tudo que queria. Mas foi um primeiro passo vital rumo a um futuro mais verde].

COPENHAGUE: ANTES E DEPOIS

A declaração sintetizava o que havia dito na sua própria coletiva de imprensa, logo após o fim das conversações. Ele disse que haviam sido bem-sucedidos em cinco de seis medidas.

Esse é o primeiro passo que estamos dando para um futuro verde e de baixo carbono para o mundo. Passos que estamos dando juntos. Mas, como todos os primeiros passos, eles são difíceis e duros. Eu sei que precisamos na verdade é de um tratado legalmente vinculante o mais rápido possível.

Sarkozy tuitou sua coletiva para a imprensa francesa. Foi assim a sequência do raciocínio do presidente francês, analisando sinteticamente o processo de negociação do Acordo de Copenhague:

@ElyséeCop15 PR: cet accord, je pense que c'est le meilleur accord possible. Je l'ai signé au nom de la France, et je l'assume. [esse acordo, penso que foi o melhor acordo possível. Eu o assinei em nome da França e o assumo].

ElyséeCop15 PR: les difficultés de cette conférence, c'est la preuve d'un système onusien à bout de souffle [as dificuldades desta conferência são a prova de um sistema da ONU à beira da exaustão].

ElyséeCop15 PR: le processus onusien ne donne pas assez d'importance aux pays émergents [o processo da ONU não dá a devida importância aos países emergentes].

ElyséeCop15 PR: la question de la gouvernance internationale se pose [...] car cela n'avançait pas. [a questão da governança internacional está posta [...] porque não se avançou nela].

ElyséeCop15 PR: Chaque pays s'engage par écrit à publier chaque année son parcours de réduction d'émissions de CO_2 [Cada país se compromete por escrito a publicar anualmente sua trajetória de redução das emissões de CO_2].

ElyséeCop15 PR: A Mexico en 2010, nous demanderons la transformation de cet accord en traité. La Chine et l'Inde sont contre [No México, em 2010, nós pediremos a transformação deste acordo em tratado. A China e a Índia são contra].

ElyséeCop15 PR: Il a toujours été convenu que Copenhague serait un "accord politique" et non juridique [Sempre esteve convencionado que Copenhague seria um "acordo político" e não jurídico).

Angela Merkel disse que Copenhague foi o "primeiro passo rumo a uma nova ordem climática mundial — não mais, mas também não menos". O secretário-geral da ONU disse que foi fechado um "acordo significativo", repetindo Obama. Yvo de Boer, secretário executivo da Convenção do Clima, afirmou que o acordo não "deveria ser subestimado".

Como pode um fracasso dar lugar a tais declarações? Há duas possibilidades: hipocrisia coletiva, todos estavam mentindo; ou algo restou de Copenhague, que pode ser resgatado e ainda ter consequências significativas.

ABANDONO

Tecnicamente, ao abandonarem a cena antes de fazerem um ato final, os governantes deixaram o resultado de suas conversas em um vácuo político. Como o acordo foi negociado por cima e por fora das regras da Convenção do Clima, a única forma de transformar essas conversas em decisão política que fizesse sentido seria anunciá-lo em uma coletiva de imprensa, explicá-lo e assinar um termo formal de entendimento entre governos. Deixar seus termos finais para serem negociados na trilha convencional das Nações Unidas foi uma violação das regras da Convenção do Clima e um grande erro político.

Esse erro levou a todos a sentenciar o fracasso da cúpula de lideranças mundiais e o colapso da COP15.

Foi uma ducha de água gelada, como se despejassem água diretamente dos fiordes dinamarqueses sobre o Bella Center. Um final melancólico. O que se podia ver é que a reunião desmoronava. Saí para o átrio central e vi vários chefes de governo circulando meio sem rumo. Evo Morales dava uma entrevista a um pequeno grupo de jornalistas. Quando retornei, Lumumba Di-Aping chegava com um grupo de umas dez pessoas, para uma coletiva, que improvisaria do alto da escada que levava ao jirau do amplo salão que servia de sala de imprensa. Em cima ficavam os escritórios da ONU, e o acesso por aquela escada estava fechado desde a noite de quarta-feira. A cena, com Lumumba cercado por assessores, no alto da escada, microfone em punho, falando acaloradamente para dezenas de jornalistas, câmeras, fotógrafos, parecia mais um comício. Na falta de notícias, naquele momento de debandada dos chefes de governo, tudo tinha interesse.

Para ele o Acordo de Copenhague mostrava

o menor nível de ambição que se pode imaginar. É nada mais nada menos que o ceticismo climático em ação. Ele aprisiona os países em um ciclo de pobreza para sempre. Obama eliminou qualquer diferença entre ele e Bush.

Era um desabafo e também uma resposta às críticas de que a China fora a principal responsável.

O próprio Obama havia sugerido em sua coletiva que o problema foi a resistência dos países emergentes em abandonar suas velhas posições. Disse que era preciso abandonar a visão trazida de outros acordos e do passado, "tipo Kyoto diz isso, ou Bali diz aquilo, vocês precisam fazer algo, nós não precisamos fazer coisa alguma", e criar confiança a partir de um novo quadro de referências e compromissos, rompendo com os velhos entraves. "Foi isso o que começamos a fazer aqui, mas não terminamos." Ele reconheceu que era um passo relevante o fato de China, Índia e Brasil, ainda que voluntariamente, apresentassem metas significativas de redução das emissões "em relação ao que fazem hoje".

É claro que o progresso rumo à criação da confiança entre os países não havia sido suficiente. Era evidente para todos que Di-Aping tinha muito mais afinidade com a China do que com os Estados Unidos, apesar de viver em Nova York e não em Pequim. Maldivas e Tuvalu tinham problemas com a China. Maldivas, depois de trinta anos de governo autocrático, havia voltado à democracia em 2008, e o novo governo do presidente Mohamed Nasheed se engajou em uma campanha enfática a favor dos direitos humanos e de ação ambiciosa para mitigar a mudança climática. Suas relações com a China são amistosas e distantes. A China tem se incomodado bastante com a pregação pelos direitos humanos de Nasheed. O aliado próximo das Maldivas é a Índia. Suas relações — inclusive militares — são estreitas, e não é segredo a rivalidade geopolítica entre China e Índia em torno das Maldivas. A China se mostra inconformada com Tuvalu, que reconhece Taiwan, com quem mantém relações diplomáticas regulares.

China e Índia são uma espécie de inimigos próximos e amigos a distância. Têm muitos interesses comuns, que lhes permite, por exemplo, convivência relativamente amistosa dentro do BASIC. Mas têm também muitas contrariedades e rivalidades, que fazem que a Índia sempre tente se acertar com Brasil e África do Sul dentro do IBSA, isolando a China. O IBSA é um fórum trilateral "Sul-Sul" criado em Brasília, em 2003, por Índia, Brasil e África do Sul. É o BASIC sem a China. Ambos têm funcionamento regular, mas o IBSA até agora tem se dedicado mais a assuntos comerciais. Sua criação foi em parte resposta ao fracasso das negociações da Organização Mundial do Comércio em Cancún. O BASIC, entretanto, se firmou como parte do núcleo do poder da política global do clima.

As interpretações sobre o papel de cada parte nas negociações do Acordo de Copenhague são fortemente marcadas por essas conexões e separações políticas, pela geopolítica global, não apenas pela geopolítica do clima.

Obama deu uma pista da expectativa com que os líderes deixavam Copenhague, mas que não se cumpriria. "Por causa de limitações climáticas em Washington eu tenho que sair antes do voto final, mas estou confiante de que caminhamos para um acordo significativo." Várias pessoas que estavam nas negociações entre Obama e o BASIC e na multilateral me confirmaram a ideia de que os chefes de governo foram deixando Copenhague na expectativa de que o acordo fosse aprovado em plenário.

Mas não haviam criado condições para isso. Primeiro, não levaram informação aos aliados ausentes na reunião dos trinta para prepará-los para o que deveriam votar. Não previram possíveis conflitos, que requereriam mais liderança do que o desgastado Lars Rasmussen seria capaz de oferecer. Não promoveram um evento coletivo que tornasse públicos os entendimentos entre as principais nações presentes na COP15 e que, em conjunto, tinham liderança suficiente para persuadir os que ficaram fora das negociações. Faltou perícia no acabamento. O documento negociado por esse grupo teria de passar pelo plenário da COP para ser oficializado. A debandada selou o resultado do Acordo de Copenhague: ele não teria acolhida na trilha oficial da ONU. O que era para ser um exame breve e positivo de uma costura penosa, que demandou enorme tenacidade, perseverança, paciência e boa vontade, desandou.

Encontrei o ministro Minc no átrio principal, a caminho do plenário Tycho Brahe, já como chefe da delegação brasileira. Caminhamos até eu ser barrado pelos seguranças à porta do auditório. Minc ia me contando sobre essas últimas negociações, do REDD e da revisão dos 2 graus Celsius. Entrou dizendo "daqui a pouco podemos conversar mais e já saberemos do resultado do plenário". Essa reunião não acabaria tão cedo.

O PRESIDENTE SUMIU

O jornalista e blogueiro Andrew Revkin, então no *New York Times*, fez um relato dos últimos momentos da plenária da COP15, que dá uma boa medida da falta de preparação para a apresentação do Acordo de Copenhague à Conferência das Partes. Revela, também, a direção errática de Rasmussen. A maior parte do que se segue tem como base as anotações de Revkin. Assisti a uma parte dessa reunião e minhas notas confirmam seu relato. Em vários pontos pude confrontá-las com outros depoimentos, inclusive de pessoas que estavam na reunião. Elas coincidem. Em muitos casos, não foi possível identificar quem falava pelos países. Delegados presentes à plenária não conheciam vários representantes de outros países. Naquele fim de conferência, havia países representados pelo "sub do sub do sub" negociador, outros continuavam sob o comando de ministros, como Minc e Ed Miliband, e havia até alguns chefes de governo. Por isso, os protagonistas dessa dramática sessão, reveladora dos erros de cálculo da liderança mundial e da falta de comando da parte do primeiro-ministro dinamarquês são, na sua maioria, países e não pessoas. O relato de Revkin e minhas notas terminam antes dos lances finais. Estes foram reconstituídos com base em depoimentos e na descrição do Earth Negotiations Bulletin.[103]

Aberta a plenária, Rasmussen, na presidência, introduz o texto do Acordo de Copenhague para exame oficial e sintetiza seu conteúdo. Diz que o documento era resultado de "horas de intensa negociação" e que fora desenvolvido por um "grupo representativo de lideranças". A representante da Venezuela bate com insistência a mão na mesa, mas não obtém a palavra, que é dada a Tuvalu. Ian Fry critica duramente o acordo e o modo como foi negociado e anunciado: "Hoje eu vi líderes dizendo que tinham um acordo. Isto é desrespeitoso com outros países, nós temos

---

[103] http://www.iisd.ca/.

processos democráticos, gostaríamos de ter mais tempo, esse documento tem problemas graves e é inconsistente com Bali." Termina dizendo: "Lamento informá-lo, Tuvalu não pode aceitar esse documento."[104]

Rasmussen dá a palavra à Venezuela. "Falo com indignação, esse documento não é aceitável", disse a representante de Hugo Chávez, Claudia Salerno, diretora de Gestão e Cooperação Internacional do Ministério Popular para o Ambiente, com as mãos sangrando de tanto bater na mesa. Seguiram-se Bolívia e Cuba, no mesmo tom. O negociador da Costa Rica, embaixador Alvaro Umaña, disse que "pelas razões que ouvimos, esse documento não pode ser considerado como o trabalho do AWG-LCA e não pode ser considerado pela COP. Não pode ser mais que um documento informal, para informação apenas". A Nicarágua propõe a suspensão da COP15 até junho de 2010.

Aí a reunião degringolou e Rasmussen se perdeu inteiramente. Virou um conflito em torno de siglas burocráticas, que na verdade escondia um único significado: funcionários às vezes de terceiro ou quarto escalão estavam rejeitando um documento aprovado por chefes de governo. A proposta da Costa Rica, de transformá-lo em um "INF Doc" (documento de informação), na verdade consistia em rebaixamento de um acordo de chefes de governo a um simples comunicado informal.

Nesse ponto, a sessão é interrompida. Quando é retomada, Rasmussen anuncia que o documento se tornará um documento de informação. Marta Ruiz, representante da Nicarágua, intervém: "Eu gostaria de propor o seguinte: o documento deve ser submetido, pelas Partes envolvidas, apenas como um MISC doc [documento miscelânea]." Rasmussen interrompe: "Eu lhe perguntei sobre o que pensa de minha proposta, por favor responda minha questão." Nicarágua responde: "Queremos que o documento seja

---

[104] Andrew C. Revkin, "Scenes from a climate floor fight", Dot Earth, *The New York Times*, 19 de dezembro de 2009.

um MISC." Rasmussen responde: "Certo, proposta para que o Acordo de Copenhague seja um documento miscelânea."
A incoerência de Rasmussen irrita os delegados. O representante da Índia interpela Rasmussen, enraivecido:

> Se o senhor quer apresentar o texto como um rascunho da presidência, faça-o. Mas, se quer apresentar como uma submissão MISC pelas Partes que o elaboraram, então primeiro pergunte a essas Partes antes de dizer que é delas.

A Nicarágua considera que a questão de o documento ser um MISC está resolvida e retira o pedido de suspensão da COP15. Lumumba Di-Aping toma a palavra.

> O documento é um dos eventos mais perturbadores da história da UNFCCC. Esse documento ameaça a existência do continente africano, é homicida, condena a África, pede à África que assine um pacto de suicídio. É totalmente vazio de moralidade. Isso é como os 6 milhões de judeus que morreram na Europa. Não há um ministro ou presidente africano com mandato para destruir a África, e 2 graus Celsius é morte certa. É imoral sequer pensar que esse documento tenha sido emitido pela ONU ou por um organismo da ONU. A promessa de 100 bilhões de dólares não nos vai comprar para que destruamos nosso continente. Portanto, ele tem que ser retirado, deletado do sistema da UNFCCC.

Nesse ponto, o representante das Maldivas tenta falar e Lumumba o corta: "Não terminei. Eu quero que seja registrado que o senhor, presidente, foi parcial e violou todas as regras da transparência."

Michael Zammit Cutajar, presidente do AWG-LCA, o principal grupo de trabalho, deixa o plenário desolado. Há várias intervenções nervosas. O representante das Maldivas faz um apelo dramático para que o documento não seja "deletado". O Egito diz que, para apoiar o documento, precisa saber que países o redigiram, os que "estão moralmente comprometidos com ele". A Espanha concorda com as Maldivas. O Canadá critica as duras palavras de Di-Aping, que chamou o Acordo de holocausto, dizendo que sua delegação se sentia ofendida. O representante da Austrália se diz "absolutamente atônito, o documento está sendo criticado por pessoas que estavam sentadas na mesa de negociação". A Etiópia, cujo primeiro-ministro, Meles Zenawi, teve papel destacado na negociação do Acordo, falando em nome da União Africana, diz que "concorda que o documento é um ajuste de compromisso, mas apoia as Maldivas, adiar não é uma opção". A França, a Suécia e o Senegal também apoiam as Maldivas.

Ed Miliband, do Reino Unido, faz um apelo veemente:

> Acho que esta instituição enfrenta um momento de crise profunda. Temos a escolha de dois caminhos. Um caminho, o documento, de forma alguma perfeito, nós temos muitos problemas com ele, mas ele fará a vida das pessoas melhor. Ele propõe 30 bilhões de dólares como fundos de uso imediato e 100 bilhões de dólares para o plano de longo prazo. Então, ele contém coisas muito importantes. O outro caminho, o do embaixador Lumumba — repulsiva a comparação com o holocausto — significaria destruir esse processo. Após dois anos, apenas um documento INF? Por favor, vamos transformá-lo em uma decisão da COP.

É longamente aplaudido de pé pelos delegados.

Rasmussen tenta apoiar-se na proposta britânica: "Alguém se opõe?" Começa a contar: "Um, dois, três, quatro... há... isso significa que não podemos adotá-lo? Quais são as regras? Não estou familiarizado com as regras da ONU... precisamos de consenso? Ok, então não podemos adotá-lo. Podemos, então, apenas subscrevê-lo?" Cuba intervém para anunciar que não haverá consenso. Rasmussen: "Precisamos terminar essa reunião, algumas pessoas têm que pegar o avião às 8:00."

O representante da Eslovênia pede a palavra para fazer uma proposta: "Quero propor uma solução: os países que apoiarem o documento aparecerão em uma lista." Rasmussen: "Obrigado por uma proposta concreta." O representante do México interfere para dizer que a acusação do Sudão não pode ficar sem comentário. Bangladesh diz que é um dos países mais vulneráveis e que apoia qualquer avanço na questão climática. A representante de Granada, falando também pela AOSIS, Dessima Williams, faz uma intervenção emocionada:

> Meu presidente participou do grupo de amigos da presidência, juntamente com Estados Unidos, Reino Unido, Arábia Saudita, Rússia, África do Sul, Argélia, Dinamarca, Etiópia, Coreia, China, Brasil e outros, não houve absolutamente nenhuma indicação de que esse fosse um processo ilegal. Granada lamenta a divisão que ocorre agora no Sul. A sessão foi difícil. A AOSIS lutou por cada um dos itens, nós estávamos lá, nós vemos o processo como legítimo. Eu peço às partes que se comprometam a cumprir essas obrigações. Nós apoiamos o documento e apoiamos o processo. No caminho para o aeroporto, meu primeiro-ministro me instruiu a apoiar o documento. Granada cumpriu seu papel em boa-fé. Eu considero ofensivo caracterizar o trabalho de meu primeiro-ministro da forma como foi descrito. Eu exorto meu irmão do Sudão a repensar suas conclusões e conter seus sentimentos. Eu insisto para que sigamos em frente.

O Japão defende o documento. Papua-Nova Guiné, também, após dizer que não participou do grupo que aprovou o texto final. A Noruega pede a aprovação do documento e responde a Di-Aping. A Rússia apoia o documento. Filipinas considera que teve papel preponderante na negociação do REDD e acha que se deve avançar a partir da adoção do documento. A Bolívia volta ao começo e pede que seja um documento da parte de miscelâneas da reunião. As ilhas Marshall fazem um lamento. Cingapura apoia o texto. A Argélia, falando em nome da União Africana, também pede que se avance a partir da adoção do Acordo, e diz que a África se sentia representada pelo primeiro-ministro Meles Zenawi no grupo de negociação. O Gabão acompanha a posição da Argélia. Belize e Barbados dizem praticamente a mesma coisa — "não participamos do grupo, mas nos sentimos representados por ele" — e pedem que se siga adiante, com a aprovação do texto. Quando Ian Fry começa a falar — "nós todos trabalhamos muito duro" —, é interrompido pela representação das ilhas Salomão: "Peço desculpas a Tuvalu, mas alguns de nós teremos de sair em breve." E se dirige à presidência: "Notando o número de Estados na lista dos que vão falar, nós precisamos de uma resposta. Por favor, deem-nos uma orientação."

O secretariado responde que estão tentando alterar os horários de voo, com muita dificuldade, mas que estão tentando. Rasmussen passa a palavra ao Congo, para logo se desculpar: "Perdão, a palavra está com Tuvalu." Fry apoia a proposta boliviana, de voltar ao documento como miscelânea. Gana contesta. Carlos Minc, pelo Brasil, pede que as

> Partes mantenham espírito de diálogo e entendimento. Nós precisamos falar francamente, mas com respeito. O Brasil participou desse processo no seu mais alto nível político e como Lula disse, agora é hora de agir. Nenhuma proposta é perfeita, mas esta nos leva na direção correta. Não devemos pôr a perder essas propostas concretas.

A Venezuela diz que é preciso "desdramatizar a situação". Em seguida, critica todo o processo, diz que os países que negociaram não tinham mandato para tanto. O Sudão volta a falar, para propor que se decida manter o trabalho do AWG-LCA. Lesoto apoia o texto em nome dos países menos desenvolvidos (LDC). A Arábia Saudita pede que se abandone a discussão do documento porque não há consenso sobre ele. O Reino Unido levanta questão de ordem para pedir novamente a adoção do documento. A Nicarágua reage. A Bolívia insiste que há consenso de que é um documento MISC. Maldivas dizem que entendem a posição da Venezuela, Bolívia, Cuba, Nicarágua e Sudão, e dirigindo-se a eles:

> Por favor, nós queremos viver. Por favor, nos ajudem a manter esse documento vivo. Há muitos países que precisam desse documento. Eu faço um apelo do fundo do coração, por favor encontrem uma forma amigável de adotar essa decisão.

As Bahamas dizem que apoiam a adoção do texto.

Estão todos exaustos, uns exasperados, outros desesperados. Rasmussen retoma a palavra.

> Eu tenho prazer em orientar o plenário. Eu ficaria muito satisfeito se essa conferência pudesse adotar esse documento preliminar. Mas é também uma realidade que essa assembleia só pode tomar decisões por consenso. Agora, só há duas opções. Seguindo as regras estritamente, então ele não pode ser adotado. Adotando um encaminhamento flexível, objeções podem ser registradas oficialmente...

Diante de restrições à segunda opção, diz: "Bom então sinto muito, não pode ser adotado..."

Os representantes do Reino Unido e dos Estados Unidos batem com força e insistentemente suas placas na mesa pedindo questão de ordem, no tumulto que se segue. "Ok, por favor, Reino Unido...", concede Rasmussen. "Peço que interrompa a reunião por um breve momento." Rasmussen acedeu. O breve momento de suspensão durou três horas.

Às 10:35 da manhã de sábado, 19 de dezembro, a reunião foi retomada. O presidente, Rasmussen, sumiu em algum momento dessas três horas de tensão no amanhecer do sábado. Quem apresentou o resultado das consultas informais foi o vice-presidente da COP, Philip Weech, das Bahamas. As consultas foram conduzidas pelo secretário-geral da ONU, Ban Ki-moon, já que a questão central eram os procedimentos da ONU. O que Philip Weech anunciou foi uma engenhosa solução de compromisso, cujas implicações possíveis demorariam a ficar claras.

Naquela gélida manhã de sábado, fechando uma reunião plenária de 13 horas sem precedentes na história das COPs, um plenário esgotado "tomou nota" do Acordo de Copenhague. Ao fazê-lo, estabeleceu um procedimento inédito na Convenção do Clima, pelo qual os países que desejassem registrariam formalmente seu apoio ao Acordo e submeteriam suas metas, preenchendo seus anexos até 31 de janeiro de 2010. Os nomes dos países que apoiavam o Acordo seriam listados no seu preâmbulo. Houve consenso: o Acordo de Copenhague não foi aprovado nem rejeitado. Num desfecho singular, ele ficou apartado das decisões formais, porém abrigado no contexto institucional da Convenção do Clima. Começou por cima e por fora das vias formais da ONU e terminou numa paralela interna cuja trajetória ainda será objeto de muita discussão futura.

Sete dos 192 países impediram que o Acordo de Copenhague se tornasse peça oficial da Convenção do Clima: Tuvalu, Sudão, Cuba, Venezuela, Bolívia, Nicarágua e Arábia Saudita. Sua aprovação teria facilitado o caminho, na via formal da ONU, rumo a um novo tratado global sobre mudança climática. Tuvalu nada tinha em comum com os demais senão o radicalismo. O representante do Sudão, Di-Aping, foi voz isolada entre os africanos e não foi acompanhado pela maioria do G77, que presidia. Alguns diziam que falava pela China. Improvável. Di-Aping falava por si mesmo. Ele não fez, na plenária, mais que repetir as palavras que dissera naquela reunião emotiva com as ONGs, logo no início da conferência, quando, em lágrimas, denunciou o "documento dinamarquês". Perdeu a liderança e a representatividade no seu próprio grupo, a União Africana, que se disse bem representada por Meles Zenawi. Arábia Saudita e Venezuela têm interesses avessos a políticas de baixo carbono, vivem de combustível fóssil. Cuba, Bolívia e

Nicarágua são muito vulneráveis à mudança climática, e jogar no impasse representou trocar a razão e o interesse pela ideologia.

Os mandatos dos grupos de trabalho sobre o Protocolo de Kyoto (AWG-KP) e sobre um novo acordo (AWG-LCA) foram estendido, devendo seguir até a COP16.

A COP15 terminava como começara: de forma surpreendente. Para quem imaginava, no início, que ela produziria um novo Tratado sobre Mudança Climática, mais abrangente e mais efetivo que o Protocolo de Kyoto, foi um fracasso e uma decepção. O Acordo de Copenhague tinha a forma proposta por Rasmussen em Cingapura. Seu conteúdo era, contudo, ainda menos explícito que o do "documento dinamarquês". Por ironia da história, o documento foi, em grande medida, um dos fatores determinantes do clima de desconfiança, tensão e conflito que marcou a COP15. Para aqueles que nada esperavam de Copenhague, acabou sendo uma surpresa. O fato é que, naquela manhã de sábado, delegados tresnoitados eram incapazes de dizer o que realmente haviam realizado em Copenhague.

CAPÍTULO 7   Depois de Copenhague

A TRAVESSIA

Foram horas dramáticas, confusas, inesperadas e inéditas. Governantes mundiais, dirigentes das maiores potências do planeta saíam e entravam de salas, onde negociavam nervosamente, em pequenos grupos, e sem intermediários. Em geral, nessas reuniões de chefes de Estado, toda a negociação é feita por diplomatas profissionais. Os dirigentes dão a palavra final, depois de tudo acertado, assinam e fazem a foto comemorativa. Em Copenhague, eles negociaram diretamente, a palavra final ficou em suspenso, para o "segundo passo", e não houve foto comemorativa. Assim acabaria a mais inusitada das COPs até hoje.

Ao final, fizeram frases para esconder o fim melancólico da reunião. Embarcavam de volta a seus países sem terem realizado o que almejavam. Voltavam sem um tratado, nem sequer com um texto definitivo, assinado, e a foto para pendurar na parede. E ainda teriam de passar por suas fotos, distribuídas pelo Greenpeace em pôsteres gigantes, nas quais, dez anos mais velhos, se desculpavam por não terem feito pelo planeta o que podiam e deveriam ter feito em Copenhague.

Mas a COP15 teria mais uma inesperada e inédita cena a adicionar à história da diplomacia do clima. Não naquela fria manhã do sábado da ressaca, ou no domingo de sol e neve que se seguiu. Nem nos dias seguintes. Não antes do Natal, mas no final de janeiro e ao longo de fevereiro e março.

Como naqueles filmes de Hollywood, em que o personagem central, para tristeza da plateia, está na UTI, o cardiógrafo mostrando o enfraquecimento vital do herói, o bipe-bipe-bipe declinante... De repente, ouve-se o som agudo e contínuo, não mais o bipe da vida, a linha reta na tela indica o fim... A tela escurece...

No escuro ouve-se o tentativo bipe-bipe, que vai ficando mais forte e sustentável, a linha volta a oscilar na tela no ritmo das pulsações, o personagem revive...

Não foi ainda exatamente um final, nem foi feliz. A história do Acordo de Copenhague ainda não terminou. O que parecia uma declaração de intenções, com um anexo vazio e inútil, acabou, três meses depois, adquirindo um significado que o repõe no caminho crítico da política global do clima. Um recomeço. Uma nova oportunidade. O texto do qual a plenária da COP tomou nota não passava da "versão beta" do Acordo de Copenhague. Seu ressurgimento, a partir da adesão de mais de uma centena de países, com uma cláusula de revisão, pode ser a promessa de um "Acordo de Copenhague 2.0" no futuro.

Os países foram aderindo ao Acordo, alguns de forma vacilante, como os do BASIC. Brasil e China, primeiro, apenas registraram suas ações. Não se associaram ao Acordo, em resposta a pressões da parte recalcitrante do G77, que é, porém, minoritária. Diante do absurdo de renegarem um Acordo cuja forma final nasceu da negociação entre o BASIC e Obama, este com delegação da União Europeia, terminaram por se associar e terão seu nome no preâmbulo do Acordo de Copenhague, na sua forma final. Com essas adesões e os anexos de compromissos oficialmente preenchidos, chegou-se ao "Acordo de Copenhague 1.0".

Por essa versão, 108 países e a União Europeia estão "associados" ao Acordo, termo usado pela ONU para indicar adesão plena. Destes, 63 apresentaram metas (13 países desenvolvidos e a União Europeia como um todo, 27 países) ou ações de mitigação de emissões (países em desenvolvimento, entre os quais os quatro do BASIC). Além disso, outros 14 países apresentaram metas ou ações de mitigação sem, porém, se associar ao Acordo de Copenhague.

COPENHAGUE: ANTES E DEPOIS

Significa dizer que o Acordo tem, hoje, 135 países associados e 14 que o apoiam sem estarem associados, mas com metas ou ações de redução de emissões de carbono registradas.

Essa adesão formal com registro público de ações e metas quantificadas, mesmo sendo voluntária e não compulsória, faz muita diferença?

Faz. Em política, a operação mais difícil parece enganosamente simples e parca: parar de dizer não, de vetar, e passar a dizer sim, aderir à nova ideia. Às vezes é uma operação tão penosa que não dá para ir muito além dela. É preciso amadurecer essa transição arduamente obtida, que envolve concessões, mudanças de posições cristalizadas há décadas, confrontar interesses ainda muito poderosos nas economias nacionais e no sistema global. Foi um pré-requisito essencial, duramente negociado, que encerrou vários pontos de conflito e abriu muitos caminhos para mais progresso no futuro. Formalizar o sim, o compromisso com políticas de mitigação, é um passo importante e que só foi dado depois de Copenhague e por causa do Acordo de Copenhague.

Mas, sem a menor dúvida, foi aquém das expectativas e do necessário do ponto de vista científico. Essa distância entre política e ciência só poderia mesmo ser vencida depois que a maioria dos grandes atores da política climática global fizesse a travessia do não para o sim. A passagem da "versão beta" — sem indicativos de adesão e com os anexos de compromissos de redução de emissões em branco — para a "versão 1.0", com as adesões e os compromissos, faz toda a diferença. Hoje temos um fato político global completo e concreto. Em Copenhague o que importou foi a travessia, não o ponto de chegada.

Vamos ser práticos. O Protocolo de Kyoto é legalmente vinculante. Mas suas metas compulsórias são tão baixas que se tornaram irrelevantes. Ele não abrange todos os grandes emissores globais. Os Estados Unidos não o ratificaram, logo estão fora dele. Os países do BASIC não estão no "Anexo I", o que significa que não têm obrigações legalmente vinculantes. Para todos os efeitos, estão fora dele. O resultado concreto é que ele tem uma cobertura muito parcial das emissões totais de gases estufa. O fato de ser legalmente vinculante não fez nenhuma diferença na trajetória das emissões ou no comportamento das Partes do Protocolo.

O Acordo de Copenhague, apoiado por Estados Unidos, União Europeia, Canadá, Austrália, Japão, Nova Zelândia, Noruega, China, Índia, Brasil, África do Sul, Coreia e México, entre outros países que registraram metas ou ações, se tornou o mais representativo acordo político global sobre o clima desde que a Convenção Quadro sobre Mudança Climática entrou em vigor, em 21 de março de 1994. Cobrirá mais de 80 por cento das emissões globais de gases estufa.

Mas não tem valor legal. Depende inteiramente de que os signatários cumpram suas promessas de redução de emissões. Se regulado de modo correto no futuro, pode ser o primeiro passo real no desafio de evitar um cataclismo climático. Esse grupo de países listado no preâmbulo do Acordo de Copenhague representa a maior parte do poder político, econômico e científico do mundo. E esse é um dado relevante para a eficácia de qualquer acordo político global.

A convenção, como seu próprio nome diz, é um quadro legal, não um tratado operacional. Seu instrumento operacional é o Protocolo de Kyoto, que tem apoio entre ambientalistas e governos do G77, porque é legalmente vinculante. Legalmente vinculante, ele é. Politicamente representativo, não é.

O Acordo de Copenhague é operacional, mas não legal. Suas metas voluntárias representam redução até 2020 de perto de 20 por cento das emissões globais de 1990. Está muito aquém do que seria necessário para garantir alguma probabilidade de que ficaríamos no limite de 2 graus Celsius. A meta dos Estados Unidos é pífia, de redução até 2020 de não mais que 5 por cento de suas emissões de 1990.

Os Estados Unidos veem no Acordo de Copenhague o único caminho possível para um futuro tratado legal no curto prazo.

Todd Stern, o negociador-chefe da Casa Branca, já disse em várias ocasiões que seu país jamais ratificará o Protocolo de Kyoto. Também disse que o governo Obama gostaria que o Acordo fosse a base das negociações de um novo tratado. Obama tem dito que deseja que o Acordo de Copenhague seja formalizado numa próxima COP.

O FUTURO DO ACORDO

A diplomacia do clima só tem dois caminhos. Um seria trabalhar para substituir o Protocolo de Kyoto por um novo tratado, dentro da trilha da Convenção do Clima, usando o Acordo de Copenhague como base. Até agora, os países do G77, inclusive o BASIC, consideram a continuação do Protocolo de Kyoto condição *sine qua non* para qualquer outra negociação. Seria preciso persuadir o G77 a abandonar essa fixação em Kyoto.

O outro caminho seria adotar a solução das "duas vias". Negociar o segundo período de compromissos para o Protocolo de Kyoto e a formalização legal do Acordo de Copenhague até a COP17, na África do Sul, em 2011.

O Acordo de Copenhague sempre foi pensado para ser um compromisso político, desde o começo. Com todos esses países se dizendo politicamente comprometidos com seus termos e fazendo o registro público de planos para reduzir suas emissões de carbono, ele ganha substância e relevância, apesar da forma como nasceu e quase morreu. Chamar os compromissos publicamente registrados de metas vinculantes ou ações voluntárias parece ter pouca importância a essa altura. Basta olhar o que aconteceu com as metas vinculantes do Protocolo de Kyoto. Nunca fizeram diferença no esforço de conter o crescimento das emissões globais de carbono.

Muito mais importante é o fato de Estados Unidos, China, Brasil e Índia estarem pela primeira vez assumindo o compromisso político público de reduzir suas emissões — quantificado e passível de análise pelas Partes mediante consultas e por meio de um mecanismo de verificação cuja metodologia ainda deverá ser definida em comum acordo.

As metas registradas não estão nos níveis requeridos pela ciência. Mas o Acordo prevê para 2015 a revisão de desempenho das metas e do limite ao aquecimento global médio de 2 graus Celsius, com base no consenso científico sobre mudança climática. Isso já é muito mais do que o Protocolo de Kyoto conseguiu.

Em Copenhague também foram resolvidos conflitos que geravam impasse havia uma década, como nos temas da transparência (MRVs), do financiamento e da transferência de tecnologia.

O que o Acordo de Copenhague não tem o Protocolo de Kyoto também não tem: um mecanismo eficaz de implementação. Estamos longe de ter um marco institucional adequado para a governança global do clima. E precisamos forçosamente alcançá-lo em um momento futuro que não pode tardar muito.

Esse mecanismo pode, nos próximos anos, avançar por duas trilhas distintas. A primeira seria entrar no trilho diplomático da Convenção do Clima, como indiquei acima. Para isso, seus termos e metas/ações teriam de ser transcritos para um documento oficial do Grupo de Trabalho sobre a Convenção do Clima (AWG-LCA) e formalmente apresentado ao plenário de 192 países para ser aprovado por unanimidade. O ideal é que isso acontecesse nas próximas duas COPs, para que se tivesse um acordo formal antes de 2012.

A trilha alternativa seria abrir um caminho independente. Os países que aderiram ao Acordo continuariam a negociar um estatuto adequado e aceitável para ele. As negociações poderiam, também, elaborar o regime de governança que permitisse implementá-lo e torná-lo instrumento relevante de política climática global. Essa seria sua versão "2.0".

Enquanto isso, a "versão 1.0", o Acordo de Copenhague tal como se encontra hoje, pode cumprir um papel importante. Se as principais lideranças que o negociaram o honrarem, o Acordo pode ser definido como o marco zero das negociações sobre mudança climática pós-Copenhague. Dessa forma, ele serviria de base mínima para qualquer nova negociação e de diretriz para os rumos futuros em busca de aprofundamento e complementação. Seria a forma mais promissora para convertê-lo, progressivamente, em instrumento de governança climática global e impediria, por exemplo, que as questões por ele já definidas fossem reabertas, criando o risco de retrocesso. Essa é a prática costumeira das COPs, como "nada está fechado, antes que tudo esteja fechado", qualquer questão pode ser reaberta. O Acordo de Copenhague deve servir de barreira política para a reabertura dos pontos que fechou. Só seria possível avançar, não mais andar para trás. Seria uma forma de fortalecimento de seus termos, que passariam a dar o conteúdo mínimo de qualquer documento posterior de política climática global. Só haveria chance de fazer mais que o Acordo, nunca menos.

A primeira trilha, de formalização no canal diplomático oficial da ONU, parece ser a mais difícil. A história da Convenção do Clima não registra a formação de nenhum consenso relevante até hoje. É preciso agradar desde a Arábia Saudita, que vive de petróleo, até Tuvalu, que tem sua existência ameaçada pelo uso de combustíveis fósseis.

O Acordo de Copenhague ganhou musculatura com a adesão formal das "potências globais do carbono". Um grupo menor de países, ainda que esteja polarizado, tem maior probabilidade de chegar a um acordo efetivo do que um grupo grande, com mais de cem nações com interesses disparatados. Só as potências do carbono podem, de fato, descarbonizar a economia global. Isso chega a ser um truísmo. O caminho independente poderia ser traçado em um G20 expandido, como o "G30" que chegou ao texto final no Bella Center, com algumas mudanças para se tornar inteiramente representativo do "núcleo duro" da economia global de alto carbono. Um "G40" do clima.

O plenário da Convenção do Clima é tão dividido que mesmo coalizações polarizadas são difíceis de serem formadas. O que se viu em Copenhague é que, à medida que o Acordo foi parecendo mais exequível, os agrupamentos existentes foram se fracionando. Foi assim que o G77+China rachou e foi substituído, com vantagem, pelo BASIC, pela AOSIS (pequenos Estados-ilha), pela União Africana e pelo LDC, o bloco dos menos desenvolvidos. Esses quatro blocos se provaram muito mais produtivos politicamente do que o G77.

É um sinal positivo que o Acordo de Copenhague esteja vivo, apesar de todas as frustrações geradas pelo fechamento melancólico — se não patético — da COP15. Mostra que um acordo climático global ainda é possível.

Mas a COP15 mostrou mais coisas, como por exemplo que a sociedade civil globalizada não pode mais ser desprezada na arena política global. O que é essa sociedade civil globalizada? É uma formação heterogênea de ONGs ambientalistas, *"think-tanks"*, *"think-action-tanks"*, instituições científicas independentes, lobbies, ONGs culturais e outras organizações de militância.

CLIMA COSMOPOLITA

Houve um breve momento, no Bella Center, em que se desenrolava em tensão crescente a busca desesperada pelo Acordo de Copenhague, que todo aquele frenesi ficou como em suspenso. Não que houvesse calma. Sabia-se que, nas salas reservadas, negociações nervosas, desentendimentos e choques aconteciam naquele mesmo instante. Do lado de fora, centenas de manifestantes marchavam pelas ruas de Copenhague e em frente ao Bella Center. Um enorme e truculento aparato policial tentava conter os manifestantes.

Fez-se uma pausa momentânea. Os jornalistas estavam, na sua maioria, sentados diante das telas de seus computadores na sala de imprensa, pouca gente circulava pelos corredores. O plenário Tycho Brahe estava cheio, mas a sessão ainda não havia começado. Era uma espécie de interregno.

COPENHAGUE: ANTES E DEPOIS

Circulou pelo Twitter o endereço de um site alemão que mostrava ao vivo as manifestações do lado de fora. Nas telas espalhadas pelo Media Center, que abrigava 3,5 mil jornalistas de todo o mundo e todas as mídias possíveis, era possível assistir ao início da plenária da Convenção do Clima.

Afastei a cadeira e pude ver, ao mesmo tempo, o plenário onde delegados começavam a encenação política do choque diplomático de posições; os manifestantes forçando o cerco policial; a sala de imprensa repleta de jornalistas de todo o mundo, da imprensa convencional e das novas mídias.

Estes três conjuntos eram claramente internacionais, estavam reunidos em torno da mesma agenda, embora com papéis inteiramente distintos: a COP, movimentos sociais e imprensa. Seus componentes tinham entre si perspectivas distintas, pensavam em línguas diferentes, refletiam contextos sociais, econômicos e políticos díspares, com graus dissimilares de inquietação, conhecimento e mobilização em relação à mudança climática. Dos três, o que havia mudado menos nas últimas décadas eram os governos Partes da COP e, ainda assim, mudaram muito. A imprensa está passando por uma revolução com a chegada da era digital, da Web 2.0. As novas mídias e a blogoesfera estão mudando radicalmente o território do jornalismo. O movimento social e o ambientalismo também atravessam grande transformação, estão se tornando mais globais e mais técnicos, em resposta a uma crise que chegou a levar alguns analistas a decretar sua morte.[105]

Para um politólogo, dublê de jornalista, era uma experiência capaz de provocar um turbilhão de ideias em cadeia. As novas mídias e as redes estavam tendo um papel fundamental no meu trabalho em Copenhague. Tuitava em tempo real e obtinha muita informação no Twitter e na blogosfera. Escrevia posts para o

---

[105] Michael Shellenberger e Ted Nordhaus, "The death of environmentalism: Global warming politics in a post-environmental world", The Breakthrough Institute, outubro de 2004.

blog. Fazia comentários para a rádio. Nos poucos intervalos, tomava notas para este livro. As ONGs eram uma importante fonte de informações. Nas ruas de Copenhague, os ativistas eram um claro fator de pressão. Em uma de suas coletivas, Yvo de Boer disse que as ruas estavam sendo ouvidas.

De volta ao Brasil, mergulhado na organização do material para o livro, folheando alguns estudos sobre ativismo global e cosmopolitismo, lembrei-me daquele momento e dos 13 dias intensos da COP15.

A primeira reação que essa leitura provocou em mim foi o ímpeto de abandonar os livros. Eram tão teóricos e formais que fiquei com a incômoda sensação de que haviam se tornado inúteis. Logo eu, que mantenho uma biblioteca de vários milhares de títulos, compro compulsivamente e passo parte significativa do meu tempo escrevendo.

Lia sobre o "novo ativismo transnacional", que se derramava sobre infindáveis páginas, discutindo as filigranas que separam distintas definições de globalização, internacionalização, movimento social. Dezenas de páginas perdidas em uma minúcia acadêmica que seguramente não tem muita importância. Nem o autor encontrará jamais o conceito perfeito, nem sua orgástica busca de um conceito próprio o ajudará a explicar melhor o fenômeno.

Faz alguma diferença real saber se devemos chamar uma ONG como o Greenpeace ou a Oxfam de organização não governamental, movimento social ou qualquer outra coisa? Faz diferença para nós e para o movimento ambientalista saber se é melhor qualificá-lo como global, internacional ou transnacional?

A academia confundiu, irremediavelmente ao que parece, precisão e formalidade. Ser mais formal não significa ser mais preciso. Anda-se trocando a tarefa de compreender e explicar, ainda que tentativamente, mesmo que provisoriamente, pela esmerilação interminável de termos que, ao fim, deixa mais aparas que conteúdo. Afastou-se da clareza.

COPENHAGUE: ANTES E DEPOIS

Já ia deixando de lado a ideia de recorrer à literatura mais acadêmica ou técnica, quando encontrei o seguinte:

> As pessoas que reclamam da homogeneidade produzida pela globalização são frequentemente incapazes de notar que a globalização é, igualmente, uma ameaça à homogeneidade. [...] [A] homogeneidade, contudo, é do tipo local. Na era da globalização — em Asante como em Nova Jersey — as pessoas formam bolsões de homogeneidade. [...] E seja qual for a perda de diferença que se obtenha, estão constantemente inventando novas formas de diferenciação: novos estilos de penteado, novas gírias, até mesmo, de tempos em tempos, novas religiões. Ninguém pode dizer que as aldeias do mundo são — ou estão prestes a se tornar — iguais.[106]

O autor, Kwame Anthony Appiah, nascido e criado em Gana, estudou na Inglaterra e vive em Nova Jersey. É professor de filosofia em Princeton.

Quem esteve internado por 13 dias junto com as tribos do Bella Center sabe que as afirmações de Appiah são rigorosamente verdadeiras. Li várias resenhas críticas de seu livro e eu mesmo encontro aqui e ali ideias e passagens das quais discordo. Não obstante, ele consegue descrever e explicar o movimento contraditório de encontro, troca e dessemelhança que a globalização propicia. O Bella Center era uma "tenda global", reunindo tribos muito diferentes, algumas com interesses antagônicos, discutindo coletivamente um problema global crítico e urgente.

Um dia, entrei no Bella Center ao lado de uma moça que calçava pesadas botas pretas, jeans, jaqueta de couro, com um corte de cabelo moicano, ou punk, uma longa mecha verde, cheia de piercings nas orelhas, no nariz e no lábio inferior. Por sua aparência

---

[106] Kwame Anthony Appiah, *Cosmopolitanism: Ethics in a world of strangers*, Nova York, Norton, 2006, cap. 7, "Cosmopolitan contamination: Global villages", p. 101.

eu logo a imaginei em uma daquelas ruidosas manifestações-relâmpago que as ONGs realizavam várias vezes ao dia dentro do Bella Center, com infinita capacidade de burlar a segurança.

A segunda vez que a vi, ela vestia calça e paletó de lã negra, e explicava com acuidade técnica as nuances de uma nova versão do documento sobre a inclusão de florestas no mecanismo de mitigação de emissões. Discorria sobre os riscos de dar às florestas plantadas o mesmo status das florestas nativas.

Há não muito tempo, no debate que se seguiu a uma palestra que fiz para o Greenpeace, no Brasil, um jovem me perguntou se a ONG deveria se especializar em pesquisa e negociação com governos e empresas — tipo defesa de políticas públicas e corporativas, de paletó e gravata — e abandonar as manifestações radicais. Respondi que a defesa de políticas perderia força se não tivesse a impulsão dos radicais, e os radicais perderiam o rumo da reivindicação se não tivessem os negociadores para fundamentar e articular as demandas como soluções viáveis.

Na verdade, o que está havendo é uma diferenciação de papéis, muito dinâmica, no movimento ambientalista. ONGs como Greenpeace, Oxfam, WWF foram crescendo, enriquecendo, diversificando, adquirindo *expertise*, e passaram a executar diversos papéis, igualmente relevantes. Outras ONGs preferem especializar sua ação, tornando-se centros de *expertise* ou pesquisa científica. São muitos os tipos de organizações e os papéis que escolhem desempenhar no cenário global. Esses novos atores da política global estão constituindo uma sociedade civil globalizada, muito antes que se tenha sequer os sinais de como será o sistema de governança global que, eventualmente, surgirá mais adiante neste século.

Aquela moça podia estar numa ruidosa manifestação-relâmpago dentro do Bella Center; do lado de fora, numa imensa marcha da sociedade civil, enfrentando o frio e os policiais, nas ruas de Copenhague; ou numa sala do Bella Center discutindo pontos técnicos de um documento em negociação. Seria fonte de informação relevante para todas as mídias, obtida no desempenho de todos esses papéis.

COPENHAGUE: ANTES E DEPOIS

Embora a agenda que reuniu aquelas tribos no Bella Center fosse comum a todas, nunca as diferenças foram tão fundamentais. Capacitavam atores a exercer papéis muito diferentes: na militância, na negociação, na inteligência e na informação. Produziam conflitos de interesses que se mostraram, ao final, mais fortes que as comunalidades. Expressavam distintas formas de perceber a mudança climática.

A reunião de Copenhague foi inédita entre as COPs, seja pelo número de ONGs, seja pela amplitude da cobertura de imprensa, pelo número de delegados, observadores e jornalistas, ou pela quantidade de chefes de Estado e de governo que compareceram aos dois últimos dos 12 dias de conferência.

Foi, sem dúvida, a maior e mais cosmopolita reunião sobre o clima jamais realizada. Nela provavelmente ocorreu a maior demonstração conjunta de força, capacitação técnica e política do movimento ambientalista global. As grandes e pequenas ONGs especializadas foram atores fundamentais nas negociações, fazendo séria e competente defesa de políticas públicas; no confronto com os lobbies seja da economia de alto carbono, seja do marketing pseudoverde (*greenwashing*); na transmissão de informações e dados técnicos para os jornalistas que faziam a cobertura do evento, com graus muito diferentes de conhecimento do tema e da dinâmica de uma COP.

Essa sociedade civil dentro e fora do Bella Center estava conectada com movimentos em todo o mundo pelas redes sociais e com os atores-chave da política do clima. Era um claro embrião de sociedade política global, de uma "cosmópolis" e de uma futura "cosmopolítica".

O cosmopolitismo estava agudamente presente no Bella Center, em sua forma mais genérica, como uma "cultura policromática", como define Timothy Brennan,[107] uma "nova singularidade

---

[107] Timothy Brennan, "Cosmopolitanism and internationalism", em Daniele Archibugi (org.). *Debating cosmopolitics*, Verso, Nova York, p. 40-50.

nascida da mistura e fusão de múltiplas cidadanias locais". E era possível intuir a semente do cosmopolitismo como governança global daquela dramática reunião de contrários, da demonstração de força da sociedade civil global, da presença maciça da mídia mundial, do encontro de mais de uma centena de chefes de governo, entre eles os líderes das principais potências maduras e emergentes do planeta. Esse sistema de governança está sendo antecedido pela formação de sua cidadania, antes mesmo que a liderança mundial consiga esboçar o roteiro da constituição de um regime de governança global, sem governo mundial.

Ben Block, do World Watch Institute, uma dessas ONGs grandes e especializadas, escreveu, com toda a razão, que a conferência pode ter terminado em frustração, mas foi o ponto alto histórico do movimento ambientalista, que ganhou força e reconhecimento nos últimos anos.[108]

Estima-se que 45 mil pessoas tenham comparecido às negociações do clima. Esse número incluiu maior participação de delegações governamentais, grupos empresariais, acadêmicos, além de maior comparecimento de militantes. A delegação da "juventude", representantes do grupo etário abaixo de trinta anos, aumentou sua presença em fóruns frequentados apenas por burocratas e cientistas. Organizadores da juventude disseram que seus voluntários registraram em torno de mil presenças, o dobro da participação de um ano antes.

As multidões de ativistas eram implacáveis, descreve Ben Block: levantavam a voz durante as sessões de negociação, coletivas de imprensa e pausas para almoço; espalhavam-se pelos cantos das salas de encontro e formavam aglomerações para bloquear os corredores; e gritavam mais alto por adaptação, ajuda financeira e

---

[108] Ben Block, "Despite disappointment, climate summit marks high point for activist movement", em Common Dreams.org, http://www.commondreams.org/headline/2009/12/28-5/.

outras demandas. Ativistas também fizeram sutis demonstrações sobre a inefetividade da neutralização de carbono, por exemplo, usando truques que mostravam aviões desaparecendo magicamente, do mesmo modo que as neutralizações fazem as emissões "sumirem", eles diziam.

Os líderes da negociação reconheceram que as demonstrações haviam ganhado sua atenção.

Essa sociedade civil globalizada é impensável na ausência da webesfera. Dessa via interativa global-virtual, que transmite qualquer mensagem, informação, notícia, imagem, em tempo real, para qualquer parte que tenha um computador ou telefone celular ligado à Internet.

O PODER DAS REDES

As redes sociais, as novas mídias, em particular os blogs e o Twitter, tiveram papel crucial nas articulações, na propagação de ideias — de dirigentes políticos e de ambientalistas — e na circulação de notícias.

O que a COP15 mostrou, como em um laboratório vivo, é que o jornalismo contemporâneo é indissociável da blogosfera e das redes, sobretudo do Twitter e, em menor escala, do Facebook. Havia sites praticamente obrigatórios para uma boa cobertura dos eventos oficiais. Um deles era o Earth Negotiations Bulletin, ou Boletim de Negociações da Terra, do International Institute for Sustainable Development (IISD), que detalhava o que acontecia no plenário da COP. Adicionalmente, numa seção chamada "Nos corredores", comentava diariamente rumores ou revelações em *off*. Uma importante fonte de informação ou para checagem da própria apuração dos jornalistas.

Vários blogs de ONGs faziam a cobertura tanto das negociações quanto dos eventos paralelos, dando informação técnica, opinião, e publicando documentos oficiais e oficiosos. Vários cientistas de universidades, de instituições como a Nasa, a NOAA, o Inpe tinham blogs ou falavam pelo Twitter. Jornalistas usavam o Twitter para dar "micronotas" em tempo real, postavam várias vezes ao dia nos seus blogs e depois escreviam para os seus jornais. O veterano Andrew Revkin, por exemplo, tinha de ser lido no seu blog (Dot.Earth), no Twitter (@Revkin) e no noticiário do *New York Times*.

A cobertura desses eventos passou a ter muito mais relevância depois da Web e, principalmente, depois da Web 2.0, das novas mídias, da blogosfera e do *microblogging*. A notícia é multiplicada. Circula fisicamente pelos canais da imprensa convencional. E se propaga, em muito maior velocidade e com muito mais abrangência global, pelos canais virtuais.

A sala de imprensa do Bella Center era um enorme espaço, com dezenas de mesas largas e compridas, cada uma com capacidade para cerca de cinquenta pessoas. Havia perto de 3 mil jornalistas por ali. Um dia, resolvi caminhar por entre as várias fileiras, bisbilhotando o que as pessoas faziam. Meu objetivo era observar quantas pessoas usavam recursos multimídia e de rede social. Eu queria saber o que aqueles jornalistas, blogueiros, estavam fazendo, consultando. Exatamente porque eu já trabalhava com a ideia de que ali tínhamos um exemplo real da revolução digital e da transformação que esta está operando no jornalismo.[109]

Era uma babel de mídias. Havia gente escrevendo para jornais convencionais, postando em blogs, tuitando, gravando para rádio, gravando vídeos para a TV convencional e fazendo vídeos para sites. Havia gente entrando, ali mesmo, em tempo real, em estações de rádio convencionais e virtuais, de TV convencionais e virtuais. Havia de tudo. Câmeras profissionais, webcams, celulares.

---

[109] Já havia escrito sobre isso no meu blog, antes de viajar para Copenhague: "A mensagem está no método, não no meio: uma revolução fora do papel", Ecopolitica, 29 novembro de 2009, http://www.ecopolitica.com.br/2009/11/29/a-mensagem-esta-no-metodo-nao-no-meio-uma-revolucao-fora-do-papel/.

A maioria usava imagem, voz e texto. A esmagadora maioria postava em tempo real, em blogs ou em sites de suas empresas jornalísticas, portais de notícias, blogs. Quase todos usavam Twitter. De volta de Copenhague, vi um tuíte dizendo que 2009 foi o ano do Twitter.[110] Certamente foi. Ele explodiu em 2009, em todos os indicadores: número de contas, números de contas ativas, número de tuítes, *replies*, retuítes e DMs. Aumentou o número de pessoas[111] que têm no Twitter sua plataforma,[112] sua âncora de comunicação coletiva,[113] ou de rede social.

Se 2009 foi o ano do Twitter, sem dúvida foi também o ano em que o Twitter dominou a cobertura jornalística na Cúpula do Clima. Marcou, igualmente, o seu uso generalizado pelas ONGs e outras organizações que foram à COP15, para realizar eventos paralelos, defender políticas, ou pressionar, contra ou a favor.

Como observou Alfred Hermida, @Hermida no Twitter, foi muito rápida a adesão dos jornalistas ao Twitter, o que provocou quase um frenesi tuiteiro em alguns setores da mídia.[114] Hermida é jornalista, blogueiro e professor da Escola de Jornalismo de British Columbia, em Vancouver, no Canadá. Ele nota, também, que o Twitter foi rapidamente adotado nas redações como mecanismo de distribuir as últimas notícias em tempo real e de forma

---

[110] Ele remetia ao blog de Oscar Berg, The Content Economy, e ao post "Why 2009 was the year of Twitter", http://ow.ly/S0cK/.
[111] Caroline McCarthy, "The brawn of Facebook, the brains of Twitter", Year in Review, Cnet News, http://news.cnet.com/2702-1023_3-434.html%23featured/.
[112] "Breaking the rules: Twitter as a broadcast platform" — levelten interactive, http://www.leveltendesign.com/blog/colin/rethinking-my-twitter-content-stratgy/.
[113] Claire Cai Miller, "Tweets are coming to LinkedIn", *The New York Times*, Bits, 10 de novembro de 2009, http://bits.blogs.nytimes.com/2009/11/10/tweets-are-coming-to-linkedin/.
[114] Alfred Hermida, "Twittering the news: The emergence of ambient journalism", no seu blog reportr.net, http://reportr.net/2009/09/15/foj09-talk-twitter-as-a-system-of-ambient-journalism/.

concisa, ou como um recurso para encontrar ideias para matérias, fontes e fatos.

Eu vi isso acontecer na sala de imprensa do Bella Center. Tuítes eram usados para dar aquelas notícias que todos sabiam seriam superadas em matéria de horas, se não minutos; furos cada vez mais efêmeros; para socializar sites e contas de Twitter que eram boas fontes de informação; para dar opinião; para comentar sobre a experiência e o ambiente da cobertura da COP15. Nesse ambiente, o uso da palavra exclusivo era uma temeridade.

Tinha de tudo: jovens ambientalistas com coisas relevantes a dizer, presidentes, como o francês Nicolas Sarkozy, primeiros-ministros, como Gordon Brown, disseminando suas impressões, informações e ideias. Muitos ministros e negociadores, de vários países usaram o Twitter para informar, influenciar, reclamar. Sarkozy usou uma conta de Twitter criada especificamente para a COP15 — @ElyseeCop15 —, que foi desativada assim que ele retornou à França. Pena, perdeu-se o arquivo de seus tuítes. Brown usou a conta regular @10DowningStreet, e até hoje é possível recuperar os tuítes com suas impressões da COP15. Ambas se tornaram fontes muito úteis e largamente consultadas naquelas últimas horas aflitas, de muito rumor e pouca informação. No capítulo anterior, mostrei vários tuítes dos dois.

Milhares de jornalistas buscavam freneticamente informação, checando, verificando o que conseguiam por todos os meios possíveis, um grande número compelido a reportar em tempo real. A intermediação do Twitter, porém, é que era a grande novidade nesse tipo de cobertura. Na melhor expressão das formas emergentes daquilo que Hermida chama de jornalismo de ambiente — um sistema de percepção que oferece meios diversos de coletar, comunicar, compartilhar e apresentar notícias e informações, servindo a diferentes objetivos. O sistema está sempre no ar mas também opera com graus distintos de engajamento e consciência.

COPENHAGUE: ANTES E DEPOIS

A COP15 foi seguramente a primeira na qual o Twitter foi integralmente usado como parte da cobertura jornalística. Imagino que também tenha sido o ápice do blog jornalístico dedicado ao clima. Não tenho dados coletados sobre isso, mas posso dar o testemunho da minha experiência e observação: obtive mais informação e confirmação de notícias e rumores em blogs que nos sites da imprensa convencional, exceto nos casos da Reuters e do Guardian. Claro, estou considerando como blogs aqueles de autoria de jornalistas profissionais e abrigados em sites da imprensa convencional, como o Dot Earth, do Andrew Revkin, ou o Environment Blog, do Guardian. Mas eles são poucos. A maioria era blog separado da imprensa convencional. Era impossível não olhar o que diziam The Huffington Post, o Mother Jones, o Grist ou o Politico, para mencionar apenas alguns sites de notícias e blogs que só existem na webesfera.

O Twitter foi também um recurso crucial para os militantes de políticas climáticas, lobbies, ambientalistas, cientistas e ONGs. Eles tinham objetivos distintos dos que movem a imprensa, mas eram também ótimas fontes de informação. Experientes analistas do Greenpeace, WWF, Oxfam e do IPPR — Institute for Public Policy Research — foram, por exemplo, importante apoio para meu trabalho.

O Twitter se tornou um recurso indispensável para a pesquisa e o jornalismo. Ele pode ser um sério acessório da reportagem, inclusive porque, por causa de sua "economia do link", ele dá acesso, de forma concentrada, a praticamente toda a blogosfera do mundo, sites de governo, universidades, centros de pesquisa independentes, ONGs e tudo mais. É uma lista viva e palpitante de dicas, fatos, fontes de notícias e ideias para matérias. O uso de "*hashtags*" (indicadores) permite ter em uma única tela tudo o que se fala na webesfera ou fora dela, de relevante ou não, sobre determinado assunto. Pode dar acesso instantâneo a pessoas de difícil acesso que são notícia. Dado que não há um assessor de relações públicas entre o repórter e um tuíte para uma autoridade governamental ou executivo de uma empresa, ele abre caminhos que antes eram muito mais complicados. Pode também ser um instrumento ainda tosco para *"crowd sourcing"* e *"cloud sourcing"*.[115] Obviamente, nada disso dispensa checagem e verificação. Mas ampliou-se extraordinariamente a capacidade da apuração e da investigação assistidas pelo computador.

Eu mesmo usei o Twitter para marcar entrevistas, confirmar fatos, obter opiniões e dicas para este livro com muita frequência. Há uma etiqueta para isso e, fazendo da maneira correta, é um instrumento diferente que de fato funciona melhor do que qualquer outro disponível anteriormente.

Há várias interfaces entre jornalistas, defensores de políticas climáticas e militantes verdes. Um deles certamente é a webesfera. Ao mesmo tempo que podem ser fontes úteis para os jornalistas, militantes e defensores de políticas são também os mais assíduos visitantes de sites da imprensa convencional e de blogs de notícias, em busca de informação agregada, opinião e análise. Tudo isso significa que o Twitter e as redes atraem o tipo de pessoa que a mídia deveria amar — aquelas interessadas e envolvidas nas notícias, como diz Paul Farhi.

Para alguns objetivos de obtenção de informação, o Twitter é incomparável. Como o blogueiro Oscar Berg diz, blogs são pessoais e o Twitter é a plataforma coletiva, uma espécie de território comum, ponto de encontro. Onde nenhum outro recurso que compete hoje com o Twitter é na "magia do tempo real".[116] E esse recurso foi política e jornalisticamente estratégico na cobertura da COP15. Seja na busca em tempo real, seja para furos ou notícias rápidas, seja ainda para obter reações ou qualquer outra necessidade de informação ou comunicação social instantânea, o

---

[115] Paul Farhi, "The Twitter explosion", *American Journalism Review*, abril-maio de 2009, http://www.ajr.org/Article.asp?id=4756/.

[116] http://cloud9media.wordpress.com/2010-trends/2009-year-of-twitter/.

COPENHAGUE: ANTES E DEPOIS

Twitter funciona melhor e de forma mais econômica do que qualquer outro recurso disponível.[117]

O PROTOCOLO DE KYOTO

Do ponto de vista político, Copenhague pôs a nu as contradições insanáveis do Protocolo de Kyoto, as falhas irreparáveis do processo da UNFCC, a Convenção do Clima, e de seu secretariado, o qual lhe dá o arcabouço institucional dentro da ONU.

Assinado em 11 de dezembro de 1997, o Protocolo de Kyoto só entrou em vigor em 16 de fevereiro de 2005, e nunca foi ratificado pelos Estados Unidos. As maiores economias emergentes — China, Índia e Brasil — não têm obrigações legais nele. Só os países do Anexo I têm metas obrigatórias de redução de emissões. As metas de redução de emissões para o período de 2008-12 são pífias: aproximadamente 5 por cento das emissões globais de 1990. Embora legalmente vinculante, o Protocolo não tem mecanismo para forçar o cumprimento de suas obrigações. As consequências legais da desobediência dos países do Anexo I não são claras. Em 13 anos de existência e cinco de vigência, ele fracassou em quase todas as suas dimensões.

Sua única virtude notável foi servir de catalisador para o desenvolvimento e a experimentação de mercados regionais e globais de carbono, como argumenta Mike Hulme.[118] Mas esses mercados não foram sequer capazes de estancar o crescimento das emissões. Suas falhas pesaram muito mais que seus poucos benefícios. Ele se tornou um escudo para que grandes emissores emergentes

---

[117] Escrevi com mais detalhe sobre isso em meu blog, no post "Twitter, mudança climática e revolução na mídia". Ecopolitica, 6 janeiro de 2010, que usei extensamente nos parágrafos acima.

[118] Mike Hulme, *Why we disagree about climate change: Understanding controversy, inaction and opportunity*, Cambridge, Cambridge University Press, 2009, p. 298.

elidissem suas responsabilidades. Ele contempla uma visão medíocre do futuro — é o tratado para empurrar o problema com a barriga, não para promover o progresso.

Kyoto levou muito tempo para entrar em vigor. Quando passou a valer, foi ineficaz e ineficiente. O Protocolo foi basicamente uma invenção política, sem base científica ou econômica firme. Como escreve Oliver Tickell, ele "surgiu de um turbilhão de negociações e toma lá dá cá dominados por interesses do status quo nacionais, políticos e comerciais".[119]

Ao tempo das negociações, o consenso científico sobre aquecimento global e mudança climática não era tão extenso como é agora. Vozes dissidentes eram levadas muito mais a sério. Agora não mais. Evidências concretas de aceleração do aquecimento global e da mudança climática aumentaram exponencialmente desde então. Kyoto não representa o estado atual do mundo em relação aos riscos e oportunidades da mudança climática.

O Protocolo de Kyoto não tem meta alguma para os grandes países emergentes, e metas medíocres para os países desenvolvidos. China, Índia e Brasil vinham interpretando, até o Acordo de Copenhague, a combinação da cláusula "responsabilidades comuns mas diferenciadas" com o fato de não estarem no seu Anexo I, como resultando em "nenhuma obrigação". Kyoto, além disso, não estabeleceu um mecanismo financeiro eficaz para promover a adaptação à mudança climática.

É flexível demais. Não conseguiu mudar o comportamento de suas partes signatárias. Admitiu a desobediência e induziu a complacência generalizada. Não por acaso, não alcançará sequer sua meta medíocre de queda de perto de 5 por cento das emissões de gases estufa até 2012. Diante dos necessários 90 por cento de queda até 2030, é um objetivo pífio. Como Nicholas Stern aponta,

---

[119] Oliver Tickell, *Kyoto 2 — How to manage the global greenhouse*, Zed Books, Londres, 2008, p. 34.

de 1930 a 1950, a concentração dos gases de Kyoto aumentou em perto de 0,5 ppm ao ano, de 1950 a 1970, em torno de 1 ppm ao ano, e dali até 1990, a taxa de crescimento dobrou novamente. Na década passada [aquela que Kyoto deveria regular] ficou próxima de 2,5 ppm ao ano.[120]

Síntese: foi na sua vigência que as emissões aumentaram mais.

Um dos pilares do Protocolo foi o Mecanismo de Desenvolvimento Limpo (MDL). Uma boa ideia que ajudou a criar o catalisador para o desenvolvimento dos mercados globais de carbono, como nota Hulme. Contudo, como diz Stern, na sua forma atual, não é capaz de gerar ou absorver os fluxos financeiros e técnicos necessários sob um acordo global. O mecanismo é muito complexo e muito burocrático. Baseia-se na discricionariedade absoluta de agentes regulatórios e burocráticos. No Brasil, por exemplo, permitiu que um único burocrata fosse capaz de dificultar todo o processo de licenciamento. Na China, a esperta permissividade dos burocratas permitiu que o país se tornasse o campeão de projetos MDL. Ele é vulnerável a comportamentos idiossincráticos, o que leva a resultados muito diferentes por país, incomparáveis entre si para fins de avaliação. O que se precisa é de um novo quadro conceitual e metodológico, não discricionário, para reduzir os custos de transação, ganhar escala e acelerar o processo decisório.

Ele não deve ser o pivô central da dimensão financeira do acordo, mas parte de um sistema de mecanismos que tenham como objetivo último promover uma revolução tecnológica, como propõe Scott Barrett.[121] O novo acordo global, do qual o Acordo de Copenhague pode ser o embrião, não deve ser elaborado tendo

---

[120] Nicholas Stern, "The global deal: Climate change and the creation of a new era of progress and prosperity, Nova York, *Public Affairs*, 2009, p. 25.
[121] Scott Barrett, "Climate change negotiations reconsidered", Progressive Governance, Londres, 2008.

como objetivos finais as metas de emissões. Elas são um objetivo crítico, mas sua sustentabilidade depende de uma nova economia política, uma nova revolução industrial. Essa nova economia política requer uma verdadeira e completa revolução tecnológica. Para criar momentum para esse salto tecnológico, precisaremos de instrumentos competentes de mercado e regulação eficaz. É preciso criar incentivos e desincentivos que levem as sociedades a mudar seus padrões vigentes de produção e consumo.[122]

O básico para um novo acordo global já é bem conhecido: as emissões de gases estufa dos países desenvolvidos devem atingir seu pico em torno de 2015, para cair a partir daí de modo continuado e rápido. As emissões de carbono das potências emergentes (especialmente China, Índia e Brasil) devem ter seu pico em 2020, para então convergir para as trajetórias dos países desenvolvidos. As emissões globais devem cair, para, pelo menos, 50 por cento dos níveis de 1990 até 2050, e as emissões globais *per capita* devem chegar a, pelo menos, 1 tonelada até 2050. A meta é efetivamente estabilizar as concentrações de gases estufa. Scott Barrett lembra corretamente que "há discordância sobre qual deverá ser o ponto de estabilização". Hoje, está claro que, antes de pensarmos em estabilização, precisaríamos garantir que essas concentrações voltassem a 350 ppm.

Isso o Protocolo de Kyoto não contém, nem o Acordo de Copenhague. No caso do último, como vimos, esses foram itens vetados pela China e pela Índia no momento final. Mas o começo

---

[122] Escrevi sobre isso mais extensamente em Sérgio Abranches, "Clima e desenvolvimento: o fator ambiental e novos modelos de desenvolvimento", São Paulo, 2008, http://www.plataformademocratica.org/Portugues/Publicacoes.aspx?IdRegistro=66, e "Climate agenda as an agenda for development in Brazil: A policy oriented approach", http://papers.ssrn.com/sol3/papers.cfm?abstract_id=1451439. Sobre o Protocolo de Kyoto, ver meu *post*: "Por que devemos abandonar o Protocolo de Kyoto e almejar muito mais", Ecopolitica, 9 de outubro de 2009, http://www.ecopolitica.com.br/2009/10/09/porque-devemos-abandonar-o-protocolo-de-kyoto-e-almejar-muito-mais/.

está dado pelo limite de 2 graus Celsius que foi mantido no Acordo. O Protocolo de Kyoto deixou as florestas do mundo fora de seus mecanismos principais. O Acordo de Copenhague já as incluiu e estabeleceu o REDD como incentivo a metas de desmatamento zero e o máximo possível de reflorestamento.

Para criar condições para uma sociedade de baixo carbono, precisamos de mecanismos de mercado e da disciplina institucional de um acordo multilateral, um novo acordo global sobre mudança climática. O Protocolo de Kyoto não tem mecanismo de governança algum. O que acontece com países que não cumprirem as metas? Não há previsão. Não faz muito sentido entronizá-lo por ser o único mecanismo vinculante que se tem, como fizeram vários países, entre eles os do BASIC, e parte do movimento ambientalista.

Hoje, a efetividade do que é legalmente vinculante na política global do clima é muito discutível. O único mecanismo que pode vir a ser considerado politicamente vinculante é o Acordo de Copenhague, que ainda não está consolidado.

A ASSEMBLEIA DO VETO

O atual processo decisório para se chegar a um acordo global sobre o clima é inviável, como o desenrolar da COP15 aqui narrado mostrou, e já fora visto em Bali. Em editorial de janeiro de 2008, a revista *Nature* propôs o seguinte paradoxo:

> o problema com a ação sobre mudança climática é que programas politicamente plausíveis têm tendência a ser muito pequenos para o tamanho do desafio, enquanto planos cujo escopo está à altura do desafio tendem a ser politicamente implausíveis.[123]

---

[123] "Towards falling emissions", *Nature*, editorial, 451, 499 (31 de janeiro de 2008).

Isso é particularmente verdadeiro no contexto da Convenção do Clima. O modelo de "assembleia geral" já é um mecanismo complicado demais para se tomar decisões complexas, que tendem a gerar muito conflito de interesses. Essa dificuldade é levada à impossibilidade prática pela regra da unanimidade. Se as decisões só podem ser tomadas por consenso, todos os 192 votantes, a despeito da relevância de seus interesses na questão, têm poder de veto.

Basta comparar, por um momento apenas, dois países que vetaram a adoção formal do Acordo de Copenhague: Tuvalu e Arábia Saudita. Tuvalu é uma ilha pequena, com menos de 12 mil habitantes e um PIB próximo dos 30 milhões de dólares. Sua renda *per capita* é de 2,8 mil dólares. Sua receita vem, fundamentalmente, de remessas para as famílias de cidadãos que deixaram a ilha, ajuda internacional e pesca. Seu território fica muito próximo do nível do mar e por isso está seriamente ameaçada de extinção pela elevação das águas do mar com a mudança climática. A Arábia Saudita é uma monarquia autocrática, com perto de 25 milhões de habitantes, um PIB de perto de 400 bilhões de dólares e renda *per capita* de 15 mil dólares. Sua renda provém do petróleo: 75 por cento de suas receitas orçamentárias e 90 por cento de suas receitas de exportação vêm do comércio de petróleo e derivados.

Ao bloquear o Acordo de Copenhague, Tuvalu tomou uma decisão emocional e ideológica, sem base racional, em desacordo com seus interesses. Como outros Estados-ilha argumentaram, sem sucesso, com seu representante, Ian Fry, diante da ameaça que enfrentam, qualquer avanço para eles é positivo.

Ao vetar o Acordo, a Arábia Saudita tomou uma decisão fria e racional, de acordo com seus interesses imediatos e contrária aos interesses da humanidade.

Apenas para raciocinar, vamos supor que havia 107 países representados naquela plenária final. Teriam sido, então, cem votos pela adoção do Acordo de Copenhague e sete votos contra.

COPENHAGUE: ANTES E DEPOIS

É razoável que o representante de um país, sem consultar ninguém, de modo autocrático, vote contra uma decisão que é modestamente favorável a seus interesses e aos interesses da humanidade? Uso o modestamente para não forçar o argumento, para não dar a impressão de que era um acordo espetacular. Mas, como argumentarei mais abaixo, era um começo não descartável.

É razoável que, na defesa de seus interesses, o representante de um país petrolífero vote contra a adoção de um acordo modestamente bom para a humanidade e ruim para ele? Os benefícios do impasse são muito altos para a Arábia Saudita no curto prazo.

Sei que essa é uma questão de filosofia moral e envolve muita controvérsia. Para mim as respostas são claras: é legítimo e democrático que tanto Tuvalu quanto a Arábia Saudita, como Cuba, Venezuela, Bolívia, Nicarágua e Sudão votem contra o Acordo e registrem suas objeções e indignação. O veto é que não é admissível. O representante de Tuvalu pode votar contra os interesses de Tuvalu. Cabe ao povo de Tuvalu decidir se está ou não de acordo com ele. Se não estiver, pode demiti-lo e contratar outro negociador para representá-lo. Isso é legítimo. É problema de Tuvalu. Coisa inteiramente distinta é o representante de Tuvalu vetar o Acordo e esse veto — se fosse só este — valer mais que cem votos a favor.

No caso da Arábia Saudita, o argumento é ainda mais claro. Seu representante votou de acordo com seus interesses, bom para a Arábia Saudita. Mas seu voto, uma monarquia autocrática, não pode, legitimamente, vetar aquilo que outros cem países desejam, entre eles as principais democracias do mundo, atendendo à vontade majoritária de seus cidadãos, e que é bom para a humanidade.

Essa contradição da Convenção do Clima a inviabiliza como mecanismo eficaz para lidar com a maior ameaça que enfrentamos neste século. É preciso que se busque outro arranjo institucional. Esse processo não está à beira da exaustão, como disse o presidente Sarkozy. Ele já esgotou suas possibilidades. Não foi capaz, sequer de permitir a adoção do acordo possível, que era um acordo mínimo, menos ambicioso ainda do que a proposta do primeiro-ministro Rasmussen em Cingapura. O Acordo de Copenhague subsiste por fora e apesar da Convenção do Clima. Ficou claro, também, que o arcabouço institucional para a política climática global é acanhado demais para o escopo de suas tarefas. Isso não é missão de um secretariado da ONU. É missão para uma organização multilateral independente, que se dedique exclusivamente a regular as ações globais voltadas para a mudança climática. O presidente Sarkozy tem proposto isso. No final da COP15, o primeiro-ministro Gordon Brown aderiu à ideia.

Como se tornou um instrumento cuja vinculação é política e por adesão, o Acordo de Copenhague pode ser o embrião de uma negociação para a fundação dessa organização e, a partir daí, para a confecção dos instrumentos e procedimentos que lhe deem capacidade legal, judicial e de governança. Algo nos moldes da Organização Mundial do Comércio. O multilateralismo não precisa ter todas as nações atuando em concertação, como diz Anthony Giddens,[124] mas requer que as nações relevantes para a solução efetiva, no escopo e amplitude requeridos pelo problema, se ponham de acordo e estabeleçam mecanismos que articulem esse acordo às políticas nacionais.

O VALOR INSTITUCIONAL DA PALAVRA

Tema que consumiu muitas energias em Copenhague e ainda é motivo de muita movimentação é o da necessidade de um tratado legalmente vinculante. Ora, se for para ser instrumento legal sem dentes — como o Protocolo de Kyoto —, não tem muita relevância.

O acordo do clima, sob o arcabouço institucional existente para a governança global, não pode ser mais que politicamente

---

[124] Anthony Giddens, *The politics of climate change*, Cambridge, Polity Press, 2009, p. 226.

vinculante. O que nos daria alguma garantia de que ele será mais "vinculante" e levará a comprometimentos de maior credibilidade que o anterior?

Eu consigo pensar em quatro fatores principais.

O primeiro, é que a palavra empenhada, oficial e publicamente, por chefes de governo, tem de ter valor. Esse valor decorre do grau de apoio que essa palavra tem nas sociedades nacionais. Mas é também influenciado pela capacidade de pressão entre países, dos pesos e contrapesos que existam no sistema. Daí por que o tema da verificação transparente dos compromissos tinha tanta importância.

O segundo é que, como tentei mostrar acima, temos uma sociedade civil globalizada mais desenvolvida e tecnicamente aparelhada hoje do que no início da década de 1990, quando o Protocolo de Kyoto foi redigido. Uma rede de organizações com muitas conexões com a sociedade civil nacional até dos países menos democráticos, como a China, que jogarão um papel-chave na implementação de qualquer acordo. Um mecanismo cada vez mais potente de cobrar a palavra empenhada e verificar a ação dela decorrente. É parte dos pesos e contrapesos do sistema da política global do clima.

O terceiro é que a sociedade civil e as empresas da maioria dos países têm compreensão mais avançada do risco climático que seus governos. A exceção mais notável talvez seja a dos Estados Unidos, onde pesquisas indicam um consenso nacional ainda frágil sobre os riscos e a urgência relacionados ao aquecimento global. Parece, entretanto, ser um problema mais de distribuição das opiniões. Em estados como a Califórnia, onde há regulação — e bastante restritiva — das emissões de carbono, o consenso é mais forte do que, digamos, nos estados do "cinturão do carvão", onde os empregos dependem da economia do carbono. Pesquisas do Gallup e de outros institutos têm mostrado que esse consenso é menor entre os republicanos, mas bastante significativo entre democratas e independentes. O cientista político

John Kronisck, do Departamento de Comunicação de Stanford, diz que 70 por cento dos entrevistados nos Estados Unidos confiam na ciência, 75 por cento acreditam que o mundo está esquentando e a maioria aprova políticas econômicas voltadas para a mudança climática. Não é um quadro tão negativo assim. O problema é que a representação da opinião pública no Congresso é imperfeita e o peso dos interesses associados à economia de alto carbono é maior.

É muito provável que, nas sociedades nacionais, a maioria já seja a favor de regulação das emissões de gases estufa, inclusive nos Estados Unidos. Contudo, essa maioria, em muitos lugares, ainda reflete mais interesses difusos, não agregados. Já a oposição ao regime regulatório para o carbono representa interesses focados, ligados a setores de alto carbono da sociedade e da economia. Esses grupos têm mais conexões políticas e mais recursos de pressão política. Por isso em alguns países a sociedade e as empresas sujeitas à competição global estão mais preparadas que os legislativos para apoiar a regulação restritiva ao carbono.

O quarto fator é que a mídia está ampliando muito sua compreensão da ciência e dos fatos ligados à mudança climática global. A pauta sobre temas relacionados ao aquecimento global e à mudança climática está ganhando mais espaço em todo lugar, e os chamados "céticos" estão perdendo destaque. Eles só parecem influentes quando fazem campanhas muito bem financiadas, como ocorreu entre novembro de 2009 e março de 2010, a partir do caso do e-mails surrupiados da Unidade de Pesquisa Climática da Universidade de East Anglia, que analisei no primeiro capítulo. Mas é uma influência efêmera. Como disse em editorial recente a conservadora *The Economist*, há muitas incertezas na ciência do clima e essa é a principal razão pela qual devemos agir. Na cobertura com o poder incrementado de investigação e acesso que temos hoje, a mídia consegue separar as ondas fugazes de "opinião construída", dos fatos relevantes e duráveis. A fiscalização da mídia está se espalhando pelo mundo digital e alcançando audiências alheias à mídia tradicional. Outro elemento decisivo dos pesos e contrapesos do sistema global.

Mas devemos concentrar muito de nossas atenções nos Estados nacionais e nos requisitos de governança para a transição para a economia de baixo carbono. O "Estado terá papel fundamental em todos os países na criação das condições gerais para o sucesso desses esforços", diz Giddens, com razão. A única forma eficaz de tornar de fato vinculantes os compromissos dos países é internalizá-los, transformá-los em legislação doméstica e submetê-los aos pesos e contrapesos dos sistemas políticos domésticos. Ou, como diz Robert Stavins, diretor do programa de Economia Ambiental de Harvard, estruturar o acordo global em torno de um "portfólio de compromissos domésticos".

O primeiro nível de governança das ações sobre mudança climática tem de ser local, ou nacional. A partir daí é possível pensar na eficácia de um mecanismo de regulação global que promova a coerência, o ajuste entre as diferentes políticas dos países que fazem parte do Acordo e a compatibilidade aos objetivos de equilíbrio global. Isso fazem, com razoável eficácia, a Organização Mundial do Comércio, em relação às políticas comerciais, o BIS (Banco de Compensações Internacionais), em relação às políticas bancárias, e em escala setorial e com muitas dificuldades, extremamente pedagógicas, a Comissão Internacional da Baleia, em relação às políticas nacionais de restrição à caça de baleias em suas águas territoriais.

FRACASSO OU COMEÇO?

Apesar da presença da elite do poder político mundial e da inédita demonstração de mobilização da sociedade civil globalmente organizada, da cobertura detalhada por parte da imprensa global e da blogosfera, o que definiu o caráter singular tanto da cúpula de lideranças globais quanto da COP15 foi o desfecho confuso e melancólico. Como explicar que uma reunião que se dá no mais favorável contexto dos últimos tempos, com ampla janela de oportunidade aberta para um bom acordo, termine em ambiguidade e impasses subterrâneos?

Os dirigentes mais poderosos do mundo se envolveram em negociações diretas, de conteúdo e de detalhe, sem trabalho prévio de diplomatas e técnicos. Em Copenhague, os líderes negociaram pessoalmente, discutiram as palavras que entrariam no texto final. Em um processo de negociação pessoal como esse, sem instância superior de apelação e sem intermediação diplomática, resolvem-se os impasses que podem ser resolvidos amigavelmente e se elidem ou adiam os que não têm solução amigável imediata.

Após a chegada dos chefes de Estado e de governo, a COP15 ficou paralisada. Outro evento inédito. Uma cúpula política de governantes interveio em uma reunião diplomática formal, com agenda prefixada e procedimentos regulamentares. Desde o início ficou claro que se abriria uma via política de negociação, que não tinha roteiro para desembocar no leito da negociação legal, no quadro da Convenção do Clima da ONU. Teria sido preciso que o acordo de cúpula viesse acompanhado de um "software" político para que fosse adequadamente transcrito do plano de negociações diretas entre governantes, para as formalidades do processo legal das Nações Unidas. Esse "software" não foi imaginado nas negociações. Ele apareceria ao final, de forma improvisada, pela interferência da diplomacia multilateral, para impedir que o acordo fosse rejeitado, levando a COP a "tomar nota" do Acordo de Copenhague.

A COP15 vivia um impasse insolúvel ao se encerrar a "fase técnica", que tomou sua primeira semana, a cargo de diplomatas e técnicos. Na "fase política", o "segmento de alto nível", sob comando dos ministros que chefiam as delegações, o impasse se aprofundou e os ministros deixaram a solução para os chefes de Estado e de governo, na cúpula que ocuparia a maior parte do último dia, sexta-feira, 18 de dezembro.

COPENHAGUE: ANTES E DEPOIS

O texto final do Acordo de Copenhague não foi negociado pelo conjunto de dirigentes presentes à COP15, mas por um pequeno número de governantes. Uma cúpula de elite dentro da cúpula principal. Uma espécie de "G30". Os principais artífices desse acordo e responsáveis por sua estrutura vaga e aguada foram os Estados Unidos, a França, o Reino Unido e os países do BASIC, grupo que reúne Brasil, África do Sul, Índia e China. A forma final foi decidida basicamente pelos Estados Unidos e pelo BASIC.

Houve momentos de tenso diálogo entre o presidente Barack Obama e o primeiro-ministro chinês Wen Jiabao. O motivo dos atritos foi a insistência dos Estados Unidos em mecanismos de transparência para metas de redução de emissões dos países em desenvolvimento de economias avançadas. A mediação desse conflito bilateral foi feita pelo presidente Lula e pelo primeiro-ministro Manmohan Singh, que participaram desse diálogo direto entre os dois dirigentes.

As duas posições expressavam restrições domésticas inarredáveis. Obama não conseguiria apoio interno se não exigisse maior compromisso e transparência da China em relação ao esforço global de redução de emissões de gases estufa. Wen Jiabao refletia um traço da cultura de seu país, inúmeras vezes invadido por forças estrangeiras, parte lesada em numerosos tratados internacionais ao longo de sua história. Terminou por desenvolver um conceito de soberania e privacidade muito sensível a qualquer tipo de condicionante externo.

Em sua primeira entrevista coletiva à imprensa depois de Copenhague, o negociador-chefe para mudança climática da Casa Branca, Todd Stern, reconheceu que a solução que terminou inserida no Acordo foi aceitável e justificava a adesão de seu país. Ou, na linguagem da ONU, a associação ao Acordo. Disse que ele havia incluído "uma provisão muito importante sobre transparência, inclusive com respeito às ações dos países em desenvolvimento assumidas por eles mesmos, e não apenas ações que desenvolvam quando recebam financiamento".[125] No artigo quinto do Acordo, segundo Stern, há também provisão sobre detalhamento de instruções para a implementação do mecanismo. Uma tarefa que ainda vai requerer negociações adicionais. Se bem-sucedidas, levarão a uma "versão 2.0" mais robusta e satisfatória. É parte da tarefa depois de Copenhague.

Uma parte minoritária dos países do G77 se mostrou bastante descontente com a negociação do Acordo. Para essa parte foi um processo "sem transparência". Assim o definiu o diplomata sudanês Lumumba Di-Aping, em entrevista à imprensa, no final da COP15. Posteriormente, esses países reiteraram sua contrariedade, inclusive tentando evitar que China, Índia e Brasil se associassem ao Acordo. Mas era e é uma facção minoritária dentro do G77. Os países da AOSIS (Associação dos Pequenos Estados-ilha), fortemente vulneráveis à elevação do nível do mar relacionada à mudança climática, queriam um acordo mais exigente e compromisso dos países desenvolvidos com metas mais ousadas de redução de gases estufa. Alguns se recusaram a associar-se ao Acordo. Mas a maioria o apoiou na última plenária e, posteriormente, se associou a ele.

As nações desenvolvidas, principalmente Estados Unidos, França e Alemanha, embora frustradas com o resultado, fizeram e continuam fazendo muito esforço para que o Acordo vingue e seja aprofundado.

DECISÃO CONFUSA

Mesmo os líderes não tinham muita noção do resultado a que haviam chegado. O presidente Sarkozy disse à imprensa, por exemplo, que aquele fora o "acordo possível e eu o assinei em

---

[125] Estados Unidos da América, Departamento de Estado, "Briefing by the special envoy for climate change Todd Stern", Washington, 16 de fevereiro de 2010.

nome da França". Obama, indagado se havia assinado o Acordo, reconheceu não saber se este precisava tecnicamente ser assinado. Os líderes de governo decidiram entre si, de uma forma e em uma dinâmica que, mais que dispensava, praticamente impedia, o apoio técnico dos diplomatas. Daí a forma final inusitada e a informalidade do Acordo de Copenhague.

O nível de desorientação que se seguiu à saída dos chefes de Estado refletiu perfeitamente a contradição essencial do encontro de Copenhague. Instalaram-se no Bella Center dois processos inteiramente distintos, que encontraram grande dificuldade em habitar o mesmo espaço político. Um era uma cúpula única de chefes de Estado sem regra fixa, horizontal, com processo decisório aberto, puramente político. Outro, a Conferência das Partes de um tratado da ONU, a Convenção do Clima, um processo hierárquico, vertical, formal, com regras rígidas e um sistema de decisão predefinido, com regra de unanimidade. Qualquer país pode vetar um acordo, e um veto é suficiente para derrubá-lo. Isso cria enorme complexidade de negociação e reduz drasticamente a probabilidade de resultados significativos. A tendência é por decisões do tipo minimalista. Se um só aceita o mínimo em um ponto, todos os outros demandam o mínimo nos pontos mais relevantes para eles. Por isso muitos esperavam que a Cúpula fosse a saída e que tivesse a chave para destrancar o processo da ONU. Isso aconteceu apenas em parte.

Ao chegar a Copenhague, os chefes de Estado interromperam a Conferência das Partes, a COP15, para resolver o impasse. De certa forma conseguiram. Ficou evidenciada a diferença em relação à COP. No caso da transparência, por exemplo, Obama chegou ao mínimo de exigência que considerava necessária para ter um mecanismo eficaz. Wen Jiabao chegou ao máximo de abertura à verificação externa que considerava suficiente para garantir a preservação da soberania nacional. Nas cúpulas políticas, é possível ter-se qualquer combinação de soluções de compromisso: máximo-mínimo ou mínimo-máximo. Vários impasses foram resolvidos dessa forma em Copenhague.

Quando os líderes deixaram Copenhague sem uma declaração coletiva para formalizar o acordo político que haviam fechado, a COP15 adernou. Ao abandonarem a cena antes de fazerem um ato final de formalização do Acordo de Copenhague, tecnicamente os governantes deixaram o resultado de suas conversas em um vácuo político. Como ele foi negociado por cima e por fora das regras da Convenção do Clima, a única maneira de transformar essas conversas em decisão política que fizesse sentido seria anunciá-la em uma coletiva de imprensa, explicá-la e assinar um termo formal de entendimento entre os governos que a ele aderissem. Deixar seus termos finais para serem negociados na trilha formal das Nações Unidas gerou incompatibilidades insuperáveis com as regras estabelecidas pela Convenção do Clima e se revelou um erro político. Foi esse erro que levou à sentença de fracasso da cúpula de lideranças mundiais e ao colapso da COP15, e deu origem à tumultuada e nervosa plenária final. O Acordo foi salvo de uma esdrúxula rejeição, por funcionários de segundo a quarto escalão, na undécima hora, como vimos, por uma manobra diplomática que lhe criou um nicho inédito: nem é parte da Convenção, nem está totalmente fora dela.

Ele nasceu praticamente como letra morta, da qual a COP apenas "tomou nota". Mas reviveu com a adesão formal posterior dos países que formam o núcleo dominante da economia de alto carbono e o registro formal de suas metas e ações de redução de gases estufa. Os países se associaram ao Acordo e registraram seus compromissos junto à Secretaria Executiva da Convenção do Clima. Ficou em uma situação institucional que demanda esclarecimento e melhor formalização.

Do ponto de vista da ciência da mudança climática, Copenhague também foi considerado um fracasso. Mostrou que, em vez de fortes medidas imediatas de mitigação, teremos um processo gradual. A maioria dos cientistas considera essa saída de elevado risco climático. Mas, da perspectiva da política da mudança climática, houve progresso. Quais os principais aspectos desse acordo incomum?

COPENHAGUE: ANTES E DEPOIS

OS AVANÇOS

Primeiro, em Copenhague houve progresso palpável, destravando as negociações do clima que estavam paralisadas por sucessivos impasses. Não se deve desprezar o fato de que todos os grandes emissores de gases estufa do mundo aceitaram se comprometer com ações de mitigação quantificadas e publicamente registradas. Entraves acumulados vinham impedindo as COPs de apresentar resultados minimamente satisfatórios desde a COP10, de Buenos Aires, em 2004. Foi quando aconteceu a sombria comemoração dos dez anos da Convenção do Clima, e se preparou a entrada em vigor, com muito atraso, do Protocolo de Kyoto, com a ratificação pela Rússia.

As metas de Copenhague não estão de acordo com a ciência da mudança climática, mas atravessaram a linha crucial que separa a negação da afirmação na política. Quer dizer que, pela primeira vez, em vários dos temas mais difíceis, como compromissos de mitigação, transparência e financiamento, houve o trânsito efetivo do "não" para o "sim". Tecnicamente insuficiente, politicamente um passo fundamental.

Segundo, o Acordo de Copenhague teve a adesão formal de todos os líderes que o negociaram. Todos os grandes emissores do mundo, que respondem por mais de 80 por cento das emissões antropogênicas de gases estufa, preencheram as tabelas, nos apêndices do Acordo, com suas ações quantificadas, e se associaram formalmente a ele. Esses compromissos serão a base mínima, o piso, para as próximas discussões sobre políticas de mitigação. É o primeiro "portfólio de ações domésticas" de mitigação que se forma na história da política da mudança climática global. Só com base em portfólios de ações domésticas, enquadrados por legislação nacional, será possível criar a estrutura de incentivos requerida para obtermos real progresso no que interessa: a redução das emissões de gases estufa.

Terceiro, houve avanço significativo, embora ainda insuficiente, nas posições dos maiores emissores que, até agora, se recusavam a cooperar com o esforço global de mitigação: Estados Unidos, China, Brasil e Índia. Todos registraram as ações e os números com os quais haviam se comprometido em Copenhague. São metas ainda modestas, especialmente as dos Estados Unidos, mas, de novo, da recusa passaram à admissão de responsabilidades efetivas e quantificadas.

Quarto, a meta de 2 graus Celsius foi finalmente aceita e institucionalizada como um objetivo global de mitigação. Muitos cientistas consideram essa marca superada pelos cenários mais prováveis. Para alcançá-la, seria preciso reduzir a quantidade de gases estufa acumulada na atmosfera até 350 ppm. Além disso, as primeiras análises do IPCC indicam que os números registrados no Acordo de Copenhague se conformam, na melhor das hipóteses, a cenários de elevações médias de temperatura entre 3 e 3,5 graus Celsius. Mas o Acordo prevê revisão das metas e ações em prazo relativamente curto, para verificar se são suficientes ou não. Em termos estatísticos pode ser irrisório, mas há condições para virem a ser dinamicamente suficientes. Em outras palavras, há probabilidade não desprezível de que os países avancem mais em suas posições, domesticamente, nos próximos cinco anos, permitindo que as metas daí em diante sejam adequadas às exigências científicas. Um dos fatores essenciais da probabilidade desse cenário é a aceleração do progresso tecnológico que já está ocorrendo em várias áreas de energia limpa.

Quinto, o impasse de uma década no financiamento de ações de mitigação e adaptação dos países em desenvolvimento foi resolvido. Com as tabelas do Acordo de Copenhague preenchidas, o financiamento de curto prazo, de 30 bilhões de dólares para 2010-12, terá de estar disponível rapidamente para as ações dos países menos desenvolvidos. A criação do fundo de longo prazo é questão de tempo e, de fato, só precisa estar operacional após 2012. A expectativa é que mantenha fluxo de recursos, de forma crescente, até atingir a soma significativa de 100 bilhões de dólares por ano, a partir de 2020. Houve também progresso e acordo sobre a adoção do REDD+ para financiamentos na área florestal. Tecnicamente, o fato de o financiamento só estar previsto no

Acordo de Copenhague implica que só os países a ele associados podem ter acesso aos recursos.

Sexto, houve progresso em transferência de tecnologia, outro ponto de impasse sistemático por uma década de negociações.

Sétimo, houve progresso no entendimento das MRVs, do monitoramento das ações de mitigação "mensuráveis, reportáveis e verificáveis". Esse, como disse, foi o ponto central do conflito entre China e Estados Unidos e obteve solução satisfatória para ambos: as negociações chegaram ao mínimo admitido pelos Estados Unidos e ao máximo aceitável para a China. Como os compromissos estão registrados em caráter oficial, podem ser objeto de pressão e cobrança, tanto doméstica quanto internacionalmente. Se definido o mecanismo de verificação, o poder de pressão interna e externa aumentará de modo significativo. Antes nem sequer se admitia a verificação, agora ela está aceita e os países admitem discutir como será feita. Não será fácil, mas há um caminho a trilhar, que antes de Copenhague não existia. É o primeiro instrumento de governança climática decidido no âmbito da política global do clima.

Oitavo, a implosão do G77 e os novos papéis assumidos pela União Africana, pelos LDCs, os menos desenvolvidos, os países da AOSIS (pequenos Estados-ilha) e pelos países do BASIC permitiram o surgimento de uma nova geopolítica do clima, mais realista e representativa do que a que prevaleceu até a COP14. Esses novos agrupamentos, embora não isentos de problemas, permitem uma articulação mais coerente de interesses, que ficam mais focados e menos difusos nesse novo recorte geopolítico. Essa nova divisão também ajuda a impedir que os grandes países emergentes manipulem o poder de veto de países menores em seu favor. Não será mais possível refazer a unidade do G77, pelo menos na discussão do acordo sobre mudança climática. Provavelmente, em todas as questões em que a heterogeneidade desse grupo de 130 países aparecer com fator decisivo, ele se mostrará inoperante.

Nono, ficou claro, como disse o presidente Sarkozy, que o processo das Nações Unidas está à beira da exaustão ou já se esgotou. O tema da mudança climática é maior que os arranjos institucionais nos quais vem sendo tratado. A mudança climática, pela magnitude das alterações que requer e dos riscos que representa, precisa de um novo e exclusivo sistema para sua governança. Contudo, esse novo marco institucional, sobretudo uma organização multilateral independente, requer acordo em torno de um novo quadro legal. Este deve abranger pelo menos todas as grandes nações emissoras de gases estufa do mundo desenvolvido e emergente. Ao que parece, a ideia de um novo marco institucional para a mudança climática finalmente está conquistando espaço na agenda global. Ao anunciar sua saída da Secretaria-Executiva da UNFCCC, Yvo de Boer tangenciou a necessidade dessa mudança. Defendeu negociações por grupos de países, para elidir o bloqueio da unanimidade no plenário da COP. O presidente Sarkozy propõe uma organização para o clima aos moldes da OMC. O ministro da Energia do Reino Unido, Ed Miliband, fala em reforma da UNFCCC (Convenção do Clima) para garantir que esteja à altura da imensa tarefa de lidar com algumas das mais complexas negociações já vistas.

Os resultados contraditórios; a extraordinária demonstração de vigor pela sociedade civil global, em Copenhague e por todo o mundo; a inédita cobertura por cerca de 3,5 mil jornalistas credenciados e muitos milhares de jornalistas cidadãos; a presença de mais de cem chefes de Estado ou de governo, sem precedentes desde a Rio 92; progresso real na solução da complexa rede de questões e interesses que bloqueiam um acordo climático global — tudo isso é ingrediente de um evento histórico.

O TEMPO E O CONSENSO

Não houve retrocesso na política global da mudança climática nem durante, nem depois de Copenhague. O que se viu em Copenhague foi a reiteração de um movimento de *"stop-and-go"*, "paradas e arrancadas", que caracteriza marcos decisórios muito complexos. O ambiente decisório sobre mudança climática é quase tão complexo como o próprio sistema climático. Ele é marcado pelo que chamei de Paradoxo de Asimov.[126] Com tantos interesses, agentes de veto e decisores envolvidos, qualquer solução ao mesmo tempo política e cientificamente significativa só será decidida se atender a um dos dois requisitos desse paradoxo. Ou se tem adesão da maioria absoluta das forças decisivas para promover as mudanças necessárias, ou se espera o tempo necessário a que essas mudanças ocorram espontaneamente, movidas por forças estruturais e naturais inarredáveis.

Para enfrentar a ameaça da mudança climática é necessário promover uma revolução nos padrões de consumo e produção do capitalismo, em prazo relativamente curto . Para se conseguir esse tipo de mudança ou se obtém apoio massivo, no caso, apoio ativo da maioria absoluta das populações dos países que emitem quantidades significativas de gases estufa, o primeiro requisito; ou se espera várias décadas, talvez um século, para que essa mudança ocorra de forma espontânea e gradual, o segundo requisito. O primeiro requisito é apoio ativo suficiente. O segundo, é tempo suficiente. Como não temos tempo, precisamos conseguir o consenso da sociedade das maiores economias do mundo. Só a partir desse consenso, os governos se moverão de fato. Para esse consenso interessam os grandes emissores, únicos capazes de liderar econômica e tecnologicamente essa transformação.

É preciso trabalhar intensamente na formação desse consenso global e, ao mesmo tempo, fortalecer setores da economia de baixo carbono já emergentes, nos planos doméstico e global. Esse incremento de poder precisa ser suficiente para que ganhem massa crítica

---

[126] Abranches, Sérgio, "O que fazer para persuadir as pessoas da urgência para a ação climática efetiva?", Ecopolitica, 27 de outubro de 2009. (http://www.ecopolitica.com.br/2009/10/27/precisamos-de-um-sonho-para-fazer-a-maioria-das-pessoas-demandar-de-seus-governos-que-adotem-acao-climatica-efetiva/).

para atuar como contrapesos aos grandes *lobbies* dos setores poentes da economia de alto carbono. Os mesmos que financiaram a guerra bem orquestrada de descrédito da ciência do clima, por meio do ataque sistemático ao IPCC, o Painel Intergovernamental de Mudança Climática, e os que negam a existência da mudança climática como resultado da ação humana. Os mesmos que operam para bloquear iniciativas legislativas que incentivam a economia de baixo carbono nos Estados Unidos, na União Europeia e no Brasil.

Só criando condições para alterar a estrutura de incentivos e desincentivos à descarbonização das economias industriais será possível obter a escala necessária de apoio às mudanças estruturais. A grande mudança de longo prazo e de alta intensidade requer, para se tornar viável, micro e macromudanças de baixa e média intensidade (no curto e médio prazo). Essas mudanças prévias à grande transformação elevariam sucessivamente o preço do carbono, por via regulatória ou tributária. Essa elevação do preço do carbono promoveria a conversão das preferências dos consumidores/eleitores em favor da economia de baixo carbono. Também tornaria menos competitivos e lucrativos os setores de alto carbono e mais competitivos e lucrativos os de baixo carbono. Isso alteraria a correlação política e econômica de forças, que permitiria dar curso à grande transformação. Isso está ao alcance do portfólio de compromissos de cada um dos países relevantes para resolver o dilema climático.

Enquanto isso, pode-se conseguir o progressivo ajustamento das metas de redução de emissões já registradas no Acordo de Copenhague aos requisitos científicos. Quanto mais tardar esse ajustamento, maior o esforço adicional de redução de emissões no futuro. Não parece haver outra saída política para o desafio do clima.

O Acordo de Copenhague foi um passo importante nessa direção. Pelo menos conseguiu formalizar o primeiro compromisso claro e numérico com o esforço de mitigação por parte dos maiores emissores e exatamente os mais recalcitrantes em assumir qualquer

COPENHAGUE: ANTES E DEPOIS

meta. É bom lembrar que essas metas resultaram das negociações preparatórias para a COP15.

Todos os países relevantes estão implementando seus portfólios de ações para responder à ameaça da mudança climática. Essas agendas se tornaram mais explícitas e transparentes por causa das expectativas de que a COP15 terminaria em um acordo ambicioso. Como ação preventiva, os países mais recalcitrantes resolveram se antecipar e fixar seu grau de comprometimento. Ao registrar suas ações no anexo do Acordo, criaram condições inéditas de monitoramento e cobrança.

Nos Estados Unidos, a EPA, a Agência de Proteção Ambiental, está estabelecendo parâmetros regulatórios que vão muito além do que foi comprometido em Copenhague. São ações que, por seu caráter legal e regulatório, não poderiam ter metas futuras inscritas em um acordo internacional. Mas são tão ou mais efetivas que as metas propriamente ditas. A China também está indo além do que se comprometeu. É hoje líder mundial em investimento em energias renováveis alternativas, principalmente eólica e fotovoltaica. Está fazendo avanços extraordinários em "construção verde" e em planejamento urbano de baixo carbono. Índia e Brasil também estão progredindo, embora bem mais lentamente. Depois de Copenhague, o presidente Hu Jintao fez um pronunciamento forte sobre a necessidade de redução das emissões de gases estufa da China.

Talvez o fato mais significado seja que depois de Copenhague nenhum grande emissor de gases estufa abandonou os compromissos assumidos, apesar da decepção com o resultado final. O compromisso político com essas ações se manteve firme e há sinais de avanço adicional. Políticas legalmente vinculantes estão sendo adotadas pelas principais "potências climáticas" desenvolvidas e emergentes, além de numerosos outros países. A generalização de compromissos legalmente vinculantes no plano nacional terminará por eliminar a resistência a um futuro tratado legalmente vinculante no plano multilateral. Pode não acontecer já, mas é quase certo que aconteça antes de 2015.

AGENDA REALISTA

Uma agenda realista, factível e relevante, que os países poderiam adotar depois do que foi feito em Copenhague, poderia se fixar em dois objetivos centrais. O primeiro seria trazer para o veio multilateral formal da ONU o "espírito" original do Acordo de Copenhague, para que orientasse as próximas COPs. Dessa forma seria possível começar a trabalhar em um novo estatuto legal dentro da Convenção do Clima, que começasse por abrigar o Acordo de Copenhague. Talvez isso também ajudasse a definir o segundo período de compromissos do Protocolo de Kyoto, para 2015, com sua simples conciliação às metas do Acordo. Politicamente o interesse na manutenção do Protocolo talvez aos poucos se dissipasse, permitindo sua futura substituição. Em poucas palavras: usar o Acordo de Copenhague como barreira ao retrocesso, considerando-o a base a partir da qual seriam formulados os futuros documentos da Convenção.

O segundo objetivo seria fortalecer e aprofundar o próprio Acordo de Copenhague, como um processo voluntário, por adesão, mas que poderia se tornar cada vez mais politicamente vinculante. A partir de determinado grau de comprometimento, a distinção entre um acordo politicamente vinculante e um tratado legalmente vinculante desapareceria na prática. O Acordo pode ganhar densidade política. Há, também, vários pontos que requerem detalhamento técnico, o que poderia ser feito já no canal da Convenção do Clima.

Se esses dois pontos tiverem progresso significativo, pode-se ter o mínimo necessário e suficiente para manter o *momentum* da política global do clima. Dessa forma se criariam progressivamente as condições básicas para um acordo legalizado em torno de uma organização multilateral independente, entre 2011 e 2015. Nesse processo, a política e a ciência do clima continuarão em descompasso momentâneo. Mas, dinamicamente, é provável que a velocidade da curva de emissões globais de carbono se atenue de modo significativo, antes mesmo que se alcance um acordo definitivo.

O Acordo de Copenhague não é o fim da história. Mas é um marco novo, que não pode ser desprezado. Antes de Copenhague estávamos paralisados pelo impasse na UNFCCC. Depois de Copenhague, temos uma direção política nítida por onde avançar. A política do clima não será a mesma depois de Copenhague. Não é mais o destino da política global de governança climática que está em perigo. O que está em jogo, depois de Copenhague, é o futuro da Convenção do Clima, da UNFCCC e seu modelo de assembleia geral. Se ela reproduzir os impasses de antes de Copenhague no futuro, perderá relevância e valor. Se souber avançar a partir da fundação lançada em Copenhague, caminhará rumo à própria transformação em organismo mais eficaz e mais forte de governança climática global.

Por tudo que se viu e se fez em Copenhague e pelas janelas que a COP15 e o Acordo de Copenhague abriram para o futuro, é verdadeira a afirmação do jornalista do *Guardian*, Jonathan Watts: Copenhague ainda vai influenciar nossas vidas por anos a fio.[127]

> *Mire veja: o mais importante e bonito, do mundo, é isto: que as pessoas não estão sempre iguais, ainda não foram terminadas — mas que elas vão sempre mudando.*
>
> João Guimarães Rosa,
> *Grande Sertão: Veredas*

---

[127] Danwei interviews Jonathan Watts: "Copenhagen will shape our lives for years to come", http://www.danwei.org/foreign_media_on_china/danwei_interviews_jonathan_wat.php/.

O texto deste livro foi composto em Sabon, desenho tipográfico de Jan Tschichold de 1964, baseado nos estudos de Claude Garamond e Jacques Sabon no século XVI, em corpo 11/15. Para títulos e destaques, foi utilizada a tipografia Frutiger, desenhada por Adrian Frutiger, em 1975.

A impressão se deu sobre papel off-white 80g/m² pelo Sistema Cameron da Divisão Gráfica da Distribuidora Record.